应用型本科信息大类专业"十二五"规划教材
21 世纪普通高等教育优秀教材

JAVA 程序设计

主　编　王维虎　刘　忠　李　丛
副主编　彭　军　朱　林　李香菊
　　　　李晓红　曹琳琳　李婵飞
参　编　刘艳慧　闫爱平　吴　艳
　　　　李　琼　许　宁

华中科技大学出版社
中国·武汉

内 容 简 介

Java 语言具有面向对象、与平台无关、安全、稳定、多线程等优良特性，是目前软件设计领域中功能较全面的编程语言。本书的内容注重结合实例，循序渐进地介绍 Java 语言的一些重要的知识点，特别强调 Java 面向对象编程的思想，从而培养读者使用面向对象的思维方式思考问题，并使用 Java 语言解决问题。

本书共 11 章。其中：前两章主要介绍 Java 语言的编程环境和基础语法，让读者初步了解 Java 语言；第 3 章是本书的核心，主要介绍 Java 语言中面向对象的概念及具体实现方法，重点讲述类的继承性和多态性；第 4 章主要介绍 Java 语言中的各种类型的数组、字符串类；第 5 章主要介绍 Java 语言中的各种 I/O 流及相关应用；第 6 章主要介绍多线程技术与异常处理；第 7、8 章主要介绍 Applet 小应用程序的使用及图形化用户界面（GUI）的设计开发；第 9 章主要介绍 Java 网络编程；第 10 章介绍数据库的基础知识及利用 JDBC 实现 Java 数据库编程；第 11 章主要通过两个实例来介绍 Java 语言在实际程序设计领域的应用。

为了方便教学，本书还配有电子课件等教学资源包，任课教师和学生可以登录"我们爱读书网"（www.ibook4us.com）免费注册并浏览，或者发邮件至 hustpeiit@163.com 索取教学资源包。

本书既可作为高等院校计算机及相关专业 Java 课程的教材使用，也可作为 Java 入门的参考书，供面向对象编程爱好者和自学 Java 编程的读者使用。

图书在版编目(CIP)数据

JAVA 程序设计/王维虎，刘忠，李丛主编. —武汉：华中科技大学出版社，2013.9
应用型本科信息大类专业"十二五"规划教材
ISBN 978-7-5609-8498-8

Ⅰ.①J… Ⅱ.①王…②刘…③李… Ⅲ.①JAVA 语言-程序设计-高等学校-教材 Ⅳ.①TP312

中国版本图书馆 CIP 数据核字(2012)第 276168 号

JAVA 程序设计

王维虎　刘忠　李丛　主编

策划编辑：康　序	
责任编辑：张　琼	
封面设计：李　嫚	
责任校对：张　琳	
责任监印：朱　玢	

出版发行：华中科技大学出版社（中国·武汉）　　电话：(027)81321913
　　　　　武汉市东湖新技术开发区华工科技园　　邮编：430223
录　　排：武汉正风天下文化发展有限公司
印　　刷：武汉科源印刷设计有限公司
开　　本：787mm×1092mm　1/16
印　　张：19
字　　数：386 千字
版　　次：2017 年 8 月第 1 版第 2 次印刷
定　　价：38.00 元

本书若有印装质量问题，请向出版社营销中心调换
全国免费服务热线：400-6679-118　竭诚为您服务
版权所有　侵权必究

只有无知，没有不满。

Only ignorant, no resentment.

……………………迈克尔·法拉第(Michael Faraday)

迈克尔·法拉第（1791—1867）：英国著名物理学家、化学家，在电磁学、化学、电化学等领域都作出过杰出贡献。

应用型本科信息大类专业"十二五"规划教材

编审委员会名单

（按姓氏笔画排列）

卜繁岭	于惠力	方连众	王书达	王伯平	王宏远
王俊岭	王海文	王爱平	王艳秋	云彩霞	尼亚孜别克
厉树忠	卢益民	刘仁芬	朱秋萍	刘　锐	刘黎明
李见为	李长俊	张义方	张怀宁	张绪红	陈传德
陈朝大	杨玉蓓	杨旭方	杨有安	周永恒	周洪玉
姜　峰	孟德普	赵振华	骆耀祖	容太平	郭学俊
顾利民	莫德举	谈新权	富　刚	傅妍芳	雷升印
路兆梅	熊年禄	霍泰山	魏学业	鞠剑平	

前言 PREFACE

面向对象程序设计已经成为软件编程技术中一项非常关键的技术,Java语言是面向对象程序设计语言中的代表。目前,国内外众多的高等院校均将Java作为必修的程序设计语言之一。Java也是现在较流行的编程语言之一,它具有高度的安全性、可移植性和代码可重用性。

本书将面向对象编程思想有机地与Java面向对象编程语言相结合,示例由简到繁,内容由浅入深,逐步推进。同时,在面向对象编程设计的过程中适当引入可视化的类图来描述类的内容与类与类之间的关联,这样有助于读者理解面向对象分析设计,从而提高面向对象的程序设计能力。

在学习本书内容之前,读者应该具有基本的计算机操作基础,但不一定要具有编程基础。本书共11章。其中:前两章主要介绍Java语言的编程环境和基础语法,让读者初步了解Java语言;第3章是本书的核心,主要介绍Java语言中面向对象的概念及具体实现方法,重点讲述类的继承性和多态性;第4章主要介绍Java中的各种类型的数组、字符串类;第5章主要介绍Java语言中的各种I/O流及相关应用;第6章主要介绍多线程技术与异常处理;第7、8章主要介绍Applet小应用程序的使用及图形化用户界面(GUI)的设计开发;第9章主要介绍Java网络编程;第10章介绍数据库的基础知识及利用JDBC实现Java数据库编程的方法;第11章主要通过两个实例来介绍Java语言在实际程序设计领域的应用。

本书由汉口学院王维虎、刘忠,南京理工大学泰州科技学院李丛担任主编;由江西应用科技学院彭军,东南大学成贤学院朱林和李香菊,大连工业大学李晓红,哈尔滨远东理工学院曹琳琳,汉口学院李婵飞担任副主编;由西北师范大学知行学院刘艳慧,石家庄铁道大学四方学院闫爱平,辽宁科技学院吴艳,汉口学院李琼,银川能源学院许宁担任参编。其中,具体章节分配如下:王维虎编写了第4章,刘忠编写了第10、11章,李丛编写了第3、6章,彭军编写了第2章,朱林编写了第8章,李香菊编写了第5章,李晓红编写了第7章,曹琳琳编写了第9章,李婵飞编写了第1章,由王维虎负责全书的审核和统稿工作。

为了方便教学,本书还配有电子课件等教学资源包,任课教师和学生可以登录"我们爱读书网"(www.ibook4us.com)免费注册并浏览,或者发邮件至 hustpeiit@163.com 索取教学资源包。

  本书既可作为高等院校计算机及相关专业 Java 课程的教材使用,也可作为 Java 入门的参考书,供面向对象编程爱好者和自学 Java 编程的读者使用。

  最后,感谢读者选择本书,由于时间仓促且编者水平有限,书中不足之处在所难免,敬请诸位同行、专家和读者批评指正。

编 者

2017 年 5 月

目录

第1章 Java语言概述 ·· (1)
1.1 Java语言简介 ·· (1)
1.2 Java语言的起源与发展 ······································ (2)
1.3 Java语言的特点 ·· (3)
1.4 Java运行环境的安装与配置 ································· (4)
1.5 Java程序的分类 ·· (8)
1.6 简单的Java程序示例 ·· (9)
1.7 Java图形化开发工具——Eclipse ···························· (12)
习题1 ·· (17)

第2章 Java语言基础 ·· (18)
2.1 Java语言的基本结构 ··· (18)
2.2 标识符与关键字 ·· (19)
2.3 数据类型 ·· (21)
2.4 常量与变量 ·· (26)
2.5 运算符和表达式 ·· (31)
2.6 程序流程控制语句 ·· (38)
习题2 ·· (60)

第3章 面向对象基础——类与对象 ······························ (62)
3.1 面向对象程序设计 ·· (62)
3.2 Java中的类与对象 ··· (64)
3.3 类的继承 ·· (74)
3.4 类的多态 ·· (77)
3.5 特殊类 ··· (81)
3.6 访问控制符 ·· (90)
3.7 包 ··· (92)
3.8 接口 ·· (102)
习题3 ·· (108)

第 4 章 数组与字符串类 (109)
   4.1 数组 (109)
   4.2 字符串类 (121)
   习题 4 (127)

第 5 章 Java 语言的输入与输出 (128)
   5.1 文件处理——File 类 (128)
   5.2 流 (131)
   5.3 字节流 (131)
   5.4 字符流 (134)
   5.5 标准输入、输出 (138)
   5.6 过滤器流 (139)
   5.7 对象序列化 (143)
   5.8 Scanner 类 (145)
   习题 5 (149)

第 6 章 多线程与异常处理 (150)
   6.1 线程的概述 (150)
   6.2 线程的创建 (150)
   6.3 线程的生命周期与优先级 (157)
   6.4 线程的控制 (159)
   6.5 线程的通信 (165)
   6.6 死锁 (173)
   6.7 异常 (175)
   6.8 异常的处理 (177)
   习题 6 (183)

第 7 章 Applet 程序设计 (184)
   7.1 Applet 概述 (184)
   7.2 Applet 基础 (184)
   7.3 Graphics 类 (188)
   7.4 文字、图像和音频处理 (192)
   7.5 HTML 的 Applet 标签和属性 (196)
   7.6 Applet 的安全基础 (197)
   习题 7 (198)

第 8 章 Swing 程序设计 (199)
   8.1 GUI 与 Swing 概述 (199)
   8.2 窗体的创建 (200)
   8.3 常用组件 (202)
   8.4 常用的布局管理器 (207)
   8.5 常用的事件处理 (212)
   8.6 开发 GUI 的实例 (217)
   习题 8 (222)

第9章 Java 网络程序设计 (223)
- 9.1 网络编程的基本概念 (223)
- 9.2 基于 URL 的 Java 网络编程 (224)
- 9.3 基于套接字的 Java 网络编程 (229)
- 9.4 数据报 (237)
- 9.5 实例 (245)
- 习题 9 (251)

第10章 JDBC 数据库编程 (253)
- 10.1 JDBC 的概述 (253)
- 10.2 SQL 语言简介 (253)
- 10.3 JDBC 基本操作 (255)
- 习题 10 (260)

第11章 Java 程序的应用与开发 (261)
- 11.1 Java 游戏开发 (261)
- 11.2 Java Web 游戏程序 (272)
- 习题 11 (292)

参考文献 (293)

第 1 章 Java 语言概述

Java 语言是一种网络编程语言,是一种既面向对象又可跨平台的语言,具有简单、动态、多线程、安全等特点。本章首先介绍 Java 语言的产生和发展的历程,然后介绍 Java 语言的概念、特点和开发环境,即 JDK 的安装和配置,并通过实例的方式来展示。最后介绍 Java 语言的图形化开发工具 Eclipse 的使用。

1.1 Java 语言简介

Java 语言是一种广泛使用的网络编程语言。首先,作为一种程序设计语言,它简单、面向对象、不依赖于机器的结构,具有多平台性、可移植性和安全性,并且提供并发的机制,具有很高的性能。另外,Java 语言还提供了丰富的类库,使程序设计者可以很方便地建立自己的系统。

Java 语言是一种面向对象程序设计语言。面向对象技术通过运用模拟现实世界的思维方式,以及将数据与操作绑定在一起的程序风格,符合现代大规模软件开发的要求和潮流,现在广泛应用于个人计算机、数据中心、游戏控制台、超级计算机、移动电话和互联网。在如今全球云计算和移动互联网的产业环境下,Java 语言具备了显著优势,前景广阔。

Java 语言不同于一般的编译执行计算机语言和解释执行计算机语言。Java 语言首先将源代码编译成字节码(byte code),然后依赖各种不同平台上的虚拟机来解释执行字节码,从而实现"一次编译、到处执行"的跨平台特性。不过,这同时也在一定程度上降低了 Java 语言程序的运行效率。但在 J2SE 1.4.2 发布后,Java 的执行速度加快了很多。

Java 语言和 C 语言、C++ 语言有许多相似之处。Java 语言继承了 C 语言和 C++ 语言的优点,增加了一些实用的功能,使 Java 语言更加精练;并且它也摒弃了 C 语言和 C++ 语言的缺点,去掉了 C 语言和 C++ 语言的指针运算、结构体定义、手工释放内存等容易引起出现错误的功能和特征,增强了安全性,使其更容易被接受和学习。

Java 语言是独立于平台、面向 Internet 的分布式编程语言。Java 语言对 Internet 编程的影响如同 C 语言和 C++ 语言对系统编程的影响一样。Java 语言的出现改变了编程方式,但 Java 语言并不是孤立存在的一种语言,而是计算机语言多年演变的结果。

使用 Java 语言可以编写两种程序,一种是应用程序(application),另一种是小应用程序(applet)。应用程序可以独立运行,可以用在网络、多媒体等的开发上。小应用程序不能独立运行,而是通过嵌入到 Web 网页中由带有 Java 插件的浏览器解释运行,主要用在 Internet 中。

Java 语言至今主要发展出三个领域的应用平台:①Java 2 Platform,Standard Edition(Java SE);②Java 2 Platform,Enterprise Edition(Java EE);③Java 2 Platform,Micro Edition(Java ME)。

1. Java SE 平台

Java SE 平台是各应用平台的基础,或者说是 Java 语言的标准版本,包含 Java 基础类库和语法。Java SE 由 JVM、JRE、JDK 和 Java 语言四个主要部分构成。JVM 称为 Java 虚拟机(Java virtual machine, JVM)。JRE 称为 Java 运行环境(Java runtime environment, JRE)。JDK 是开发过程中所需要的一些工具程序,如 Javac、Java、Applet Viewer 等。Java SE 的组成部分之间的关系如图 1-1 所示。

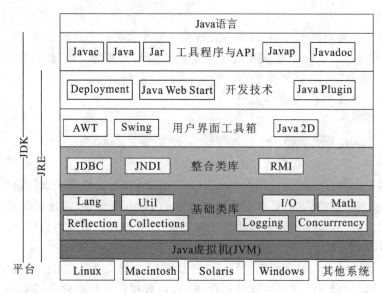

图 1-1　Java SE 的构成关系图

2. Java EE 平台

Java EE 以 Java SE 为基础,定义了一系列的服务、API、协议等,适用于开发分布式、多层式(multi-tiered)的,以组件为基础,以 Web 为基础的应用程序。Java EE 常用于编写企业级的应用程序,从而构成一个标准化的多层次体系结构,多层次体系结构可以分为用户层、表示层、业务层和数据层等四层,使应用程序具有安全可靠、多延伸扩展性的特点。

3. Java ME 平台

Java ME 是用于在小型数字设备上开发及部署应用程序的平台。例如,移动电话(手机)、消费型电子产品或嵌入式系统等。

1.2　Java 语言的起源与发展

Java(注:Java 是印度尼西亚的一个重要的盛产咖啡的岛屿,中文名叫爪哇,开发人员为这种新的语言起名为 Java,其寓意是为世人端上一杯热咖啡)语言来源于 Sun Microsystems 公司的 Green 项目,该项目最初的目的是为家用消费电子产品开发一个分布式代码系统,以便用户将 E-mail 发送给电冰箱、电视机、烤箱等家用电器,从而对它们进行控制,并和它们进行信息交换。在项目研制的初始阶段,项目组成员准备采用 C++语言开发该系统,但是 C++语言太复杂而且安全性差,所以最后项目组成员基于 C++语言开发了一种新的语言 Oak(橡树),这就是 Java 语言的前身。

Oak 语言是一种用于网络的精巧而又安全的语言,Sun 公司曾用它参与了一个交互式电视节目的投标,但结果是被 SGI 打败。正当 Oak 无家可归之时,Marc Andreessen 开发的 Mosaic 和 Netscape 启发了 Oak 项目组成员,他们用 Java 语言编制了 HotJava 浏览器,并得到了 Sun 公司首席执行官 Scott McNealy 的支持,使 Java 得到了进军 Internet 的契机。

1994年，随着Internet的迅猛发展，WWW(万维网)的用户数量快速增长，加快了Java语言研制的步伐，使得它逐渐成为Internet上广受欢迎的开发与编程语言。1995年5月，Sun公司正式发布了Java语言的第一个办公版本。

　　Java语言作为新一代面向对象的程序设计语言，其平台无关性直接威胁到Wintel的垄断地位。一些著名的计算机公司纷纷购买了Java语言的使用权，如IBM、Netscape、Novell、Apple、DEC、SGI、Oracle等，甚至包括最不情愿的Microsoft，都购买了Java的使用权。

　　Java语言被美国的著名杂志PC Magazine评为1995年十大优秀科技产品(计算机类中仅此一项入选)。微软公司总裁Bill Gates(比尔·盖茨)不无感慨地说："Java语言是长时间以来最卓越的程序设计语言。"Sun公司的总裁Scott McNealy认为，Java语言为Internet和WWW开辟了一个崭新的时代。WWW的创始人Tim Berners-Lee说："计算机事业发展的下一个浪潮就是Java，并且将很快会发生。"甚至有人预言，Java将是网络上的"世界语"，今后所有用其他语言编写的软件统统都要用Java语言来改写。

1.3　Java语言的特点

　　Java语言是一种网络编程语言，是一种既面向对象又可跨平台的语言，具有简单、动态、多线程、安全等特点。

　　首先，作为一种程序设计语言，它简单、面向对象、不依赖于机器的结构，具有可移植性、健壮性、安全性，并且提供了并发的机制，具有很好的性能。其次，它最大限度地利用了网络，Java语言的小应用程序可在网络上传输而不受CPU和环境的限制。另外，Java语言还提供了丰富的类库，使程序设计者可以很方便地建立自己的系统。下面对Java语言的主要特点进行具体介绍。

1. 简单性

　　Java语言是一种面向对象的语言，其语法规则和C++语言类似，它通过提供最基本的方法来完成指定的任务，只需理解一些基本的概念，就可以用它编写出适合于各种情况的应用程序。Java语言略去了运算符重载、多重继承等模糊的概念，并且通过实现自动无用信息回收，大大简化了程序设计者的内存管理工作。

2. 面向对象

　　Java语言的设计集中于对象及其接口，它提供了简单的类机制及动态的接口模型。对象中封装了它的状态变量及相应的方法，实现了模块化和信息隐藏。而类则提供了一类对象的原型，并且通过继承机制，子类可以使用父类所提供的方法，从而实现了代码的复用。

3. 分布性

　　Java语言是面向网络的语言，通过它提供的类库可以处理TCP/IP协议，用户可以通过URL地址在网络上很方便地访问其他对象。

4. 健壮性

　　Java语言在编译和运行程序时，都要对可能出现的问题进行检查，以消除错误。Java语言提供自动无用信息收集功能来进行内存管理，以防止程序员管理内存时产生错误。同时，很多集成开发工具(IDE)的出现使程序的编译和运行变得更加容易。

5. 安全性

　　用于网络、分布环境下的Java语言必须要防止病毒的入侵。Java语言不支持指针，一切对内存的访问都必须通过对象的实例变量来实现，这样就可以防止程序员使用特洛伊木马等欺骗手段访问对象的私有成员，同时也避免了指针操作中容易产生的错误。

6. 体系结构中立

Java 解释器生成与体系结构无关的字节码指令，Java 程序可在任意安装了 Java 运行系统的处理器上运行。这些字节码指令对应于 Java 虚拟机中的表示，Java 解释器得到字节码后，对它进行转换，使之能够在不同的平台上运行。

7. 可移植性

与平台无关的特性使 Java 程序可以很方便地移植到网络上的不同机器中。同时，Java 语言的类库中也实现了与不同平台的接口，使这些类库可以移植。

另外，Java 编译器是由 Java 语言实现的，Java 程序在运行时系统由标准 C 实现，这使得 Java 系统本身也具有可移植性。

8. 解释执行

Java 解释器直接对 Java 字节码进行解释执行。字节码本身携带了许多编译时的信息，使得连接过程更加简单。

9. 高性能

与其他解释执行的语言（如 BASIC、TCL）不同，Java 字节码的设计使其能很容易地直接转换成对应于特定 CPU 的机器码，从而得到较高的性能。

10. 多线程

多线程机制使应用程序能够并行执行，而且同步机制保证了对共享数据的正确操作。通过使用多线程，程序设计者可以分别用不同的线程完成特定的行为，而不需要采用全局的事件循环机制，这样就很容易地实现了网络上的实时交互行为。

11. 动态性

Java 语言的设计使得它适合于一个不断发展的环境。例如，在类库中可以自由地加入新的方法和实例变量而不会影响用户程序的执行。并且 Java 通过接口来支持多重继承，使之比严格的类继承具有更灵活的方式和扩展性。

总之，Java 语言是一种编程语言、一种开发环境、一种应用环境、一种部署环境、一种广泛使用的网络编程语言，它是一种全新的计算概念。

1.4 Java 运行环境的安装与配置

在学习一种计算机语言之前，第一件事情就是要把相应的开发环境搭建好。要编译和执行 Java 程序，Java 开发工具包(JDK)是必须要安装的，下面具体介绍一下安装方法。

1. 下载 JDK 开发工具包

可以从 Sun 公司的官方网站 http://java.sun.com 上下载最新版本的 JDK。打开浏览器，进入到 Java SE 6.0 的下载页面，如图 1-2 所示。

在下载窗口中，单击【Download】按钮就可以下载。图 1-2 中下载的是 JDK 6 Update 7。下载完毕后计算机中会出现一个名为 jdk-6u7-windows-i586-p.exe 的可执行文件。

2. 安装 JDK 开发工具包

下载了 JDK 文件 jdk-6u7-windows-i586-p.exe 后，就可以开始安装 JDK 了。具体步骤如下。

图 1-2　下载 Java SE 6.0

（1）双击 jdk-6u7-windows-i586-p.exe 文件，在弹出的【许可协议】窗口中单击【接受】按钮，打开【自定义安装】窗口。

（2）在【自定义安装】窗口中，可以更改文件的安装路径及选择是否安装某些组件。这里把 JDK 安装到 C:\Java\jdk1.6.0_07 目录下，并安装所有组件，如图 1-3 所示。

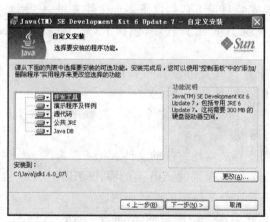

图 1-3　【自定义安装】窗口

（3）设置完成后，单击【下一步】按钮开始进行安装。

（4）JDK 类库安装完成后，系统会提示是否安装 JRE 运行环境。用户可以根据自己的情况选择是否安装。为保证最新的开发环境，这里选择安装。单击【是】按钮，即开始安装 JRE，设置安装目录为 C:\Java\jre1.6.0_07，如图 1-4 所示。

3. 了解 JDK 安装文件夹

JDK 安装完成之后，打开安装目录，如图 1-5 所示。

图 1-4 安装 JRE 运行环境

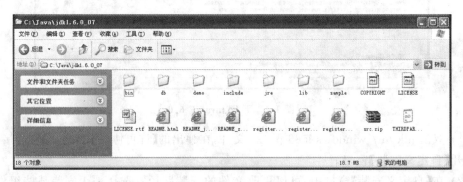

图 1-5 JDK 安装目录

从图 1-5 可知,JDK 安装目录下包括以下多个文件夹和一些网页文件。

(1) bin 目录:用于提供 JDK 工具程序,包括 Javac、Java、Javadoc、Applet Viewer 等可执行程序。

(2) demo 目录:其中有 Sun 公司为 Java 使用者提供的一些已经编写好的范例程序。

(3) jre 目录:用于存放 Java 运行环境文件。

(4) lib 目录:用于存放 Java 的类库文件,即工具程序使用的 Java 类库。JDK 中的工具程序大多也由 Java 编写而成。

(5) include 目录:用于存放本地方法的文件。

(6) src.zip:用于存放 Java 提供的 API 类的源代码压缩文件。如果需要知道 API 的某些功能如何实现,可以查看这个文件中的源代码内容。

(7) db 目录:用于存放 JDK 6 中附带的 Apache Derby 数据库。这是用纯 Java 语言编写的数据库,支持 JDBC 4.0。

4. 安装 Windows 系统下配置和测试 JDK

在安装好 JDK 之后,需要进行一些配置才能继续后面的应用程序开发。具体的配置步骤如下。

(1) 在 Windows 桌面上,右击【我的电脑】图标,在弹出的快捷菜单中选择【属性】命令,弹出【系统属性】对话框,如图 1-6 所示。

(2) 在【系统属性】对话框中,选择【高级】选项卡,单击【环境变量】按钮,弹出【环境变量】对话框。

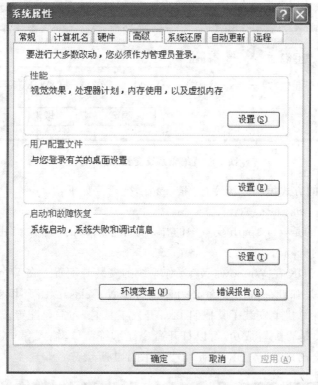

图 1-6 【系统属性】对话框

（3）在【环境变量】对话框的【系统变量】选项区域中，选中变量【path】，单击【编辑】按钮，在弹出的【编辑系统变量】对话框中，加入"C:\Java\jdk1.6.0_07\bin;"（即 JDK bin 目录所在路径，注意路径后需要加";"），如图 1-7 和图 1-8 所示。

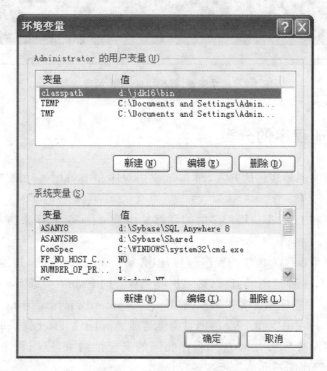

图 1-7 【环境变量】对话框

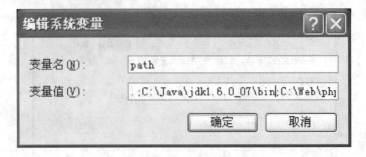

图 1-8 【编辑系统变量】对话框

（4）按照同样的方式编辑系统变量 classpath，变量值如下：

.;C:\Java\jdk1.6.0_07\lib\da.jar;C:\Java\jdk1.6.0_07\lib\tools.jar;

这里需要注意的是，classpath 变量中的".;"是不能省略的，其中"."用于表示当前目录，而";"是各个部分的分隔符。

这样就完成了 JDK 在 Windows XP 操作系统的安装与配置。在 Windows 2000/NT 系统上的安装过程也是如此。path 变量必须要进行配置。classpath 环境变量一般情况下不需要配置，只有在计算机上安装了其他的 Java 开发工具时，才需要配置。

为了检测 JDK 是否配置成功，可以打开命令提示符窗口，输入"javac - version"命令。如果配置成功，则会出现当前 JDK 的版本号，如图 1-9 所示。

图 1-9 成功配置，显示当前 JDK 的版本号

1.5 Java 程序的分类

Java 程序可提供两种程序的开发，即 Java 应用程序和 Java 小应用程序，两者都必须在 Java 虚拟机上运行。

Java 应用程序和 Java 小应用程序的编译都是由 javac.exe 程序来执行的，并都能生成相应的字节码文件。

Java 应用程序可以作为独立的程序运行，但必须有 main() 方法，其运行结果一种是在 DOS 命令行下输出，一种是图形窗口（必须扩展 AWT 的 Frame 类或 Swing 的 JFrame 类）输出。而 Java 小应用程序则需要扩展 java.applet.Applet 或 javax.swing.JApplet 类，并嵌入到 HTML 文件中，在由支持 Java 的网页浏览器或 Applet Viewer 提供的框架内运行。

Java 应用程序没有与 Java 小应用程序相同的安全性约束，应用程序可自由地读写文件，而 Java 小应用程序则不允许执行这些操作。

1.6 简单的 Java 程序示例

Java 程序的分类在前面一节已经论述过了,下面通过简单的例子来认识 Java 编程的魅力。

1. Java 应用程序

Java 应用程序是一种可以在控制台方式下运行的程序,与其他高级语言编写的桌面应用程序非常类似,当然也很容易实现窗口应用。

【例 1-1】 简单的 Java 应用程序。

```
public class HelloApp{
    public static void main(String args[ ])
    {
        System.out.println("Welcome to Java World!");
    }
}
```

本程序的运行结果如下。

```
Welcome to Java World!
```

一个 Java 应用程序由若干个类构成。在例 1-1 中定义了一个类名为 HelloApp 的类。其中:class 是关键字,用于定义类;public 也是关键字,用于说明 HelloApp 是一个 public 类,即其他的类都能访问;第一个花括号、最后一个花括号及它们之间的内容叫做类体。

public static void main(String args[ ])是类体中的一个方法,其后的一对花括号及之间的内容称为方法体。一个 Java 应用程序必须有一个类且只能有一个类含有 main()方法,这个类称为应用程序的主类。public、static 和 void 分别是对 main()方法的说明。在一个 Java 应用程序中,main()方法必须说明为 public static void。换言之,main()方法是 Java 应用程序的标志。

String args[ ]用于声明一个字符串类型的数组 args[ ](注意 String 的第一个字母是大写的),它是 main()方法的参数。main()方法是程序开始执行的位置,即 Java 解释器的入口。

Java 应用程序的源文件主名与主类名相同(包括大小写),扩展名为".java"(大小写均可)。因此,在例 1-1 中的源文件必须保存为 HelloApp.java。

另外,源文件命名时,如果源文件中有多个类,那么只能有一个类是 public 类,同时该 public 类就必须为主类(含有 main()方法),因此源文件的主名必须与该类名相同。如果源文件没有 public 类,那么源文件的主名只要与某个类的名字相同即可。

2. Java 小应用程序

Java 小应用程序是一种作为对象嵌入到网页中的程序,在支持 Java 虚拟机的 Web 浏览器中运行。具体实例如下。

【例 1-2】 Java 小应用程序。

```
import java.applet.* ;
import java.awt.* ;
public class HelloApplet extends Applet
{
    public void paint (Graphics g)
    {
```

```
            g.setColor(Color.red);
            g.drawString("Welcome to Java World!", 40, 50);
        }
    }
```

例1-2是一个简单的Java小应用程序。一个Java小应用程序也是由若干个类组成的,小应用程序的类不再需要main()方法,但必须有一个类扩展了Applet类,即它是Applet类的子类,如例1-2中的HelloApplet类。一般把这个类叫做该小应用程序的主类,小应用程序的主类必须是public类。

Applet类是系统提供的类。例1-2中,import java.applet.*语句的作用就是引入java.applet包中的所有类。Color类和Graphics类是java.awt包中的类。paint()方法的作用是绘画、显示,参数Graphics g定义画笔对象。g.setColor(Color.red)的作用是将画笔的颜色设置为红色,g.drawString("Welcome to Java World!",40,50)的作用是在程序中画字符串,数字40和50规定了字符串输出的起始位置(单位是像素)。

Java小应用程序的源文件的命名方法和应用程序的命名方法相同,必须把它保存到文件HelloApplet.java中。

由于Applet中没有main()方法作为Java解释器入口,因此必须编写HTML文件,把Applet嵌入其中,然后用Applet Viewer来运行该程序或在支持Java的浏览器上运行。其HTML文件如下。

```
<HTML>
<HEAD>
<TITLE> 小程序 </TITLE>
</HEAD>
<BODY>
<APPLET code="HelloApplet.class" width=350 height=200> </APPLET>
</BODY>
</HTML>
```

其中,用<APPLET>标记来启动HelloApplet,code指明字节码所在的文件,width和height指明Applet所占的大小。将这个HTML文件保存为HelloApplet.HTML,然后运行如下命令。

```
C:>\appletviewer HelloApplet.html
```

这时屏幕弹出一个窗口,其中显示"Welcome to Java World!",显示结果如图1-10所示。

从上述内容可以看出,Java程序是由类构成的,对于一个应用程序来说,必须有一个类中定义main()方法,而对于Java小应用程序来说,它必须作为Applet的一个子类。在类的定义中,应包含类变量的声明和类中方法的实现。

图1-10 程序运行结果

3. Java程序的基本构成

一个复杂的程序可由一个或多个Java源程序文件构成,每个文件可以有多个类定义。下面的程序是一个较为完整的Java小应用程序。

【例1-3】 一个较为完整的Java小应用程序。

```
package chapter1
import java.applet.Applet;
```

```
    import java.awt.* ;
    public class HelloPkg extends Applet
    {
        public void paint (Graphics g)
        {
            g.setColor(Color.red);
            g.drawString("Using package!", 40, 50);
        }
    }
```

以上程序的具体结构介绍如下。

(1) package 语句。

package 语句作为 Java 源文件的第一条语句,指明该源文件定义的类所在的包。包由用户指定,它实际上是一个文件夹,其中包含用户自己编写的类。package 语句的一般格式如下。

```
package<package_name>;
```

如果源程序中省略了 package 语句,源文件中定义命名的类被默认为是无名包的一部分,即源文件中定义命名的类在同一个包中,但该包没有名字。

(2) import 语句。

为了能使用 Java 语言提供的类,必须使用 import 语句引入用户所需要的类。Java 语言提供了大约 60 个包,Java API 的类被组织成以下八个包。

- java.applet:包含所有实现 Java Applet 的类。
- java.awt:包含 AWT 中的图形、文本、窗口 GUI 类。
- java.awt.image:包含 AWT 中的图像处理类。
- java.lang:包含所有的基本语言类。
- java.io:包含所有的输入/输出类。
- java.net:包含所有实现网络功能的类。
- java.until:包含有用的数据类型类。
- java.awt.peer:包含无关的 GUI 工具集界面。

如果要从一个包中引入多个类,则可以用星号来代替,如

```
import awt.* ;
```

上述语句表示引入包 java.awt 中所有的类,而

```
import java.applet.Applet;
```

表示只是引入包 java.applet 中的 Applet 类。

(3) 一个或多个类。

类的构成将在后面章节中介绍。

4. Java 程序的编辑、编译和运行

Java 虚拟机是用软件模拟的计算机。它定义了指令集、寄存器集、类文件结构栈、垃圾收集堆、内存区域等,提供了跨平台能力的基础框架。编写 Java 应用程序非常简单,一般可以分为下面三个步骤。

(1) 创建 Java 源程序。

Java 源程序一般用".java"作为扩展名,是一个文本文件,用 Java 语言编写,可以用任何文本编辑器创建与编辑。常用的编辑器有记事本、纯文本编辑器 UltraEdit、Eclipse 和 NetBeans 等开发工具。

(2) 编译源程序。

源文件创建完成之后,就可以使用 Java 编译器(即"javac")读取 Java 源程序,并将其翻译成 Java 虚拟机能够识别的指令集合,以字节码的形式保存在文件中。通常,该字节码文件以".class"作为扩展名。

(3) 运行 class(字节码)文件。

字节码文件生成之后,利用 Java 解释器(即"java")读取字节码,取出指令并将其翻译成计算机能执行的代码,完成运行过程。

Java 应用程序从源文件(*.java)经过编译生成字节码文件(*.class),再由解释器运行。Java 小应用程序将字节码文件作为对象嵌入到超文本文件(*.html)中,在浏览器中运行。

Java 程序开发的一般过程如图 1-11 所示。

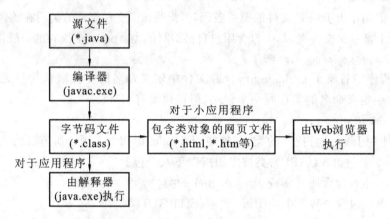

图 1-11 Java 程序的开发过程

字节码文件也称类文件,它是 Java 虚拟机中可执行的文件的格式,是与平台无关的二进制码,执行时由解释器解释成本地机器码,解释一句即执行一句。Java 编译器针对不同平台的硬件提供了不同的编译代码规范,使得 Java 软件能够独立于平台。

1.7 Java 图形化开发工具——Eclipse

1.7.1 Eclipse 简介

Eclipse 是一个开放源代码的、基于 Java 的可扩展开发平台。就其本身而言,它只是一个框架和一组服务,用于通过插件组件构建开发环境。Eclipse 附带了一个标准的插件集,包括 Java 开发工具(Java development tools,JDT)。

基于 Eclipse 的应用程序的突出例子是 IBM 的 Web Sphere Studio Workbench,它构成了 IBM Java 开发工具系列的基础。例如,Web Sphere Studio Application Developer 添加了对 jsp、servlet、EJB、xml、Web 服务和数据库访问的支持。总的来说,Eclipse 具有以下特点。

- Eclipse 是一个开放源代码的、基于 Java 的可扩展开发平台。
- Eclipse 是一个框架和一组服务,用于通过插件组件构建开发环境,是可扩展的体系结构。
- Eclipse 为程序开发人员提供了优秀的 Java 程序开发环境。

1.7.2 Eclipse 的安装、设置与启动

1. 安装 Eclipse 开发工具

（1）可以在官方网站 www.eclipse.org 中下载 3.2.1 版 Eclipse 开发工具。

（2）将下载名称为 eclipse-SDK-3.2.1-win32.zip 的 Eclipse 软件进行解压缩操作，安装好后运行该软件，其界面如图 1-12 所示。

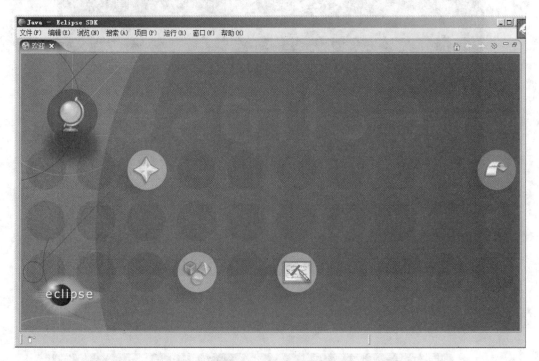

图 1-12　Eclipse 界面

2. Eclipse 界面简介

Eclipse 具有友好的视图形式，如图 1-13 所示。

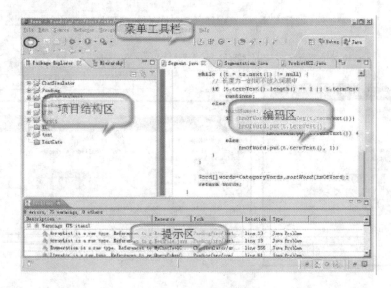

图 1-13　Eclipse 界面组成

从图 1-13 中可以看出，其界面由编码区、菜单工具栏、项目结构区、提示区等部分构成。

1.7.3　Eclipse 的运用——Java 开发小实例

使用 Eclipse 编写 Java 开发实例的步骤如下。

（1）启动 Eclipse，如图 1-14 所示。

图 1-14　Eclipse 启动界面

（2）选择一个 Workspace 启动，如图 1-15 所示。

图 1-15　Workspace 启动及设置

(3) 创建一个新工程,选择"File"→"New"→"Project"命令,打开"New Project"对话框,如图 1-16 所示。

图 1-16　创建一个项目

(4) 输入工程名(如 Test),单击"Finish"按钮,如图 1-17 所示。

图 1-17　输入工程名

(5) 创建 Java 类。右击工程名 Test，选择"New"→"Class"命令，如图 1-18 所示。

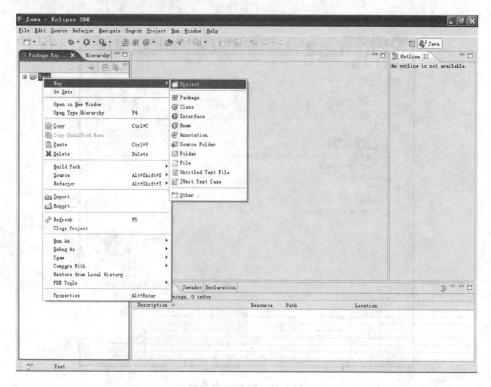

图 1-18　创建 Java 类

(6) 在 Name 文本框中输入类名，如"HelloWorld"，如图 1-19 和图 1-20 所示。

图 1-19　HelloWorld 创建 1

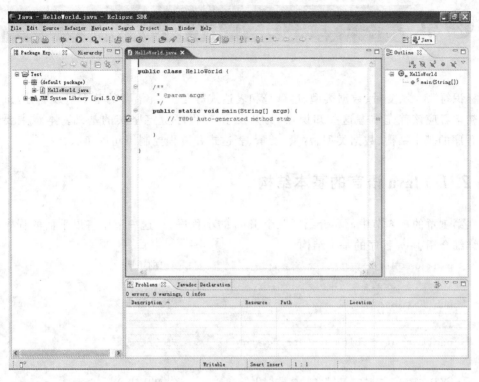

图 1-20　HelloWorld 创建 2

（7）编辑、运行、调试。

• 运行 Java 应用程序，选择"Run"→"Run As"→"Java Application"命令。

• 若用外面参数传入 main()方法的 args 参数，则选择"Run"→"Run…"命令。

• 若要调试，则选择"Run"→"Debug…"命令，具体见调试方法。在这里就不详述了，在后面章节中会继续详细介绍。

本章小结

本章首先对 Java 语言的相关概念、版本进行了介绍，通过对 Java 语言的起源、特点进行阐述，使读者对 Java 语言有了一个初步的认识。然后对 Java 语言开发环境的安装与配置、分类、Java 小示例进行了详细的论述。虽然在介绍中运用的不是最新版本，但是通过它读者可以掌握文中论述的最基本的方法。最后介绍了目前流行的 IDE 集成开发工具 Eclipse 及其使用方法。

通过对本章的学习，不仅对 Java 语言有初步的认识，而且还应掌握 Java 语言开发环境的搭建、配置及集成开发工具的使用，这些知识对培养软件开发思想有一定的意义。

习　题　1

1. Java 程序的编译和执行模式包括两点，是_____和_____。

2. Java 语言支持_____协议，从而使得 Java 程序在分布式环境中能很方便地访问处于不同地点的_____。

3. 开发 Java 程序的一般步骤是：_____、_____和_____。

4. 每个 Java 应用程序可以包括许多方法，但是必须有且只能有一个方法_____，统一格式为_____，它是程序执行的入口。

5. 在 Java 程序中，能在万维网浏览器上运行的是_____程序。

第2章 Java 语言基础

标识符、常量、变量、数据类型、运算符和表达式等是 Java 语言的基本组成部分，Java 语言的初学者应该首先掌握这些知识点，为开发 Java 程序奠定坚实的基础。本章主要介绍 Java 程序的基本结构、数据类型、常量、变量、表达式和流程控制语句等知识。

2.1 Java 语言的基本结构

在第 1 章的 1.6 节中简单介绍了几个 Java 的小程序，在这一节中将以下面的程序段为例来详细介绍 Java 程序的基本结构。

```
package CH3;                                //包的声明
import   java.io.* ;
public class Hello                          //类头的定义
{
public static void main(String args[])      //主方法的定义
    {
System.out.println("Hello World!");         //语句的定义
    }
}
```

Java 语言的源程序代码由一个或多个编译单元组成(本例中只包括一个编译单元)，每个编译单元可包含以下要素。

- 包声明(package statements，可选)。
- 引入语句(import statements)。
- 类声明(class declarations)和接口声明(interface declarations)。

以上要素必须按照以上顺序定义，下面详细分析 Java 程序的基本结构。

1. 包的引入

包的引入需要注意以下几点。

(1) 尽管包名中的"."能够体现各个包的层次结构，但每个包是独立的，顶层包并不包含子包中的类。

(2) package 和 import 的顺序是固定的，若程序中需要 package 语句，则必须位于第一行。

(3) package 语句用于指出这个编译单元属于名为 CH3 的一个库的一部分。

(4) import 语句用于导入支持类(可以是 JDK 基础类或自己编写的类)，可以供本类调用方法和属性。

2. 类和接口

每个 Java 编译单元可包含多个类和接口，但只能有一个类或接口是公共的(public)。如果一个类是可以独立运行的程序，必须有主方法(main()方法)，包括主方法的类叫做主类。

3. main()方法

main()方法使用时注意以下几点。

（1）main()方法必须使用 public、static、void 关键字修饰。

（2）main()方法必须有类型为 String 数组型参数。

4. Java 参数传递的方式

Java 参数传递的方式有以下两种。

（1）传递基本类型，用于传递类型的值。

（2）传递引用：传递引用的地址的值。在 Java 中对象作为参数传递时，是把对象在内存中的地址复制一份传给了参数。

5. 语句

语句中包含标识符、表达式、三种程序设计结构（顺序、分支和循环）。程序中要用到许多名字，如类、属性、方法的名字，这些名字称为标识符，标识符将在 2.2 节中详细介绍。表达式主要是通过将运算符与运算对象连接起来从而完成某种运算的，详细知识的介绍将在 2.5 节中介绍。程序设计的三种基本结构主要是用于完成程序段的某个完整功能，细节将在 2.6 节中介绍。

6. 注释

注释用于对程序中的某句或某段代码做出解释。编译程序时，注释的内容不产生目标代码。在 Java 程序中合理的注释有助于提高程序的可读性，为日后的程序维护提供很大的帮助。

Java 语言源程序中的注释有以下三种。

- //……用于单行注释。
- /＊……＊/用于多行注释，注释内容可以分多行显示，但是不允许多行注释里面有嵌套情况。
- /＊＊……＊/用于文档注释，将自动包含在用 javadoc 命令生成的 HTML 格式的文档中。

7. 分隔符

空格、逗号、分号及行结束符称为分隔符，规定任意两个相邻标识符、关键字或两个语句之间至少有一个分隔符，以便编译程序能识别。

注意：
- Java 语言源程序文件的文件名必须与主类名一致。
- Java 语言源程序中的主类是用 public 关键字修饰的类。
- Java 语言源程序中语句应以";"结束。
- Java 语言区分大小写。
- Java 语言中左花括号（"{"）和右花括号（"}"）必须成对出现。

2.2 标识符与关键字

使用 Java 语言进行程序设计时，会涉及很多变量、常量、类和方法等。任何一个变量、常量、方法、类等都需要有自己的名字来标识自己,通常称这个名字为标识符。但是需要注意的是,在 Java 语言中使用的是 Unicode 标准字符集。

2.2.1 标识符

标识符是用来标识变量、常量、方法、类、对象等元素的有效字符序列。在 Java 语言中规定标识符的定义必须符合以下规则。

(1) 由字母、数字、下划线("_")和美元符号("$")组成。

(2) 标识符中第一个字符不能是数字。

(3) 标识符区分大小写,如 money 和 Money 是不同的标识符。

(4) 标识符不能使用关键字(一种特殊的标识符,表 2-1 中列出了 Java 中所有的关键字)。

例如:

name、boy_number、a2、$ abc、_num2 等为合法的标识符。

2num、x+y、m/、5_B、while 等为不合法的标识符。

在 Java 程序设计中,对标识符通常还有以下不成文的约定。

(1) 变量名、对象名、方法名和包名等标识符全部采用小写字母;如果标识符由多个单词构成,则第一个单词的首字母小写,其后单词的首字母大写,其余字母小写,如 setName。

(2) 类名首字母大写。

(3) 常量名全部字母大写。

(4) 标识符长度不限,但在实际命名时不宜过长。

2.2.2 关键字

关键字是由 Java 语言定义的、具有特殊含义的字符序列,也称为 Java 的保留字。因为每一个关键字都附有一种特定的含义,因此不能将关键字作为普通标识符来使用。Java 语言的关键字如表 2-1 所示。

表 2-1 Java 的关键字

abstract	default	for	native	static	transient
boolean	do	if	new	super	threadsafe
break	double	implements	null	switch	void
byte	else	import	package	synchronized	volatile
case	extends	instanceof	private	this	while
catch	false	int	protected	throw	
char	final	interface	public	throws	
class	finally	length	return	try	
continue	float	long	short	true	

> **注意:**
> Java 语言中所有的关键字必须用小写字母。

2.3 数据类型

数据是指能够通过人工或自动化装置输入计算机并能被计算机处理的符号(数字、字母、音频等)。数据是计算机程序处理的对象,与我们日常生活中所说的数字有很大的区别,日常生活中所说的数字只包括阿拉伯数字,而计算机中所讲的数据不仅包括数字,还包括字符、声音、动画、视频等。

程序中任一数据都属于某一特定类型,类型决定了数据的表示方式、取值范围及对其可进行的操作。例如,Java 语言中的整数类型(int)的取值集合为 $\{-2^{31},\cdots,-2,-1,0,1,2,3,\cdots,2^{31}-1\}$,整数类型可以进行的操作有加(+)、减(-)、乘(*)、整除(/)运算和赋值等。Java 的数据类型分为两大类:基本数据类型和引用数据类型。

基本数据类型是由一种简单数据组成的数据类型,其数据是不可分解的,可以直接参与该类型所允许的运算。其中,基本数据类型已由 Java 语言预定义,类型名是关键字,如 int、float、char 和 boolean 等。

引用数据类型是由若干个基本数据类型组成的,Java 语言的引用数据类型包括数组(array)、类(class)和接口(interface)。在基本数据类型的变量中保存的是数据值,而引用数据类型的变量中保存的是地址。Java 语言的数据类型分类如图 2-1 所示。

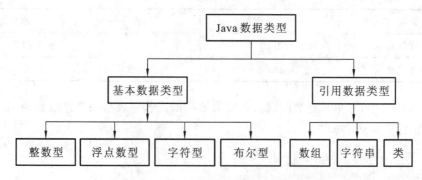

图 2-1 Java 语言的数据类型分类图

2.3.1 基本数据类型

1. 整数型

整数型(integer)数据值的含义与数学中相同,包括负整数、零和正整数。在 Java 语言中,整数型又细分为四种类型,每种类型所占字节和取值范围是不同的,如表 2-2 所示。

表 2-2 Java 语言的整数类型

数据类型	类型标识符	所占字节	取值范围
字节型	byte	1	$-128 \sim 127$
短整型	short	2	$-32768 \sim 32767$
整型	int	4	$-2^{31} \sim 2^{31}-1$
长整型	long	8	$-2^{63} \sim 2^{63}-1$

一个整数的默认类型为 int。若要表示一个整数为 long 型,则可在其后加后缀 L 或 l,

如123L。Java语言提供了以下三种进制表示整数。

- 十进制数,用0~9之间的数字表示的数,其首位不能为0,如10、-39等。
- 八进制数,用0~7之间的数字表示的数,以0为前缀,如013、027等,0123表示十进制数83。
- 十六进制数,用0~9之间的数字和a~f或A~F(分别表示十进制的10~15)表示的数,以0x或0X为前缀,如0x1a、0x56等,-0X12表示十进制数-18。

2. 浮点数型

浮点数型(floating)表示数学中的实数,即带小数点的数。浮点数型有以下两种表示形式。

- 标准计数法:由整数部分、小数点和小数部分组成,如12.37、-0.5946等。
- 科学计数法:由尾数、E或e及阶码组成,也称为指数形式。如2.5e4表示数学中的2.5×10^4,其中2.5称为尾数,4称为阶码。尾数可以是浮点数,但阶码必须是整数。再如0.7E-4表示数学中的0.7×10^{-4}。

在Java语言中,有两种浮点数型,即float(单精度浮点数)和double(双精度浮点数)。它们的所占字节及取值范围如表2-3所示。

表2-3 Java语言的浮点数型

数据类型	类型标识符	所占字节	取值范围
单精度浮点数	float	4	-3.4E38~3.4E38
双精度浮点数	double	8	-1.7E308~1.7E308

在Java语言中,一个浮点数的默认类型为double。若要表示一个浮点数为float型,则可在其后加后缀F或f,如34.5f。

> **注意:**
> 标准计数法中必须有小数点,科学计数法的E(e)前必须有数字(小数点前、后的数字不能同时省略),E(e)后必须是整数。

3. 字符型

字符型(char)表示一个字符,该字符占16位。字符型数据有以下三种表示方法。

- 用单引号括起来的单个字符,如'A'、'a'等。
- 用Unicode码表示,前缀是"\u",如"\u0043"表示'C'。
- 转义字符,如表2-4所示。

表2-4 转义字符

转义字符	功能	转义字符	功能
\b	退格	\f	换页
\t	水平制表	\r	回车
\n	换行		

4. 布尔型

布尔型（boolean）表示逻辑量，也称为逻辑类型。如表 2-5 所示，布尔型只有 true（真）或 false（假）两个值。布尔型值占一个字节。

表 2-5　Java 语言的布尔型

数据类型	类型标识符	所占字节	取值范围
布尔型	boolean	1	true、false

> 注意：
> 在 Java 语言中布尔型值和数字是不能转换的，即 true 和 false 不对应任何数值（如 1 和 0）。

2.3.2　引用数据类型

Java 语言中还有引用数据类型，包括数组、字符串、类等。其中，数组及字符串将在第 4 章详细介绍。

2.3.3　两种数据类型的区别

Java 语言中的基本数据类型（原始数据类型）和引用数据类型在使用的过程中有一定的区别。

基本数据类型基本上都是一些特别小而且特别简单的变量。如果用 new 创建对象，由于 new 创建的对象都存放在堆中，有计算机基础知识的读者都知道，堆的灵活性决定了它的效率要低于栈，所以对于 8 种基本数据类型，Java 语言不采用 new 创建句柄的方式，而是直接在栈中创建一个非句柄的自动变量，容纳具体的值，所以能够高效存取。同时，Java 语言中的基本数据类型是不能调用方法的。

引用数据类型类似于 C/C++ 语言中的指针，它以特殊的方式指向对象实体（具体的值），这类变量声明时不会分配内存，使用 new 创建对象的时候，存储了一个句柄在栈中以便高效引用，其对象实体（具体的值）在堆中开辟了一块内存，通过栈中的句柄调用该实体。同时，引用数据类型可以调用方法。

引用数据类型和基本数据类型的行为完全不同，并且它们具有不同的语义。例如，假定一个方法中有两个局部变量，一个变量为 int 原始类型，另一个变量是对一个整数型对象的对象引用，具体实例如下：

```
int i=5;                        //原始类型
Integer j=new Integer(10);      //对象引用
```

这两个变量都存储在局部变量表中，并且都是在 Java 操作数栈中操作的，但对它们的表示却完全不同。原始类型 int 和对象引用各占栈的 32 位（要表示一个 int 或一个对象引用，Java 虚拟机实现至少需要使用 32 位存储）。整数型对象的栈项并不是对象本身，而是一个对象引用。

引用数据类型和基本数据类型具有不同的特征和用法，它们包括大小和速度问题、数据结构存储类型问题和指定缺省值问题。对象引用实例变量的缺省值为 null，而基本数据类型实例变量的缺省值与它们的类型有关。同时，为了面向对象操作的一致性，这些基本数据类型的相应的封装类型都提供了使用字符串解析来获得基本数据类型封装类的方法

valueOf(Strings)，同时可以获得基本数据类型值的 intValue()、shortValue()、longValue()等，这样就可以完成和实现很多基本数据类型难以完成的工作了。

两种数据类型经常同时在程序的代码中出现，所以程序员必须了解这两种类型是如何工作和相互作用的，以避免代码出错。例如：

```java
import java.awt.Point;
class Assign
{
public static void main(String args[])
{
int a=1;
int b=2;
Point x=new Point(0,0);
Point y=new Point(1,1);
System.out.println("a is "+a);
System.out.println("b is "+b);
System.out.println("x is "+x);
System.out.println("y is "+y);
System.out.println("Performing assignment and "+"setLocation.");
a=b;
a++;
x=y;
x.setLocation(5,5);
System.out.println("a is "+a);
System.out.println("b is "+b);
System.out.println("x is "+x);
System.out.println("y is "+y);
}
}
```

程序运行的结果请读者自行分析。

2.3.4 数据类型转换

当将一种数据类型的值赋给另一种数据类型的变量时，出现了数据类型的转换。在整数型和浮点数型中，可以将数据类型按照精度从"高"到"低"的顺序排列为如下级别。

赋值运算中，数据类型的转换规则如下。
- 当将低级别的值赋给高级别的变量时，系统自动完成数据类型的转换。
- 当将高级别的值赋给低级别的变量时，必须进行强制类型转换。强制类型转换形式为：
  (类型标识符)待转换的值

例如：

```
float x=100;          //整型数值100赋给单精度类型变量x,值为100.0
int i=34;
float x;
x=i;                  //整型数据i的值34赋给单精度类型变量x,值为34.0
intI;
i=(int)123456L;       //将长整型赋值给整型
```

> **注意**：强制类型转换时,可能会造成数据精度丢失。

表达式中不同类型数据进行运算时,类型转换规则与赋值运算相似。如果双目运算符的两个操作数类型不同,系统首先将低级别的值转换成高级别的值,再进行运算。在某些情况下,需要进行强制类型转换。

【例 2-1】 类型转换应用实例。

```
import java.io.* ;
public class divide
  {
  public   static void main(String args[]) throws IOException
  {
  int i=15,j=4,k;
  float  f1,f2;
  k=i/j;
  f1=i/j;
  f2=(float)i/j;
  System.out.println("k="+k);
  System.out.println("f1="+f1);
  System.out.println("f2="+f2);
  }
  }
```

程序运行结果如图2-2所示。

```
D:\java>java divide
k=3
f1=3.0
f2=3.75
```

图 2-2 程序运行结果

> **分析**：
> 在 main()方法中声明了三个 int 类型变量 i、j 和 k,并给变量 i 和 j 分别赋初始值 15 和 4,还声明了两个 float 类型变量 f1 和 f2。在"k=i/j"语句中,整数型值 15 与 4 进行整除运算,其结果是整数型值 3,并将该值赋给整型变量 k,所以 k 的值是 3。通过"f1=i/j"语句,整数型值 15 与 4 进行整除运算,其结果是整数型值 3,在将该值赋给单精度类型变量 f1 时,系统自动进行数据类型转换,将整数型值 3 转换成单精度类型值 3.0。在"f2=(float)i/j"语句中,整数型值 15 被强制转换成单精度类型值 15.0,该值在与整数型值 4 进行除法运算时,系统自动将整数型值 4 转换成单精度类型值 4.0,然后对 15.0 与 4.0 进行除法运算,其结果是单精度类型值 3.75,最后将该值赋给单精度类型变量 f2,所以 f2 的值是 3.75。

2.4 常量与变量

常量是指在程序运行过程中其值始终保持不变的量。在一些参考书中也将常量称为常变量,含义为一直保持不变的变量,读者在阅读其他参考书的时候应注意。变量是指在程序运行过程中其值可以改变的量。有些参考书中也称变量为字面量(也就是说是直观量,所给即所得)。

2.4.1 常量

在 Java 语言中,常量有整数型、浮点数型、字符型、布尔型和字符串型。如 26、12.3、'a'、true、"student"分别是整数型、浮点数型、字符型、布尔型和字符串型常量,采用这种表示方式的常量称为直接常量。

在 Java 语言中,常量除了使用直接常量方式表示外,还可以用标识符表示常量。采用标识符表示的常量称为符号常量。符号常量有四个基本要素:名字、类型、值和使用范围。常量名字是用户定义的标识符,每个符号常量都属于一种基本数据类型,每个符号常量都有其可使用的范围。

符号常量必须先声明后使用,符号常量的声明方式如下。

  final [修饰符] 类型标识符 常量名=(直接)常量;

说明:

(1) 修饰符是表示该常量使用范围的权限修饰符,如 public、private、protected 或是缺省。符号"[ ]"表示其中的内容可以省略。每个修饰符的具体含义将在后续章节中进行阐述。

(2) 类型标识符可以是任意的基本数据类型,如 int、long、float、double 等。

(3) 常量名必须符合标识符的规定,并习惯采用大写字母。取名时最好遵守"见名知意"的原则。

(4) "="右边的常量类型必须和类型标识符的类型相匹配。

例如:

```
final float PI=3.1416926;
    final char SEX='M';
    final int MAX=100;
```

符号常量在 Java 程序设计中有很多优点,主要包括以下几点。

(1) 增加了程序的可读性,通过常量名就可以知道常量的含义。

(2) 增强了程序的可维护性,只要在符号常量的声明处修改符号常量的值,就能够自动修改程序中所有该符号常量的值,即"一改全改",从而避免了程序出错的几率。

从程序功能上来讲,无论是符号常量还是直接常量都表示保持不变的量,因此在后续的章节中直接将它们统称为常量。

2.4.2 变量

变量也有四个基本要素:名字、类型、值和使用范围。其中,变量名字是用户定义的标识符;每个变量都属于一种数据类型,可以是基本数据类型,也可以是引用数据类型;在程序运行过程中,变量的值可以改变,但其数据类型不能改变;每个变量都有其可被使用的范围。变量必须先定义,后使用。变量的声明方式如下。

  [修饰符] 类型标识符 变量名 1[=常量 1],[变量名 2[=常量 2]],…,[变量名 n[=常量 n]];

说明：
(1) 修饰符是表示该变量使用范围的权限修饰符，如 public、private、protected 等。
(2) 类型标识符可以是任意的基本数据类型或引用数据类型，如 int、long、float、double 等。
(3) 变量名必须符合标识符的规定，并习惯采用小写字母。如果变量名由多个单词构成，则首字母小写，其后单词的首字母大写，其余字母小写。取名时最好符合"见名知意"的原则，如"int age;"。
(4) 声明一个变量，系统必须为变量分配内存单元。分配的内存单元大小由类型标识符决定。
(5) 如果声明中包含"=变量"部分，常量的数据类型必须与类型标识符的类型相匹配，系统将此常量的值赋给变量，作为变量的初始值，否则变量没有初始值。
(6) 可以同时声明同一个数据类型的多个变量，各变量之间用逗号隔开。

例如：
```
float x=25.4,y;
char c;
boolean  flag1=true,flag2;
int m=5,n=19;
```

其中：变量 x、flag1、m 和 n 被赋予初始值，称为被初始化了；其他变量没有初始化，即没有初始值。

声明变量时必须指定其数据类型，数据类型不仅决定系统为该变量分配的内存单元大小，也决定了该变量可以参与的合法运算和操作。编译程序时，编译系统将对变量参与的运算和操作进行匹配性检查。例如，整数型变量和浮点数型变量可以进行算术运算，布尔型变量可以进行逻辑运算，而浮点数型变量不能与布尔型变量进行任何运算。

【例 2-2】 整数型变量的应用实例。

```java
import java.io.*;
public class integerNumber
{
    public static void main(String  args[])throws IOException
     {
        int   a=015;
        int   b=20;
        int   c=0x25;
            short x=30;
            long y=123456L;
            System.out.println("a="+a);
            System.out.println("b="+b);
        System.out.println("c="+c);
        System.out.println("x="+x);
        System.out.println("y="+y);
     }
}
```

程序运行结果如图 2-3 所示。

```
D:\java>java integerNumber
a=13
b=20
c=37
x=30
y=123456
```

图 2-3　程序运行结果

分析：

　　main()方法中声明了 int 类型变量 a、b 和 c，并且分别赋予它们初始值是八进制数 15(对应十进制数 13)、十进制数 20 和十六进制数 25(对应十进制数 37)。接着声明了短整型变量 x 和长整型变量 y，并分别赋予它们初始值 30 和 123456L。最后调用 System.out.println()方法分别在屏幕上显示五个变量的值。

　　由于 Java 语言是纯面向对象的语言，每个程序中至少有一个类，本例中的类为 integer Number。程序是从 main()方法开始运行的，main()方法运行完毕，程序也就运行结束。println()方法是在屏幕上显示括号中的内容，其中"+"号表示在显示完成其前面内容之后，再显示其后面的添加提示信息，便于用户理解。println()在屏幕上显示完其内容之后换行，使其后面的 println()方法从下一行输出。

【例 2-3】 单精度和双精度类型变量的应用实例。

```
import java.io.*;
public class Floats
{
public static void main(String args[])throws IOException
    {
float a=34.56f;
double b=3.56E18;
System.out.println("a="+a);
System.out.println("b="+b);
    }
}
```

程序运行结果如图 2-4 所示。

```
D:\java>java Floats
a=34.56
b=3.56E18
```

图 2-4　程序运行结果图

分析：

　　main()方法中声明了 float 类型变量 a 和 double 类型变量 b，并分别赋予它们初始值 34.56 和 3.56E18，调用 println()方法分别在屏幕上显示两个变量的值。

【例 2-4】 字符类型变量的应用实例。

```
import java.io.*;
public class Characters
{
public static void main(String args[])throws IOException
  {
    char   ch1='a';
    char   ch2='B';
    System.out.println("ch1="+ch1);
    System.out.println("ch2="+ch2);
  }
}
```

程序运行结果如图 2-5 所示。

```
D:\java>java Characters
ch1=a
ch2=B
```

图 2-5　程序运行结果图

分析：

main()方法中声明了 char 类型变量 ch1 和 ch2,并分别给它们赋初始值'a'和'B',调用 println()方法分别在屏幕上显示两个变量的值。

【例 2-5】 字符串类型数据的应用实例。

```java
import java.io.*;
public class Strings
 {
    public static void main(String args[])throws IOException
    {
        String  str1="abc";
        String  str2="\n";
        String  str3="123";
        System.out.println("str1="+str1+str2+"str3="+str3);
    }
 }
```

程序运行结果如图 2-6 所示。

```
D:\java>java Strings
str1=abc
str3=123
```

图 2-6　程序运行结果图

分析：

main()方法中声明了 String 变量 str1、str2 和 str3,并分别给它们赋初始值 "abc"、"\n"和"123",调用 println()方法分别在屏幕上显示三个变量的值。因为 str2 的值"\n"是换行符,所以将"str3＝"＋str3 在下一行输出。

【例 2-6】 逻辑类型变量的应用实例。

```java
import java.io.*;
public  class Logic
 {
    public static void main(String args[])throws IOException
    {
        boolean instance1=true;
        boolean instance1=false;
        System.out.println("instance1="+instance1+"   instance2="+
```

```
            instance2);
    }
}
```

程序运行结果如图 2-7 所示。

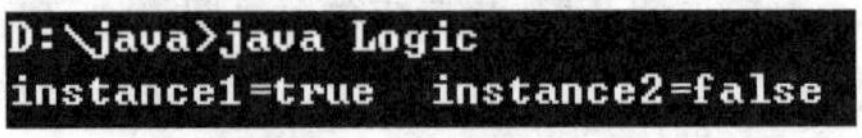

```
D:\java>java Logic
instance1=true   instance2=false
```

图 2-7　程序运行结果图

分析：
main()方法中声明了 boolean 变量 instance1 和 instance2，并分别给它们赋初始值 true 和 false，调用 println()方法分别在屏幕上显示两个变量的值。

2.4.3　变量的作用域

变量的作用域指变量作用的范围。变量按作用域可以分为局部变量、类变量、方法参数、异常处理器参数四类。

（1）局部变量：在一个方法或一对花括号代码块内定义的变量。局部变量的作用域是整个方法或在某个代码块中。

（2）类变量：在类中声明且不在任何方法体中的变量。类变量的作用域是整个类。

（3）方法参数：方法参数定义了方法调用时传递的参数，其作用域就是所在的方法。

（4）异常处理器参数：catch 语句块的入口参数。这种参数的作用域是 catch 语句后由一对花括号表示的语句块。

【例 2-7】　变量作用域的实例。

```
import java.io.*;
public class li6
{
    static int x=10;                                //类变量
    public static void main(String args[])throws IOException
    {
        int y=20;                                   //局部变量
        System.out.println("x="+x);
        System.out.println("y="+y);
        li6_1(5);
    }
    static void li6_1(int z)                        //方法参数
    {
        System.out.println("z="+z);
        System.out.println("x="+x);
    }
}
```

程序运行结果如图 2-8 所示。

```
D:\java>java li6
x=10
y=20
z=5
x=10
```

图2-8 程序运行结果图

分析:

程序的开始定义了类变量 x,其作用域从定义开始到整个程序的结束。在 main()方法中定义了局部变量 y,其作用域在该方法内起作用。该程序所包含的另一个方法 li6_1 中定义了一个方法参数 z,其作用域在该函数内起作用,所以在 main()方法中的 x 是类变量,y 是自己内部的局部变量值;而在 li6_1() 中的 x 还是调用的类变量 x 的值,z 是接收参数所传值。

2.5 运算符和表达式

对数据进行加工和处理称为运算,表示各种运算的符号称为运算符,参与运算的数据称为操作数。运算符与操作数的数据类型必须匹配才能进行相应的运算,否则将产生语法错误。运算符可以从不同的角度进行划分,其中常见的是根据操作数的个数进行分类,运算符分为单目运算符(对一个操作数运算)、双目运算符(对两个操作数运算)和多目运算符(多个运算对象参与运算)。单目运算符也称为一元运算符,双目运算符也称为二元运算符。另外,根据操作数和运算结果,运算符分为算术运算符、关系运算符、逻辑运算符、位运算符、赋值运算符、条件运算符和括号运算符等类型。

表达式是由常量、变量、方法调用,以及一个或多个运算符按一定的规则组合而成,主要用于计算或对变量进行赋值。表达式表示一种求值规则,是程序设计语言中的基本成分,描述了对哪些操作数、以什么次序、进行什么操作。在表达式中,操作数的数据类型必须与运算符相匹配,变量必须已被赋值。

由算术运算符、关系运算符、逻辑运算符、赋值运算符等组成的对应表达式分别称为算术表达式、关系表达式、逻辑表达式、赋值表达式等。

2.5.1 算术运算符与算术表达式

算术运算符用于完成数学上的加、减、乘、除四则运算。算术运算符包括双目算术运算符和单目算术运算符。

双目算术运算符包括+(加)、-(减)、*(乘)、/(除)和%(取余)。其中:前四个运算符既可用于整数型数据,也可以用于浮点数型数据;而"%"仅用于整数型数据,求两个操作数相除的余数。表 2-6 列出了双目算术运算符的功能及使用方法。

表 2-6 双目算术运算符的功能及使用方法

运算符	功 能	使用方法
+	求和	a+b
-	求差	a-b

续表

运算符	功　能	使用方法
*	求积	a*b
/	求商	a/b
%	求余数	a%b

例如：

```
25+1        //结果是 26
25-1        //结果是 24
5*6         //结果是 30
45/9        //结果是 5
16%-4       //结果是 0
16%3        //结果是 1
```

注意：

(1)"+"运算符除了能对两个数值型数据进行计算外，还可以对两个字符串进行计算，表示两个字符串的连接。

如：

```
String ch1="Hello ";
String ch2="C++programming!";
String ch=ch1+ch2;
```

字符串变量 ch 所获得的初始值为：

```
Hello C++programming!
```

(2)当"/"用于两个浮点型操作数时，得到的结果是它们的商；当"/"用于两个整数型操作数时，得到的结果是其商的整数部分，称为整除。

如：

```
36.5/5      //结果是 7.3
45/8        //结果是 5
```

(3)被除数和除数符号相异的时候，要求两数相除取余的结果与被除数符号相同。

如：

```
-16%3       //结果是-1
16%(-3)     //结果是 1
```

单目算术运算符包括++（自加或自增）、--（自减）、-（取负）。"++"和"--"只能用于变量，而不能用于常量或表达式。"++"和"--"既可以出现在变量的左边（前缀形式），也可以出现在变量的右边（后缀形式）。单目算术运算符的功能及使用方法如表 2-7 所示。

表 2-7　单目算术运算符的功能及使用方法

运算符	功　能	使用方法
++	自加 1	a++或++a
--	自减 1	a--或--a
-	数值本身大小不变,符号取反	-a

例如：

```
int x=5;
x++;          //结果,x 等于 6
++x;          //结果,x 等于 7
--x;          //结果,x 等于 6
x--;          //结果,x 等于 5
-x;           //结果,x 等于-5
```

> **注意：**
> 自加、自减运算符在变量中出现的位置不会改变变量本身的值(自加1或自减1)，而在表达式中自加、自减运算符出现的位置不同则表示的结果是不一样的，前缀形式是先计算后引用,后缀形式是先引用后计算。

例如：

```
int x=5;
int y=++x;            //x 本身的值变为 6,y 的值为 6
int x=5;
int z=x++;            //x 本身的值变为 6,而 z 的值为 5
```

2.5.2 关系运算符与关系表达式

关系运算是两个操作数之间的比较大小的运算。Java 语言提供了六种关系运算符：＞(大于)、＜(小于)、＞=(大于等于)、＜=(小于等于)、==(等于)和!=(不等于)。六种关系运算符都可以用于整数型、浮点数型及字符型操作数，"=="和"!="还可以用于布尔型及字符串型操作数。

字符型操作数的比较依据是其 Unicode 值,字符串从左向右依次对每个字符比较。'a'至'z'的 26 个小写字母中,后面一个字母比其前面一个字母的 Unicode 值大 1,'A'至'Z'的 26 个大写字母中,后面一个字母比其前面一个字母的 Unicode 值大 1,'0'至'9'的 10 个数字中,后面一个数字比其前面一个数字的 Unicode 值大 1。三类字符的排序为数字字符、大写字母字符、小写字母字符,即最小的是数字类字符,最大的是小写字母类字符。

关系运算的运算结果是布尔型值：true 和 false。如果所表述的关系成立,则结果为 true;否则,结果为 false。关系运算符的使用方法及功能如表 2-8 所示。

表 2-8 关系运算符的使用方法及功能

运算符	使用方法	功　能
＞	a＞b	如果 a＞b 成立,结果为 true,否则,结果为 false
＜	a＜b	如果 a＜b 成立,结果为 true,否则,结果为 false
＞=	a＞=b	如果 a＞=b 成立,结果为 true,否则,结果为 false
＜=	a＜=b	如果 a＜=b 成立,结果为 true,否则,结果为 false
==	a==b	如果 a==b 成立,结果为 true,否则,结果为 false
!=	a!=b	如果 a!=b 成立,结果为 true,否则,结果为 false

例如：

```
23.45>23.10        //结果是 true
3!=3               //结果是 false
"abc"<"abd"        //结果是 true
'a'<'A'            //结果是 false
'A'<'9'            //结果是 false
```

> **注意：**
> 在 Java 语言中，因为机器本身的原因，很少对很大或很小的浮点数进行判等比较。一般会将判等的关系运算转换成求该数与某一个接近它的很大或很小的一个数的差，若该差在某一范围内就认为是相等的。

2.5.3 逻辑运算符与逻辑表达式

逻辑运算与关系运算的关系十分密切，它是对布尔型操作数进行的与、或、非、异或等运算，运算结果仍然是布尔型值。逻辑运算也称为布尔运算。在 Java 语言中有六个逻辑运算符：&（与）、|（或）、!（非）、^（异或）、&&（简洁与）、||（简洁或）。其中，只有"!"是单目运算符，其他五个都是双目运算符。逻辑运算符真值表如表 2-9 所示。

表 2-9 逻辑运算符真值表

a	b	!a	a&b,a&&b	a|b,a||b	a^b
false	false	true	false	false	false
false	true	true	false	true	true
true	false	false	false	true	true
true	true	false	true	true	false

逻辑运算一般应用于判断组合条件是否满足，如：

```
(age>=60)||(age<=18)    //判断年龄值是否小于等于 18 或者大于等于 60
(ch>='a')&&(ch<='z')    //判断 ch 是否为小写字母
```

在 Java 语言中，有两个"与"和两个"或"，需要读者注意的是这两个运算符的功能是不一样的，在判断组合条件时，"&&"与"||"两个运算符具有短路计算功能，而"&"和"|"则没有短路计算功能。所谓短路计算功能是指在组合条件中，从左向右依次判断条件是否满足，一旦能够确定结果，就立即终止计算，不再进行右边剩余的操作。如：

```
false&&(a>b)        //结果是 false,由于 false 参与"&&"运算，结果必然是 false,就不必
                    计算(a>b)的值
(34>21)||(a==b)     //结果是 true,(34>21)的值为 true,它参与"||"运算，结果必然是
                    true,就不必计算(a==b)的值
true|(45<26)        //结果是 true,但并不是因为第一个运算对象为 true 结果就为 true,
                    而是计算完 45<26 结果为 false,true|false 结果为 true。
```

对于"&"与"|"，不管第一个运算对象的结果是什么，都需要将参加运算的对象都计算完，最后才能得出结果。因此，读者可清楚地知道通过"&&"和"||"两个运算符的使用，在

程序的运行过程中是可以提高效率的。

2.5.4 位运算符与位运算表达式

位运算是对整数型的操作数按二进制的位进行运算,运算结果仍然是整数型值。位运算符有七个:～(按位取反)、&(按位与)、|(按位或)、^(按位异或)、<<(左移)、>>(右移)和>>>(无符号右移)。位运算真值表如表 2-10 所示。

表 2-10 位运算真值表

a	b	~a	a&b	a|b	a^b
0	0	1	0	0	0
0	1	1	0	1	1
1	0	0	0	1	1
1	1	0	1	1	0

【例 2-8】 $x=123, y=246$,计算 $\sim x$ 和 $x \wedge y$ 的值。

【解】 (1) 将整数转换为二进制数:x=01111011,y=11110110。

(2) 对 x 进行按位取反:x=10000100。

(3) 将其转换成十进制数:~x=132。

(4) 将 x 和 y 进行按位异或操作:$x \wedge y = (10001101)_2$。

(5) 将其转换成十进制数:$x \wedge y = 141$。

在计算机中常用的编码有三种:原码、反码和补码。这在计算机基础的课程中已经详细介绍过了,在这里就不再重复叙述。表 2-11 所示为移位运算符。

表 2-11 移位运算符

运算符	用 例	功 能
<<	x<<2	x 左移 2 位
>>	x>>2	x 右移 2 位
>>>	x>>>2	x 无符号右移 2 位

具体说明如下。

(1) 左移运算规则:向左移动指定的位数,右侧补"0"。右移运算规则:向右移动指定的位数,若最高位为 0,则左边补"0",若最高位为 1,则左侧补 1。

(2) 移位运算中没有溢出时,左移一位相当于乘以 2,右移一位相当于除以 2。

(3) 无符号右移运算,右移指定位数以后将左侧空位补"0"。

> **注意:**
> 位运算中的操作数必须是二进制数,而逻辑运算中的操作数必须是逻辑型数据。
> 例如:计算 65>>2,37<<3 和 8>>>2 的结果。
> 这里十进制的 65 转换为二进制为 01000001,37 转换为二进制为 00100101,8 转换为二进制为 00001000,那么:
> 65>>2 结果为 00010000,为十进制数 16。
> 37<<3 结果为 00101000,为十进制数 40。
> 8>>>2 结果为 00000010,为十进制数 2。

2.5.5 赋值运算符与赋值表达式

赋值运算用于给变量赋值,赋值运算的形式如下。

变量名＝表达式；

说明：
(1) "＝"是赋值运算符。
(2) 赋值运算符左侧必须是变量,右侧可以是常量、变量和表达式等。
(3) 若赋值运算符右侧是表达式,则首先计算右侧表达式的值,再将表达式的值赋给左侧的变量。
(4) 赋值运算的次序是从右向左的。
(5) 赋值运算符与数学中的等号含义是不一样的。如"y＝y＋8;"是正确的赋值运算,但在数学上是不成立的。

例如：
```
int x=8,y;
y=x+8;              //结果 y 的值是 16
x=y*y;              //结果 x 的值是 256
y=x+5;              //结果 y 的值是 261
```

同时,在 Java 语言中,赋值运算符还可以与算术运算符、逻辑运算符和位运算符等(一般是双目运算符)组合成复合赋值运算符。复合赋值运算符的使用方法如表 2-12 所示。

表 2-12 复合赋值运算符的使用方法

运算符	用例	等价于	运算符	用例	等价于
＋＝	x＋＝y	x＝x＋y	*＝	x*＝y	x＝x*y
－＝	x－＝y	x＝x－y	/＝	x/＝y	x＝x/y
%＝	x%＝y	x＝x%y	|＝	x|＝y	x＝x|y
&＝	x&＝y	x＝x&y	^＝	x^＝y	x＝x^y
<<＝	x<<＝y	x＝x<<y	>>＝	x>>＝y	x＝x>>y
>>>＝	x>>>＝y	x＝x>>>y			

例如：
```
int x=13;
x*=5;               //结果为 x=65
```
等价于
```
x=x*5;//实质上是给 x 赋值:x=13*5;
```

2.5.6 条件运算符与条件表达式

"?:"称为条件运算符,它是三目运算符,需要三个操作数参与运算。条件运算符格式如下。

表达式1？表达式 2：表达式 3

> **说明：**
> "表达式 1"的值是布尔型值，条件运算符根据"表达式 1"的值来决定最终表达式的值是"表达式 2"的值，还是"表达式 3"的值。如果其值是 true，"表达式 2"的值是最终表达式的值；如果"表达式 1"的值是 false，"表达式 3"的值是最终表达式的值。

例如：

```
int   max,x=10,y=20;
max= (x>=y)? x:y;      //x>=y 不成立,所以将 y 的值赋给变量 max
```

2.5.7 括号运算符

括号运算符"()"用于改变表达式中运算符的运算次序。先进行括号内的运算，再进行括号外的运算；在有多层括号的情况下，优先进行最内层括号内的运算，再依次从内向外逐层运算。

运算符除了对运算对象的数目、类型有要求以外，运算符本身还有优先级的问题。在具有两个或两个以上运算符的复合表达式中，运算的先后顺序具体规定如下。按优先级顺序从高到低依次运算，若是遇到同级运算符则按运算符的结合性进行（单目运算符的结合性自右向左，双目运算符的结合性自左向右）；当遇到圆括号时，先进行括号内的运算，再将括号内的运算结果值与括号外运算符和操作数进行运算。表 2-13 中列出了 Java 语言运算符的优先级和结合性。

表 2-13 Java 语言运算符的优先级和结合性

优先级	运算符	结合性
1	()、[]	
2	++、--	自右向左
3	~、!、-	自右向左
4	(类型)表达式、new	自右向左
5	*、/、%	自左向右
6	+、-	自左向右
7	<<、>>、>>>	自左向右
8	<、<=、>、>=	自左向右
9	!=、==	自左向右
10	&	自左向右
11	^	自左向右
12	|	自左向右
13	&&	自左向右
14	||	自左向右
15	?:	自左向右
16	=、+=、-+、*=…	自左向右

【例 2-9】 单目运算符的应用实例。

```java
import java.io.*;
public class OOperator
 {
    public static void main(String args[]) throws IOException
     {
        int i=10,j1,j2,j3,j4;
        j1=i++;
        System.out.println("i++="+j1);
        j2=++i;
        System.out.println("++i="+j2);
        j3=--i;
        System.out.println("--i="+j3);
        j4=i--;
        System.out.println("i--="+j4);
        System.out.println("i="+i);
     }
 }
```

程序运行结果如图 2-9 所示。

```
D:\java>java OOperator
i++=10
++i=12
--i=11
i--=11
i=10
```

图 2-9 程序运行结果图

分析：

"++"运算符能将变量的值加 1,但给予表达式的值还与"++"所放置的位置有关。如果"++"在变量左边(前缀),那么提供给表达式的值是增加后的新值;如果"++"在变量右边(后缀),那么提供给表达式的值是原来的值。所以,"++i"是先将 i 值加 1,然后 i 再参加表达式运算,而"i++"是 i 先参与表达式运算,然后再将 i 值加 1。"--"运算符的用法与"++"运算符的用法类似。

在该程序中在 main()方法中声明了 int 类型变量 i、j1、j2、j3、j4,并给变量 i 赋值为 15。通过表达式"j1=i++",赋值给 j1,其值为 15,而后 i 的值为 16。通过表达式"j2=++i",赋值给 j2,其值为 17(i 在 16 的基础上加 1 后的新值),同时 i 的值也为 17。通过表达式"j3=--i",赋值给 j3(在 i 的值 17 的基础上减 1 再赋值给 j3),其值为 16,同时 i 的值也为 16;通过"j4=i--",赋值给 j4,其值为 16,而 i 的值为 15。

2.6 程序流程控制语句

程序的基本结构包括顺序结构、分支结构和循环结构。顺序结构按照语句书写的先后顺序执行。选择结构根据条件选择执行对应的程序段,Java 语言提供了 if 和 switch 语句,用来开发选择结构的程序。循环结构在给定条件下重复执行某一程序段,Java 语言提供了 while、do…while 和 for 语句,供开发循环结构程序使用。

1. 语句

语句用于向计算机系统发出操作指令。程序由一系列语句组成,Java 语言中的语句主要分为五种。

1) 表达式语句

Java 语言中最常见的语句是表达式语句,其形式如下。

表达式；

即在表达式后加一个分号就构成表达式语句。表达式语句的功能是计算表达式的值,分号是语句的分隔符。如：

```
sum=x1+x2+x3
```

是一个表达式,在其后加一个分号就形成了表达式语句,即

```
sum=x1+x2+x3;
```

该语句功能：先计算 x1、x2 和 x3 三个变量之和,然后将其结果赋值给变量 sum。

2) 空语句

空语句只有分号,没有内容,不执行任何操作。其形式如下。

```
;
```

设计空语句是为了语法需要。例如,循环语句的循环体中如果仅有一条空语句,表示执行空循环。

3) 复合语句

复合语句是用花括号"{ }"将多条语句括起来,在语法上作为一条语句使用。如：

```
{
    t=x;
    x=y;
    y=t;
}
```

当程序中某个位置在语法上只允许存在一条语句,而实际上要执行多条语句才能完成某个操作时,需要将这些语句组合成一条复合语句。

4) 方法调用语句

方法调用语句由方法调用加一个分号组成。如：

```
System.out.println("Java Language");
```

5) 控制语句

控制语句完成一定的控制功能,包括选择语句、循环语句和转移语句。

表达式语句、空语句、转移语句和方法调用语句称为简单语句,复合语句、选择语句和循环语句称为构造语句。构造语句是按照一定语法规则组织的,包含其他语句的语句。

2. 程序控制结构

面向过程程序设计和面向对象程序设计是软件设计的两种重要方法,这两种方法并不是对立的,而是延续和发展的。其中,作为面向过程程序设计精华的结构化程序设计思想仍然是面向对象程序设计方法的基石。

结构化程序设计的基本思想是采用"单入口单出口"的控制结构,基本控制结构分为三种,即顺序结构、分支结构和循环结构。

2.6.1 分支语句

顺序结构是最简单的一种程序结构,程序按照语句的书写次序顺序执行。

分支语句也称为选择语句,程序中哪些程序段能够执行,哪些程序段不能被执行是由条件来决定的。当条件成立时,执行一些程序段;当条件不成立时,执行另一些程序段(或什么都不执行),则称为选择结构程序。选择结构程序通过 Java 语言提供的选择语句对给定条件进行判断,根据条件的满足与否来执行对应的语句。选择语句有两种:if 语句和 switch 语句。

1. if 语句

if 语句是最常用的选择语句,其中的条件用布尔表达式表示。如果布尔表达式的值为 true,表示条件满足,执行某一语句;如果布尔表达式的值为 false,表示条件不满足,执行另一语句;if 语句是二分支的选择语句,其格式如下。

```
if(布尔表达式)
   语句1
[else
   语句2]
```

说明:

(1) if 与 else 是 Java 语言的关键字。

(2) if 后面的表达式是布尔表达式,如果该布尔表达式的值为 true,则执行语句1;否则,执行语句2。其中,else 子句是可选项,如果没有 else 子句,则形成分支结构的特例——单分支结构。也就是说,当布尔表达式的值为 false 时,什么也不执行。

(3) 语句1和语句2可以是一条简单语句,也可以是复合语句或其他构造语句。

【例 2-10】 输入两个整数,输出较大的整数。

```java
import java.io.*;
public class MaxNum
  {
     public static void main(String args[])throws IOException
     {
       int x,y,max;
       x=Integer.parseInt(args[0]);
       y=Integer.parseInt(args[1]);
       if(x>=y)
         max=x;
       else
         max=y;
       System.out.println("x="+x);
       System.out.println("y="+y);
       System.out.println("max="+max);
     }
  }
```

程序运行结果如图 2-10 所示。

```
D:\java>java MaxNum 48 56
x=48
y=56
max=56
```

图 2-10 程序运行结果图

分析：

main()方法中声明了 x、y 和 max 三个 int 类型的变量，变量 x 和 y 的值分别通过接收命令行输入的两个整数对应来获得(利用 main()方法中的参数 args[0]和 args[1]分别接收输入的第一个参数和第二个参数，通过方法 Integer.parseInt()分别将两个参数转换成整数型值，再分别赋给变量 x 和 y)。在 if 语句中，如果 x>=y 成立就将 x 的值赋给变量 max；否则就将 y 的值赋给变量 max。if 语句结束后，max 的值就是 x 和 y 中较大的那个，最后输出 x、y 和 max 的值。

注意：

由于浮点数型数据在计算机中是近似地存储的，所以在比较两个浮点数类型数据是否相等时，一般不采用"=="运算符来判断它们是否严格相等，而是判断它们的差是否接近于某一个很小的指定值，接近该指定值时则默认为相等。

【例 2-11】 已知三个数，要求将它们按照由小到大的顺序输出。

```java
import java.io.*;
public class NumberSort
 {
    public static void main(String[] args) throws IOException
    {
     int a=5,b=7,c=3,t;
     if(a>b)
      {
       t=a;
       a=b;
       b=t;
      }
     if(a>c)
      {
       t=a;
       a=c;
       c=t;
      }
     if(b>c)
      {
       t=b;
       b=c;
       c=t;
```

```
        }
    System.out.println("a="+a+",b="+b+",c="+c);
    }
}
```

程序运行结果如图 2-11 所示。

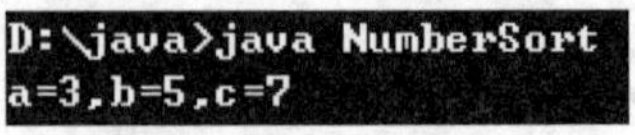

```
D:\java>java NumberSort
a=3,b=5,c=7
```

图 2-11　程序运行结果图

分析：

在 main()方法中，首先比较前两个数字 a、b 的大小，将比较结果中较小的数字放入 a 中，较大的数字放入 b 中；接着比较 a、c 的大小，同样将比较结果中较小的数字放入 a 中，较大的数字放入 c 中，这样经过两个比较判断以后，a 中所存放的是三个数中的最小数字；最后比较的是 b、c，将比较结果中较小的数字放入 b 中，较大的数字放入 c 中，最后用 println()方法从小到大依次输出 a、b、c。

2. 多分支结构

在 Java 语言中通过使用 if 语句嵌套来实现多分支结构的功能，即 if 语句中可以包含 if 语句，形成 if 语句的嵌套。if 语句嵌套有以下两种形式。

(1) 在 if 子句中嵌套 if 语句。其格式如下。

```
if(布尔表达式 1)
    if(布尔表达式 2)
        语句 1;
    [else
        语句 2;]
else
    语句 3;
```

说明：

在 if 子句中嵌套 if 语句(可以是双分支结构也可以是单分支结构)，首先计算布尔表达式 1，若布尔表达式 1 的值为 true 则执行布尔表达式 2，若布尔表达式 2 的值为 true 则执行语句 1，否则执行语句 2；若布尔表达式 1 的值为 false 则执行语句 3。

注意：

若 if 子句中嵌套的是单分支结构，则在布尔表达式 1 的值为 true 而布尔表达式 2 的值为 false 的情况下，该多分支结构什么语句都不执行。

(2) else 子句中嵌套 if 语句。其格式如下。

```
if(布尔表达式 1)
    语句 1;
else if(布尔表达式 2)
        语句 2;
    [else
        语句 3;]
```

说明：

在 else 子句中嵌套 if 语句(可以是双分支结构也可以是单分支结构)，首先计算布尔表达式 1 的值，若该值为 true，则执行语句 1，否则计算布尔表达式 2；若该表达式值为 true，则执行语句 2，否则执行语句 3。

注意：

若在 else 子句中嵌套的是单分支结构，则先计算布尔表达式 1 的值，其值若为 false，接着来计算布尔表达式 2 的值，若表达式 2 的值也为 false，那么该多分支结构不执行任何语句。

【例 2-12】 利用 if 语句编写程序，根据给定的 x 值计算分段函数 y 的值。通过在 if 子句中嵌套的多分支结构来实现。

$$y = \begin{cases} -x, & x \leqslant 0, \\ 2x+5, & 0 < x \leqslant 30, \\ x-20, & x > 30. \end{cases}$$

```java
import java.io.*;
import java.awt.*;
import javax.swing.*;
public class TestGrade
{
  public static void main(String args[]) throws IOException
    {
      int x,y;
      x=Integer.parseInt(JOptionPane.showInputDialog("please input a numberto x:"));
        if(x<=30)
          if(x>0)
            y=2*x+5;
          else
            y=-x;
        else
          y=x-20;
        System.out.println("x="+x+"  "+"y="+y);
    }
}
```

当用户在弹出的对话框中输入 26 的时候，程序运行结果如图 2-12 所示。

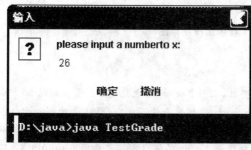

(a)　　　　　　　　　　　(b)

图 2-12　程序运行结果图

分析：

在 main()方法中通过键盘随机输入一个整型数，然后根据条件 x≤30 来判断是否执行 if 子句，本例中通过键盘输入整数 26，通过给定的条件判断 x≤30 成立，所以执行 if 子句。在 if 子句中又嵌套了 if 语句，所以接着判断里层 if 语句的判断条件(x>0)是否成立，成立则执行里层 if 子句，给变量 y 赋值为 2*x+5(其值为 57)，最后调用 println()方法输出 x 和 y 的值。读者可自行输入其他数值进行测试。

【例 2-13】 将例 2-12 改成在 else 子句中嵌套的多分支结构。

```java
import java.io.*;
import java.awt.*;
import javax.swing.*;
public class TestGrade2
{
  public static void main(String[] args) throws IOException
  {
     int x,y;
     x=Integer.parseInt(JOptionPane.showInputDialog("please input a number to x:"));
     if(x<=0)
        y=-x;
     else if(x<=30)
           y=2*x+5;
        else
           y=x-20;
     System.out.println("x="+x+"   "+"y="+y);
  }
}
```

用户在输入框中输入 56 的时候，程序运行结果如图 2-13 所示。

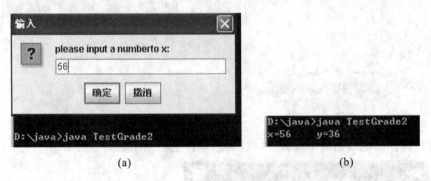

图 2-13　程序运行结果图

分析：

在 main()方法中，首先通过键盘输入任一整数，上例中输入 56，也就是给变量 x 赋值 56。然后通过 if 语句的 if 子句条件(x≤0)来判断是否执行 if 子句，这里条件不成立，所以执行 else 子句。本例在 else 子句中又嵌套 if 语句，所以接着对里层 if 语句的条件(x≤30)进行判断，仍然不成立，所以执行里层 if 语句的 else 子句 y=x-20；所以给变量 y 赋值为 x-20(其值为 36)，最后调用 println()方法输出变量 x 和 y 的值。

【例 2-14】 一般考试成绩有两种常用形式:百分制与等级制。请将百分制分数转换成相应的等级制,标准如下。

等级 A:90~100 分。

等级 B:80~89 分。

等级 C:70~79 分。

等级 D:60~69 分。

等级 E:60 分以下。

```java
import java.io.*;
public class TestGrade3
{
  public static void main(String[] args) throws IOException
  {
    int score=89;
    char ch;
    if(score>=90)
      ch='A';
    else if(score>=80)
        ch='B';
      else if(score>=70)
          ch='C';
        else if(score>=60)
            ch='D';
          else
            ch='E';
    System.out.println("等级"+ch);
  }
}
```

程序运行结果如图 2-14 所示。

```
D:\java>java TestGrade3
等级B
```

图 2-14　程序运行结果图

分析:

　　在 main()方法中,通过对变量 score 的值(为 89)进行判断选择执行的路径,首先执行 if 语句的 if 子句,判断 score>=90 是否成立,因为 score 赋初始值为 89,所以条件不成立,执行 else 子句。由于在 else 子句中嵌套了 if 语句,所以接着判断条件 score>=80 是否成立,该条件成立,所以执行 if 子句 ch='B'。最后调用 println()方法输出成绩的等级。

3. switch 语句

　　从前面的介绍可知,要处理较复杂的情况,需要使用多分支结构,依据给定条件决定选择哪一个分支去执行。虽然可以使用嵌套的 if 语句,但是当嵌套层太多时会导致程序的可读性较差。为此,Java 语言提供了多分支选择语句——switch 语句。switch 语句能够根据给定表达式的值,从多个分支中选择一个分支来执行。其格式如下。

```
switch(表达式)
{
case 常量 1:语句序列 1;
  [break;]
case 常量 2:语句序列 2;
  [break;]
  …
case 常量 n:语句序列 n;
  [break;]
[default:
  语句序列 n+1;]
}
```

说明:

(1) 表达式的数据类型可以是 byte、char、short 和 int 类型,不允许是 float 类型和 long 类型;break 语句和 default 子句是可选项。

(2) switch 语句首先计算表达式的值,如果表达式的值和某个 case 后面的常量值相等,就执行该 case 子句中的语句序列,直到遇到 break 语句为止。如果某个 case 子句中没有 break 语句,则一旦表达式的值与该 case 后面的常量值相等,在执行完该 case 子句中的语句序列后,将继续执行后续的 case 子句中的语句序列,直到遇到 break 语句为止。如果没有一个常量值与表达式的值相等,则执行 default 子句中的语句序列;如果没有 default 子句,那么 switch 语句不执行任何操作。

【例 2-15】 将例 2-14 改成 switch 语句实现。

```java
import java.io.*;
import java.awt.*;
import javax.swing.*;
public class TestGrade4
{
  public static void main(String[] args) throws IOException
  {
    int score;
    score = Integer.parseInt(JOptionPane.showInputDialog("please input a number to score:"));
    char ch;
    switch(score/10)
    {
    case 10:
      case  9:ch='A';break;
      case  8:ch='B'; break;
      case  7:ch='C'; break;
      case  6:ch='D'; break;
      default:ch='E';
```

```
        }
    System.out.println("等级="+ ch);
    }
}
```

当用户在输入框中输入 73 的时候,程序运行结果如图 2-15 所示。

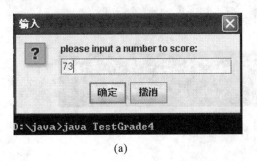
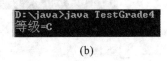

(a)   (b)

图 2-15   程序运行结果图

分析:

在 main()方法中,通过键盘输入任一整型数,然后利用"/"运算符的特点用 score 的值去除 10,实际结果是两数相除的整数部分,将所得的结果与 case 后面的整数进行匹配。本例输入的是 73,那么运算完的结果是 7,所以与第四个 case 后面的常数相同,故执行对应的语句"ch='C'; break;"。最后利用 println()方法输出成绩的等级。这里如果没有 break 语句,程序的运行结果将是另一个结果(错误的结果)。另外,在 case 10 的分支中,后续没有语句,那么如果计算结果是 10,则程序执行的是 case 9 后对应的语句。具体实施情况请读者自行验证。

【例 2-16】 根据不同的运算符号(+、-、*、/),对两个数执行相应的运算并输出结果。

```java
import java.io.*;
public class TestSign
{
  public static void main(String[] args) throws IOException
   {
    float a=10f,b=5f,c=0.0f;
    char sign;
    System.out.println("加法(+),减法(-),乘法(*),除法(/),请选择运算符:");
    sign=(char)System.in.read();
    switch(sign)
    {
      case '+':c=a+b; break;
      case '-':c=a-b; break;
      case '*':c=a*b; break;
      case '/':c=a/b; break;
      default:
       {
        System.out.println("输入的运算符不是四则运算符号!");
        c=-1.0f;
```

```java
        }
    }
    if (c!=-1.0f)
        System.out.println("a="+a+"b="+b+"c="+c);
    }
}
```

程序运行结果如图 2-16 所示。

```
D:\java>java TestSign
加法(+)，减法(-)，乘法(*)，除法(/)，请选择运算符
*
a=10.0  b=5.0  c=50.0
```

图 2-16 程序运行结果图

分析：
该程序的运行原理和例 2-15 的一样，请读者自行分析。

【例 2-17】根据用户输入 1～7 之间的一个整数，输出相对应星期的英文单词。

```java
import java.io.*;
public class TestWeek
{
    public static void main(String[] args) throws IOException
    {
        InputStreamReader in=new InputStreamReader(System.in);
        BufferedReader bin=new BufferedReader(in);
        short day;
        System.out.println("请输入1～7之间的一个整数:");
        day=Short.parseShort(bin.readLine());
        switch(day)
        {
            case 1:System.out.println("Monday");break;
            case 2:System.out.println("Tuesday");break;
            case 3:System.out.println("Wednesday");break;
            case 4:System.out.println("Thursday");break;
            case 5:System.out.println("Friday");break;
            case 6:System.out.println("Saturday");break;
            case 7:System.out.println("Sunday");break;
            default: System.out.println("输入有误,请重新输入1～7之间的一个数！");
        }
    }
}
```

程序运行结果如图 2-17 所示。

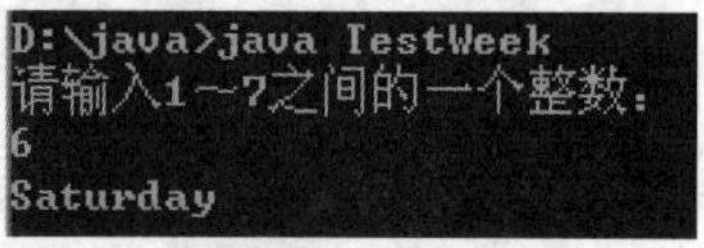

```
D:\java>java TestWeek
请输入1～7之间的一个整数:
6
Saturday
```

图 2-17 程序运行结果图

分析：

该程序的运行原理和例 2-15 的一样，请读者自行分析。

注意：

break 语句用于在执行完一个 case 分支后，使程序跳出 switch 语句，即终止 switch 语句的执行（在一些特殊情况下，多个不同的 case 值要执行一组相同的操作，这时可以不用 break）。如果将 default 语句放在了第一行，则不管表达式与 case 中的值是否匹配，程序会从 default 开始执行直到第一个 break 出现。

2.6.2 循环语句

有些程序段在某些条件下重复执行多次，称为循环结构程序。Java 语言提供了三种循环语句实现循环结构，包括 while 语句、do…while 语句和 for 语句。它们的共同点是根据给定的条件来判断是否继续执行指定的程序段（循环体）。如果满足执行条件，就继续执行循环体，否则就不再执行循环体，结束循环语句。另外，每种语句都有自己的特点。在实际应用中，应该根据具体问题，选择合适的循环语句。

1. while 语句

while 语句的语法如下。

    while(布尔表达式)

    循环体；

说明：

（1）while 是 Java 语言中的关键字。

（2）布尔表达式表示循环执行的条件，循环体可以是一条简单语句，也可以是复合语句。

（3）while 语句的执行过程是：先计算布尔表达式的值，如果其值为 true，则执行循环体；再计算布尔表达式的值，如果其值是 true，再执行循环体，如此反复形成循环；直到布尔表达式的值变为 false，则结束循环，执行 while 语句的下一条语句。

（4）while 语句是先判断，后执行。如果一开始，布尔表达式的值就是 false，则循环体一次也不执行，所以 while 语句的最少循环次数是 0。

（5）在 while 语句中，如果循环条件保持 true 不变，循环就永远不会停止，称这样的循环为死循环。在程序设计中，要尽量避免死循环的发生。

【例 2-18】 计算 $1+2+3+\cdots+100$。

```
import java.io.*;
public class Sum1
{
  public static void main(String args[]) throws IOException
   {
    int i=1,sum;
    sum=0;
    while(i<=100)
     {sum=sum+i;
```

```
        i=i+1;
    }
    System.out.println("sum="+sum);
  }
}
```

程序运行结果如图 2-18 所示。

```
D:\java>java Sum1
sum=5050
```

图2-18　程序运行结果图

分析：

程序中声明了 int 类型变量 i 和 sum，分别用来控制循环次数和保存结果。循环开始前，给 i 和 sum 赋初始值。在 while 语句中，首先计算 i<=100 的值，若其值为 true，则执行循环体，sum 加上 i 的值赋值给 sum，i 本身自加 1；再判断循环条件(i<=100)是否成立，若成立继续执行循环体，直到 i 大于 100，循环结束，输出 1+2+3+…+100 的和(sum)。

本例中，while 语句能否循环执行取决于变量 i 的取值，i 称为循环控制变量。在循环体中要对循环控制变量的值进行合理更改，以控制循环的执行次数。使用 while 语句实现循环，应注意循环控制变量的初始值、变化及循环条件之间的配合，使循环条件的初始值为 true，经过若干次循环后，使循环条件的最终值变为 false，结束循环。若该程序中去除循环体中语句"i=i+1;"，将出现死循环。

【例 2-19】 编程输出 100～400 之间能同时被 3 和 7 整除的数。

```
import java.io.*;
public class TestNum
{
  public static void main(String args[])throws IOException
  {
    int n=100,num=0;
    while(n<=400)
    {
      if((n%3==0)&&(n%7==0))
      {
        num=num+1;
        if(num%5==0)
          System.out.println(n);
        else
          System.out.print(n+" ");
      }
      n++;
    }
  }
}
```

程序运行结果如图 2-19 所示。

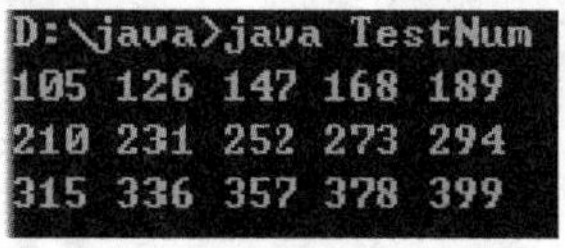

```
D:\java>java TestNum
105  126  147  168  189
210  231  252  273  294
315  336  357  378  399
```

图 2-19　程序运行结果图

分析：

在 main() 方法中，变量 n 的初始值为 100，利用 while 循环条件 n<=400 来控制数据范围在 100～400 之间。在 while 循环语句中是一个 if 的嵌套语句，首先判断 n 是否能同时被 3 和 7 整除(条件：(n%3==0)&&(n%7==0))，如果条件成立，则执行 if 子句中计数语句 num＝num＋1，根据 num 数值是否是 5 的倍数来决定输出数据以后是否换行(目的是以五个一行的形式输出所有符合条件的数值)；如果条件((n%3==0)&&(n%7==0))不成立，则 n 加 1 以后继续进行下一次的循环，如此反复，直到 n 超过 400，结束循环。

【例 2-20】 有一条长阶梯，如果每步 2 阶，则最后剩 1 阶，每步 3 阶则剩 2 阶，每步 5 阶则剩 4 阶，每步 6 阶则剩 5 阶，只有每步 7 阶，最后才刚好走完，一阶不剩。问：这条阶梯最少有多少阶？

```java
import java.io.*;
public class Test
{
  public static void main(String[] args) throws IOException
  {
    int i=1;
    while(!(i%2==1&&i%3==2&&i%5==4&&i%6==5&&i%7==0))
    {
      i++;
    }
    System.out.println("这条阶梯最少有:"+i+"阶");
  }
}
```

程序运行结果如图 2-20 所示。

```
D:\java>java Test
这条阶梯最少有：119阶
```

图 2-20　程序运行结果图

分析：

该程序的运行过程与例 2-19 的相同，请读者自行分析。

2. do…while 语句

do…while 语句的语法如下。

　　do
　　{

　　　　　循环体
　　　　}while(布尔表达式);

说明：

(1) do、while 是 Java 语言的关键字。

(2) 循环体可以是一条语句，也可以是语句序列，布尔表达式表示循环执行的条件。

(3) do…while 语句的执行过程是：先执行循环体，接着计算布尔表达式的值，如果其值是 true，则返回继续执行循环体，如此形成循环，直到布尔表达式的值变为 false，则结束循环，执行 do…while 语句的下一条语句。

(4) do…while 语句的特点是先执行后判断，所以 do…while 语句的循环体至少执行一次。

【例 2-21】 利用 do…while 语句完成求 $1+2+3+\cdots+100$ 值的功能。

```java
import java.io.*;
public class Sum2
  {
    public static void main(String args[]) throws IOException
     {
       int i=1,sum=0;
       do
         {
           sum=sum+i;
           i=i+1;
         }while(i<=100);
       System.out.println("sum="+sum);
     }
  }
```

程序运行结果和例 2-18 的一样。

分析：

程序中声明了 int 类型变量 i 和 sum，分别用来控制循环次数和保存结果。循环开始前，给 i 和 sum 赋初始值。

在 do…while 语句中，首先执行循环体，使 sum 的值为 sum 加 i 的值，然后 i 加 1，计算 i<=100 的值，若结果为 true，则执行循环体，直到循环判断条件(i<=100)不成立时结束循环，输出 sum 的值。

【例 2-22】 编程解决以下问题：假定在银行中存款额为 10 000 元，按 3.25% 的年利率计算，试问过多少年可连本带利翻一番。

```java
import java.io.*;
public class TestMoney
{
    public static void main(String[] args) throws IOException
    {
        double m=10000.0;        //初始存款额
        double s=m;              //当前存款额
        int count=0;             //存款年数
```

```
            do
             {
               s=(1+ 0.0325)*s;
               count++;
             }while(s<2*m);
             System.out.println(count+"年后连本带利翻一番!");
          }
        }
```

程序运行结果如图 2-21 所示。

```
D:\java>java TestMoney
22年后连本带利翻一番!
```

图 2-21 程序运行结果图

分析：

在 main()方法中循环控制条件为 s<2*m,这里 s 和 m 的初始值相同,在循环体中变量 s 的值随着年限(count)的增长,数值在不断增加,直到变量 s 的值超过两倍的 m 则结束循环。输出 count 的值即为题解。

【例 2-23】 编程实现以下功能：用户从键盘输入字符,统计输入字符的个数,直到输入"$"时程序结束。

```
        import java.io.*;
        public class statistics
          {
            public static void main(String args[]) throws IOException
              {
                char ch;
                int count=0;
                System.out.println("please input a char, "$ " Marks the end of opration");
                do
                  {
                    ch=(char)System.in.read();
                    System.out.print(ch+"   ");
                    count=count+1;
                  }while(ch!='$ ');
                count=count-1;
                System.out.println("the number of chars is :"+count);
              }
          }
```

程序运行结果如图 2-22 所示。

```
D:\java>java statistics
please input a char, "$" Marks the end of opration
asdfg1w2e3r4$
a  s  d  f  g  1  w  2  e  3  r  4  $  the number of chars is :12
```

图 2-22 程序运行结果图

分析：

在 main() 方法中，通过使用语句 (char)System.in.read()，实现通过键盘输入任一字符，在输入的同时显出在显示器上，同时进行计数统计；count=count+1，循环结束是在输入的字符中遇到"$"，最后通过 println() 方法输出一共输入的字符个数（除"$"符号以外）。

3. for 语句

for 语句是使用比较频繁的一种循环语句，其语法如下。

  for(表达式 1;表达式 2;表达式 3)
    循环体；

说明：

(1) for 是 Java 语言中的关键字，for 后的括号中包含三个表达式。三个表达式均可以省略，但是分号不能省。

(2) 表达式 1 是给循环控制变量（及其他变量）赋初值；表达式 2 为布尔型，用于给出循环条件；表达式 3 用于给出循环控制变量的变化规律，通常是递增或递减的。

(3) 循环体可以是一条简单语句，也可以是复合语句。

(4) for 语句的执行过程是：先执行表达式 1，给循环控制变量（及其他变量）赋初值；计算表达式 2 的值，如果其值是 true，则执行循环体；执行表达式 3，改变循环控制变量的值；再计算表达式 2 的值，如果其值是 true，再执行循环体，如此循环，直到表达式 2 的值变为 false，则结束循环，执行 for 语句的下一条语句。

【例 2-24】 利用 for 语句编程求 1+2+3+…+100 的和。

```java
import java.io.*;
public class Sum3
  {
    public static void main(String args[])throws IOException
    {
      int i,sum=0;
      for(i=1;i<=100;i++)
        sum=sum+ i;
      System.out.println("sum="+sum);
    }
  }
```

运行结果和例 2-18 的一样。

分析：

程序中声明了 int 类型变量 i 和 sum，分别用来控制循环次数和保存结果。循环开始前，给 sum 赋初始值。

在 for 语句中，首先执行 i=1，给 i 赋初始值 1；计算 i<=100 的值，其值为 true，则执行循环体"sum=sum+i;"并使 sum 的值自加 i；接着计算"i++;"，判断 i<=100 成立否，若成立再执行循环体，不成立则退出循环；输出 sum 的值。

【例2-25】 求Fibonacci数列中的前20项。

Fibonacci数列中前两项都是1,以后每项的值都是其前两项值之和,即 1 1 2 3 5 8 13 21 34 55 89……其程序如下。

```
fib(n)=1                        (n=1,2)
fib(n)=fib(n-1)+fib(n-2)        (n>=3)
import java.io.*;
public class Fibonacci
  {
    public static void main(String args[]) throws IOException
    {
      long f1=1,f2=1;
      for(int i=1;i<=10;i++)
        {
          System.out.print(f1+""+f2+"");
          f1=f1+f2;
          f2=f1+f2;
        }
    }
  }
```

程序运行结果如图2-23所示。

```
D:\java>java Fibonacci
1 1 2 3 5 8 13 21 34 55 89 144 233 377 610 987 1597 2584 4181 6765
```

图2-23 程序运行结果图

分析:

众所周知,Fibonacci数列前两项的值固定是1和1,以后的每一项都是其前两项之和,因此在程序中采用for循环语句,则每次循环能求出Fibonacci数列的两项,所以要求输出Fibonacci数列的前20项,循环10次即可。

【例2-26】 试用for语句编程求解:假定在银行中存款10 000元,按3.25%的年利率计算,问过多少年就会连本带利翻一番。

```
import java.io.*;
public class Test
{
  public static void main(String args[]) throws IOException
  {
    double m=10000.0;        //初始存款额
    double s=m;              //当前存款额
    int count=0;             //存款年数
    for(;s<2*m;s=(1+0.0325)*s)
        count++;
    System.out.println(count+"年后连本带利翻一番!");
  }
}
```

程序运行结果与例 2-22 的一样。

分析：
题目要求与例 2-22 的一样，本例采用的是 for 循环语句，在 for 循环条件里面第一个表达式省略，所需变量的初始值在程序中已经进行赋值，第二个表达式控制着循环次数(10 次)，第三个表达式控制着循环控制变量的步进，最后通过 println()方法输出 count 的值即可。

【例 2-27】 编程实现：输出 1～9 之间的所有整数及其平方值。

```java
import java.io.*;
public class Test3
{
    public static void main(String args[]) throws IOException
    {
        int j=0;
        for(int i=0;i<=9;i++)
        {
            j=i*i;
            System.out.print("i="+i);
            System.out.print("   ");
            System.out.println("j="+j);
        }
    }
}
```

程序运行结果如图 2-24 所示。

图 2-24　程序运行结果图

分析：
该例比较简单，请读者自行分析。

4．多重循环

在日常生活中，往往会遇到一些比较复杂的问题，需要在循环语句的循环体中再包含循环语句，这就形成了多重循环结构，称为循环嵌套。常用的循环嵌套有二重嵌套和三重嵌套。循环嵌套既可以是一种循环语句的本身嵌套，也可以是不同种类循环语句的相互嵌套。循环嵌套时，要求内循环完全包含在外循环之内，不允许出现交叉现象。

【例 2-28】 利用双重循环，输出九九乘法表。

```
import java.io.*;
public class Table99
{
   public static void main(String args[])throws IOException
    {
      int m, n;
      for(m=1;m<=9;m++)
        {
          for(n=1;n<=m;n++)
            System.out.print(m+"*"+n+"="+(m*n)+"\t");
          System.out.println();
        }
    }
}
```

程序运行结果如图 2-25 所示。

```
D:\java>java Table99
1*1=1
2*1=2    2*2=4
3*1=3    3*2=6    3*3=9
4*1=4    4*2=8    4*3=12   4*4=16
5*1=5    5*2=10   5*3=15   5*4=20   5*5=25
6*1=6    6*2=12   6*3=18   6*4=24   6*5=30   6*6=36
7*1=7    7*2=14   7*3=21   7*4=28   7*5=35   7*6=42   7*7=49
8*1=8    8*2=16   8*3=24   8*4=32   8*5=40   8*6=48   8*7=56   8*8=64
9*1=9    9*2=18   9*3=27   9*4=36   9*5=45   9*6=54   9*7=63   9*8=72   9*9=81
```

图 2-25 程序运行结果图

分析：

为了输出九九乘法表，这里需要采用循环嵌套结构，本程序使用的是两层 for 循环语句，外层的 for 循环语句主要用来控制输出的行数，里层的 for 循环语句主要控制着九九乘法表的输出，但是循环次数和输出内容还要由变量 m 来控制，详细过程请读者分析。

【例 2-29】 编程实现打印图 2-26 所示图案。

```
         *
        ***
       *****
      *******
     *********
    ***********
```

图 2-26 图案

```
import java.io.*;
public class Test
 {
   public static void main(String args[]) throws IOException
    {
      int i,j;                              //i控制行数,j控制*的个数
```

```java
        for(i=1;i<=6;i++)
         {
           for(j=1;j<=i*2-1;j++)
              System.out.print("*");
           System.out.println();            //换行
         }
        }
```

分析：

该程序主要完成的是图形输出，和输出九九乘法表非常相似，也是需要使用循环嵌套结构来完成的，同时外层循环控制输出图形的行数，内层循环控制着输出的内容。读者自行依据例2-28来编写程序代码。

2.6.3 跳转语句

Java 语言提供了 break 和 continue 语句，可用于控制流程转移。

1. break 语句

break 语句可用于 switch 语句或 while、do … while、for 循环语句，如果程序执行到 break 语句，则立即从 switch 语句或循环语句中退出。其格式如下。

　　　　break [标签]；

break 语句有两种形式：不带标签和带标签。在 switch 语句中使用的是不带标签的 break 语句，其作用是跳出 switch 语句。在循环语句中不带标签的 break 语句的作用是结束所在层的循环语句，而带标签的 break 语句的作用是从标签指定的语句块中跳出。

【例2-30】 写出以下程序执行后的输出结果。

```java
import java.io.*;
public class Test4
{
  public static void main(String[] args) throws IOException
  {
    int i,s=0;
    for(i=1;i<=100;i++)
    {
      s+=i;
      if(s>50)
        break;
    }
    System.out.println("s="+s);
  }
}
```

等价于

```java
import java.io.*;
public class Test4
{
  public static void main(String[] args) throws IOException
  {
```

```
        int i,s=0;
        found:
        for(i=1;i<=100;i++)
        {
          s+=i;
          if(s>50)
            break found;
        }
        System.out.println("s="+s);
      }
    }
```

程序运行结果如图 2-27 所示。

```
D:\java>java Test4
s=55
```

图 2-27　程序运行结果图

分析：

在 main() 方法中，循环控制变量 i 的初始值为 1，循环控制条件要求 i≤100。首先判断循环条件，如果满足，开始执行循环体 s+=i; 计算求出 s 的值，直到 s>50 结束循环体。变量 s 在满足条件的情况下重复循环执行的是 1+2+3+4+5+6+7+8+9+10，直到加到 i 为 10 的时候和 s 的值为 55，超出了条件限制，所以遇到 break 语句结束循环，直接输出 s 的值。

2. continue 语句

continue 语句可用于 for、do…while 和 while 语句的循环体中，其格式如下。

　　continue [标签];

如果程序执行到不带标签的 continue 语句，则结束本次循环，回到循环条件处，判断是否执行下一次循环。如果程序执行到带标签的 continue 语句，则结束当前循环，并去执行标签所处的位置。

【例 2-31】　写出以下程序执行后的输出结果。

```
    import java.io.*;
    public class Test5
    {
      public static void main(String[] args) throws IOException
      {
        int   s=0,i=0;
        do
        {
          i++;
          if(i%2!=0)
            continue;
          s+=i;
        }while(s<50);
        System.out.println("s="+s);
      }
    }
```

程序运行结果如图 2-28 所示。

```
D:\java>java Test5
s=56
```

图 2-28 程序运行结果图

分析：
在 main()方法中，采用 do…while 循环语句完成。在循环体中首先完成变量 i 的自加运算，接着执行 if 语句，如果条件 i%2!=0 成立，则执行 continue(也就是继续执行循环体)，后续语句 s+=i 不执行；如果条件不成立，则执行 s+=i 语句。这样分析以后，读者可以了解到其实变量 s 完成的是偶数求和，只要 s 的结果不超过 50 就一直进行循环操作，直到 s 的值超过 50(这里是 2+4+6+8+10+12+14=56)，最后输出 s 的值。

可见 break 语句和 continue 语句能够控制循环体的执行流程，但从结构化程序设计的角度考虑，不鼓励使用这两种跳转语句。

本 章 小 结

本章介绍了 Java 语言对标识符、数据类型、变量等的具体规定及程序控制流程的各种语句的使用方法。Java 语言的基本结构包括顺序结构、分支结构和循环结构。顺序结构按照语句的书写次序顺序执行。在 Java 分支结构程序一节中，主要介绍了条件分支 if 语句和多重分支 switch 语句。在循环结构程序一节中，主要介绍了 for 语句、do…while 语句和 while 语句。

通过对本章的学习，能够使学生掌握分支结构与循环结构的编程方法，并利用分支语句的嵌套、循环嵌套的方法解决程序设计中的难题。

习 题 2

一、选择题

1. 下列变量定义错误的是(   )。
   A. int a;   B. float f=1.23;   C. char ch;   D. double x=4.56;
2. 表达式 6+5%3-8/5 的值是(   )。
   A. 6   B. 7   C. 6.4   D. 8
3. 下列语句序列执行后，变量 i 的值是(   )。
   ```
   int i=45,j=34;
   if(i>=j)
     j++;
   else
     i++;
   ```
   A. 44   B. 45   C. 46   D. 35
4. 下列整数型常量表示格式正确的是(   )。
   A. 26   B. 10,000   C. −23   D. 123
5. 假设有一变量声明语句"boolean x;"，则下列赋值语句正确的是(   )。
   A. x=False;   B. x="false";   C. x=false;   D. x=0;
6. Unicode 是一种(   )。
   A. Java 类   B. 数据类型   C. Java 包   D. 字符编码

7. 下列赋值语句中,正确的是( )。
   A. x=int(i);　　　B. x==1;　　　C. ++i;　　　D. x=x+1=;
8. 执行下列程序代码,ch、y、y 的值分别是( )。
   ```
   int x=23,y=25;
   boolean ch;
   ch=x<=y &&++x==--y;
   ```
   A. true;24;25　　B. false;24;25　　C. true;24;24　　D. false;24;24

二、填空题

1. 在 Java 语言中,逻辑常量只有_____和_____两个值。
2. Java 语言中的浮点型数据根据数据存储长度和数值精度的不同,可进一步分为_____和_____两种类型。
3. 计算表达式 −63%4 的结果是_____。
4. 若有语句 int x=2,y=3,z=4;,则++x==y&&++y==z 的结果是_____。
5. 以下代码段的运行结果是_____。
   ```
   int  x=13;
   char ch1='a';
   char ch2=(char)(ch1+x);
   system.out.println("ch2="+ch2);
   ```

三、编程题

1. 输入三个数 a、b、c,按大小顺序输出。
2. 海滩上有一堆桃子,五只猴子来分。第一只猴子把这堆桃子平均分为五份,多了一个桃子,这只猴子把多的一个桃子扔入海中,拿走了一份。第二只猴子把剩下的桃子又平均分成五份,又多了一个桃子,它同样把多的一个桃子扔入海中,拿走了一份。第三只、第四只、第五只猴子都是这样做的,问:海滩上原来最少有多少个桃子?
3. 求 0~7 所能组成的奇数个数。

提示:

(1) 组成 1 位数是 4 个。
(2) 组成 2 位数是 7×4 个。
(3) 组成 3 位数是 7×8×4 个。
(4) 组成 4 位数是 7×8×8×4 个。
(5) ……

4. 有 1、2、3、4 四个数字,编程确定能组成多少个互不相同且无重复数字的三位数,并将它们列出来。
5. 打印出所有的"水仙花数",所谓"水仙花数"是指一个三位数,其各位数字立方和等于该数本身。例如:153 是一个"水仙花数",因为 153 等于"1 的三次方"加上"5 的三次方"加上"3 的三次方"。
6. 一个数如果恰好等于它的因子之和,这个数就称为"完数",例如 6=1+2+3。编程找出 1 000 以内的所有完数。

第3章 面向对象基础——类与对象

Java语言是完全面向对象的语言,用其进行面向对象的软件开发是非常方便、高效的。本章主要介绍面向对象程序设计的基本思想、Java语言中的类与对象的概念、类的继承、类的多态、特殊类、访问控制符、包及接口的相关知识。学完本章之后,读者将对面向对象的程序设计有一个初步完整的印象。

3.1 面向对象程序设计

面向对象程序设计(object oriented programming)代表了一种全新的程序设计思想,与传统的面向过程开发方法不同,面向对象的程序设计和问题求解更贴近人们的思维习惯。随着软件复杂度的提高,以及Internet的迅速发展,原先面向过程的软件开发方式已经很难满足软件开发的需要。针对日趋复杂的软件需求挑战,软件业界发展出了面向对象的软件开发模式。

3.1.1 面向对象程序设计概述

计算机程序设计的本质就是将现实生活中遇到的问题抽象后利用计算机语言转化为计算机能够理解的层次,并最终利用机器来求得问题的解。在这个过程中主要涉及两个问题,即如何将问题抽象化及如何将抽象化的问题映射到机器能够理解的语言。程序设计语言从最开始的机器语言到汇编语言再到之后的结构化高级语言都没有解决以上问题,直到面向对象语言的出现。非面向对象的编程语言,比如机器语言、面向过程的高级语言,都是通过数据的定义和函数的调用来实现一定的功能和解决某些问题的,它们或者没有抽象机制,或者抽象层次有限。而面向对象的编程语言能够将客观事物看做具有状态和行为的对象,通过抽象找出同一类对象的共同状态(静态特征)和行为(动态特征),从而构成模型——类。世间万事万物都是客观存在的对象,都可以抽象为包括状态和行为的类。例如,现实生活中的一类对象——汽车,一般来说汽车都具有颜色、速度、车门个数等状态特征,同时还具有刹车、加速、减速等处理行为。如果用面向对象的观点来描述汽车这类对象的话,我们可以在程序中建立如下的模型。

```
class Car{
    String color;           //汽车颜色
    int door_number;        //车门个数
    double speed;           //汽车速度
    …                      //其他状态属性
    void brake(){…};        //汽车的刹车行为
    void speedUp(){…};      //汽车的加速行为
    void slowDown(){…};     //汽车的减速行为
    …                      //其他行为
}
```

在程序中用color、door_number、speed等数据成员来描述汽车的颜色、车门个数、速度等状态属性;用brake()、speedUp()、slowDown()等方法来描述汽车的刹车、加速、减速等处理行为。从模型中可以看出，数据成员和方法组合在一起构成汽车类——Car，可用于描述汽车这类对象。

3.1.2 面向对象程序设计的特点

面向对象的程序设计语言主要有封装性、继承性和多态性三个特点。封装就是将实现细节隐藏起来，只给出如何使用的信息。继承体现众多的一种层次对象的特性，下一层的类可从上一层的类继承定义，从上一层类派生的类的对象能继承上一层对象的特性，同时可以改变和扩充一些特性，以适应其自身的特点。多态性的意义主要体现在逻辑上相同的不同层次上的操作，使用相同的操作名，根据具体对象，能自动选择对应的操作。下面详细介绍面向对象语言的三个特性。

1. 封装

面向对象的封装特性是一种信息隐蔽技术，既利用抽象将数据和基于数据的操作封装在一起。数据被保护在抽象数据类型的内部，系统的其他部分只有通过数据的操作，才能够与这个抽象数据类型进行交互。封装包含以下两层含义。

(1) 把对象的全部属性及其行为结合在一起，形成一个不可分割的独立单位(即对象)。

(2) 信息隐蔽，即尽可能地隐蔽对象的内部细节，对外形成一个边界(或者说形成一道屏障)，只保留有限的对外接口，使之与外部发生联系。

封装的原则在软件上的反映是：对象以外的部分不能随意存取对象的内部数据(属性)，从而有效地避免了外部错误对它的"交叉感染"，使软件错误能够局部化，从而大大降低了查错和排错的难度。在面向对象的程序设计中，抽象数据类型是用"类"这种面向对象工具表示的，每个类中都封装了相关的数据和操作。封装性降低了程序开发过程的复杂性，提高了效率和质量，保证了数据的完整性和安全性。同时，封装性提高了抽象数据类型的可重用性，使抽象数据类型成为一个结构完整且能够自行管理的有机整体。

2. 继承

继承是使用已存在的类的定义作为基础建立新类的技术，通常将新类称为已有类的派生类(或子类)。新类从现有的类中派生的过程，称为类继承。继承是一种联结类的层次模型，为类的重用提供了方便，它提供了明确表述不同类之间的共性的方法。在继承过程中，派生类不仅继承了基类的特性，而且还可以增加新的数据或新的功能，也可以修改继承的方法或增加新的方法使之更适合特殊的需要。这种技术使得复用以前的代码非常容易，能够大大缩短开发周期，降低开发费用。比如，要定义轿车和卡车两个类，由于轿车和卡车都是汽车，它们拥有一些共有的属性和行为，如车体大小、颜色、方向盘、轮胎等属性及刹车、加速等行为。此时，可以先设计一个汽车类，然后由这个汽车类派生出轿车和卡车两个类，为轿车添加一个小后备箱，而为卡车添加一个大货箱。这种设计可提高软件的可重用性。

在面向对象的继承特性中，还有一个关于单继承和多继承的概念。单继承是指任何一个派生类都只有单一的直接父类；而多继承是指一个类可以有一个以上的直接父类。采用单继承的类层次为树状结构，清晰明了；采用多继承的类层次为网状结构，设计与实现比较复杂。在面向对象的程序设计语言中，C++语言是支持多重继承的，而Java语言仅支持单继承。

3. 多态

多态是面向对象程序设计的又一个特性。在面向对象程序设计中，可以利用"重名"来提高程序的抽象度和简洁性。程序的世界其实就是现实世界的反映,比如,在现实生活中,所有的动物都有"发声"这种行为,但是不同的动物,叫声不一样,比如说猫是"喵喵"叫、狗是"汪汪"叫、鸡是"喔喔"叫,如果在程序设计中,不允许为这些动物类定义相同的行为名称,就必须要为这三类动物定义三个方法。如果这样的话,在调用方法时需要记忆很多名字,继承的优势就荡然无存了。为了解决这个问题,在面向对象的程序设计中引入了多态的机制。多态是指一个程序中同名的不同方法共存的情况,主要通过子类对父类方法的覆盖来实现多态。这样,不同类的对象可以响应同名的方法(消息)来完成特定的功能,但具体的方法却不尽相同,上述不同的动物发出不同的声音就是很好的例子。多态性使语言具有灵活、抽象、行为共享、代码共享的优势,很好地解决了应用程序同名问题。

3.2　Java 中的类与对象

Java 程序中的所有数据类型都是用类来实现的,Java 语言是建立在类这个逻辑结构之上的,所以 Java 语言是一种完全面向对象的程序设计语言。类是 Java 的核心,Java 程序都由类组成,一个程序至少包含一个类,也可以包含多个类。对象是类的实例,类与对象的关系就如模具和铸件的关系一样,类的实例化结果就是对象,而对一类对象的抽象就是类。Java 程序中可以使用标识符表示对象,并通过对象引用类中的变量和方法。

Java 程序员的任务就是设计出类和对象来解决实际问题。创建类时既可以从父类继承,也可以自行定义。

3.2.1　类

1. 类的声明

Java 语言中类的实现包括两个部分:类头和类体。类头定义的格式如下:

　　[类定义修饰符] class <类名> [extends <父类名>] [implements <接口列表>]
　　{
　　类体(成员变量和成员方法)
　　}

其中,用花括号括起来的部分为类体。在类体中声明了该类中所有的变量和方法,称为成员变量和成员方法。关于类的定义,有以下几点说明。

(1) class 是定义类的关键字,表明其后声明的是一个类。

(2) class 前面是类定义的修饰符,指明类在使用时所受到的限制,可以是 public、abstract 及 final。在没有任何修饰符的默认情况下,类只能被同一个源程序文件或同一个包中的其他类使用;若使用 public 修饰符后,该类可以被任何包中的类使用,称为公共类。abstract 说明的类称为抽象类,不能用它实例化一个对象,它只能被继承。final 说明的类称为最终类,最终类不能被继承。

(3) extends 是在类继承时所使用的关键字。定义类时,该关键字用于指明所创建的类是从父类继承下来的子类,父类必须是 Java 系统类或已经定义的类。

(4) implements 说明类可以实现一个或多个接口,如果有多个接口,应用逗号分隔。

(5) 类声明体中有两部分:一部分是数据成员变量声明,可以有多个;另一部分是成员方法声明,也可以有多个。

【例 3-1】　学生(Student)类举例。

```java
public class Student{
    //成员变量
    String name;
    int age;
    String sex;
    String school;
    //成员方法
    void setValue(String a,int b,String c,String d){
        name=a;
        age=b;
        sex=c;
        school=d;
    }
    void showValue(){
        System.out.println("姓名:"+name+",年龄:"+age+",性别:"+sex+",学校:"+school);
    }
}
```

例 3-1 中的学生类中定义了四个成员变量，即 name、age、sex 和 school，分别表示学生的姓名、年龄、性别及学校，还定义了 setValue 和 showValue 两个成员方法。

2. 成员变量

一个类的状态(特征)由它的成员变量给出。在类体中可以有多个成员变量，成员变量定义的一般形式如下。

[**public**][**private**][**protected**][**static**][**final**][**transient**][**volatile**]＜数据类型＞＜成员变量名称＞

其中，private、protected、public 是访问修饰字，用于对成员变量限制其访问权限。static 指明变量是一个静态成员变量；final 指明变量的值不能被修改；transient 指明变量表示的是一个临时常量状态；volatile 指明变量是一个共享变量，由多个并发线程共享的变量，可以用 volatile 来修饰，使得各个线程对该变量的访问能保持一致。变量的名字是一个标识符，变量的类型可以是任何数据类型。

一个类中声明的成员变量必须出现在类体中，而不是在方法体中，方法中声明的变量是局部变量。它们的区别在于作用域不同，也就是生存期不同，成员变量在类的对象实例中有效，而局部变量只在方法体中有效。例如：

```java
public class TestVar {
    //定义一个成员变量,注意在整个类中这个变量均有效
    int a=4;
    void start()
    {//定义一个局部变量
    int b= 5;
    //打印出全局变量
    System.out.println(a);
    //打印出局部变量
```

```
        System.out.println(b);
        //将局部变量的值加到成员变量上去
        a+=b;
    }
    void stop()
    {
        //打印出全局变量
        System.out.println(a);
        //因为 b 是 System.out 中定义的局部变量,已经被释放,所以如果调用局部变量将会出错
        //System.out.println(b);
    }
    public static void main(String[] args) {
        TestVar tt=new TestVar();
        tt.start();
        tt.stop();
    }
}
```

程序运行结果如图 3-1 所示。

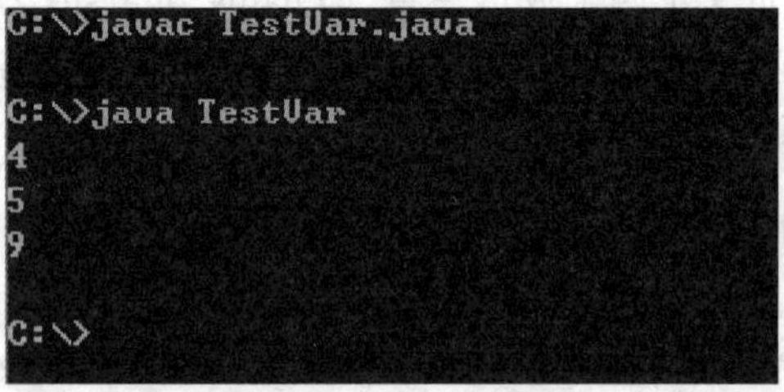

图 3-1 程序运行结果

Java 类包含两种类型的成员变量,即实例成员变量和类成员变量,简称为实例变量和类变量。没有 static 修饰的成员变量是实例成员变量,有 static 修饰的成员变量是类变量。

1) 实例变量

声明类的成员变量时,前面不带 static 关键字的都是实例变量。例如,声明 Dog 类中的实例变量 name、age 属性时,可以使用如下形式。

```
class Dog
{
    String name;
    int age;
}
```

用该类每创建一个新的对象,系统就会为这个对象创建实例变量的副本,即该对象的每个实例变量都有自己的存储空间,然后通过对象名访问这些实例变量。

2) 类变量

声明类的成员变量时,如果前面用 static 关键字修饰,则该变量为类变量。类变量与实例变量的区别是不管创建多少个对象,系统仅在第一次创建对象的时候为类变量分配内存,所有对象都共享该类的类变量。因此,可以通过类本身或某个对象来访问类变量,格式如下。

<类名|实例名>.<类变量名>

【例 3-2】 类变量、实例变量举例。

```java
classDoor
{
  int x;
  static int y;
}
public classTest_door
{
  public static void main(String args[])
  {
    Door A=new Door ();
    Door B=new Door ();
    //给 A 的两个变量赋值并打印结果
    A.x=2;
    A.y=4;
    System.out.println("A'x="+A.x);
    System.out.println("A'y="+A.y);
    //给 B 的两个变量赋值并打印 A 和 B 两个对象的所有变量
    B.x=20;
    B.y=40;
    System.out.println("A'x="+A.x);
    System.out.println("A'y="+A.y);
    System.out.println("B'x="+B.x);
    System.out.println("B'y="+B.y);
  }
}
```

程序运行结果如图 3-2 所示。

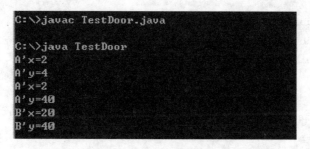

图 3-2 程序运行结果

当给对象 B 的类成员变量 y 赋值时,发现打印 A 的类成员变量 y 也是同一值。因为它们是类变量,引用的是同一个地址,所以值是相同的。

3. 成员方法

方法的定义包括两部分:方法声明和方法体。一般格式如下。

[**public**][**private**][**protected**][**static**][**final**][**abstract**][**native**]
[**synchronized**]返回值类型 方法名(参数表)[**throws** 异常类型]
{

方法体
}

> **说明**：
> [public][private][protected] [static] [final]与成员变量功能相同，都是定义方法访问权限。static 指明方法是一个类方法；final 指明方法是一个终结方法；abstract 指明方法是一个抽象方法；native 用于将 Java 代码和其他语言的代码集成起来；synchronized 用于控制多个并发线程对共享数据的访问；throws 指明该方法出现异常情况的处理。

1) 方法的声明

最基本的方法声明包括方法的返回值的类型和方法名，以及参数和方法体，例如：

```
float area(float x)
{
  return x*x;
}
```

方法返回的数据类型可以是任意的 Java 数据类型，当一个方法不需要返回数据时，返回类型必须是空类型，即 void。方法声明中都给出了方法的参数，参数是用逗号隔开的一些变量声明，参数可以是任意的 Java 数据类型。

方法的名字必须符合标识符规定，方法的命名和变量的命名类似。一般而言，方法名如果使用拉丁字母，首写字母使用小写；如果名字由多个单词组成，从第二个单词开始后的其他单词的首写字母使用大写。例如：

```
float getRectangleArea()
void setCircleRadius(double radius)
```

下面的 Rectangle 类中有两个方法。

```
public class Rectangle
{
    double width;
    double height;
    public void setSide(double a,double b)
    {
      width=a;
      height=b;
    }
    public double getRectangleArea()
    {
      return width* height;
    }
}
```

2) 方法体

花括号以及其中的内容称为方法体。方法体包括局部变量的定义和合法的 Java 语句。如：

```
int getSum(int n)
{
```

```
    int sum=0;
    for(int i=1;i<n;i++)
        sum=sum+I;
    return sum;
}
```

3) 方法重载

方法重载是指一个类中可以有多个方法的名字相同,但这些方法中,任何两个方法不能有完全相同的参数。使方法不同的方式可以是参数的个数不同,也可以是数据类型不同。因为如果有两个方法同时具有相同的参数个数,而且数据类型也完全相同,编译器在编译的时候就不知道该调用哪个方法,从而产生语法上的错误。在下面的 Area 类中,getArea 方法是一个重载方法,用于计算各种几何形状的面积。

```
public class Area
{
    float getArea(float r)
    {
        return 3.14f*r*r;
    }
    double getArea(float a,float b)
    {
        return a*b;
    }
    float getArea(int a,int b)
    {
        return a*b;
    }
    double getArea(int a,int b,int c)
    {
        return (a+b)*c*0.5;
    }
}
```

4) 实例方法和类方法

成员变量有实例成员变量和类成员变量,那么类中的方法也同样分为实例方法和类方法。与成员变量相同,不使用 static 声明的是实例方法,使用 static 声明的是类方法。例如:

```
classA{
void testMethod1()
{
  System.out.println("调用的方法是实例方法!!!");
}
  static void testMethod2()
{
  System.out.println("调用的方法是类方法!!!");
  }
}
```

这个例子中 testMethod1 是实例方法,而 testMethod2 是类方法。

3.2.2 对象

类是面向对象语言中最重要的一种数据类型,类声明的变量称为对象。类是创建对象的模板,当使用一个类创建一个对象时,也称给出了这个类的一个实例。

1. 创建对象

创建一个对象包括对象的声明和为对象分配内存两个步骤。对象的声明的一般格式如下。

  类的名称　对象名称;

例如:

```
Student s1,s2,s3;
```

上面的声明表示 s1、s2 和 s3 是 Student 类的引用变量,可以用于引用 Student 类的对象。引用变量的值将对应一个内存地址,这个地址标识的空间用于存放一个 Student 对象。声明对象的引用变量,并不等于创建对象,当然更没有为对象分配存储空间。这些操作需要通过 new 关键词和对引用变量的赋值才能实现。

为对象分配内存的一般格式如下。

对象名称=new<类名>(<参数列表>);

例如:

```
s1=new Student();
```

使用 new 运算符和类的构造方法为声明的对象分配内存,即为创建对象。一般来说,用户在进行类声明时,如果没有声明任何构造方法,系统会赋给此类一个默认的无参的构造方法,并且方法体中没有任何语句。上述对象创建的两个步骤可以用一条语句来替代,其格式如下。

  <类名> <对象名>=new <类名>(<参数列表>);

例如,要创建学生对象 s1,则可以按如下方式编写程序。

```
Student s1=new Student();
```

2. 使用对象

通过运算符"."可以实现对对象中成员变量的访问和成员方法的调用。

调用对象的成员变量的一般格式如下。

  <对象名>.<成员变量名>

调用对象的成员方法的一般格式如下。

  <对象名>.<成员方法名>([<参数列表>])

其中,参数列表是可选项。在进行对象方法的引用时,方法中参数的个数、参数的数据类型与原方法中定义的要一致,否则编译器编译时会出错。

【例 3-3】 定义类、创建并使用对象举例。

```
class People
{
 String name,sex;
 int age;
 void printValue(String s)
 {
    System.out.println(s);
 }
```

```
    }
    public class TestPeople
    {
        public static void main(String[] args)
        {
            People p;
            p=new People();              //创建一个对象
            p.name="小明";
            p.sex="女";
            p.age=25;                    //用"."来使用该对象的成员变量
            p.printValue("我的名字叫"+p.name+",我的性别是"+p.sex+",年龄为"+ p.age);                                 //用"."来调用该对象的成员方法
        }
    }
```

程序运行结果如图 3-3 所示。

```
C:\>javac TestPeople.java

C:\>java TestPeople
我的名字叫小明,我的性别是女,年龄为25
```

图 3-3　程序运行结果

从例 3-3 可以得知，People 类中定义了三个成员变量及一个成员方法，要访问一个成员变量或方法需要首先通过 new 关键字创建对象，然后用运算符"."调用该对象的某个成员变量或方法。当编写类时，一般使用默认的构造方法，而这个构造方法除了建立一个空对象以外不会做任何事情。因而，如果要想在对象产生的时候就能够对其进行初始化操作的话，就需要编写一个或多个构造方法。

3. 构造方法

在例 3-3 中，创建对象 p 后，通过赋值语句给对象的属性赋值来实现对象的初始化操作，如果创建的对象数目过多，这种方式就会显得很烦琐。有没有这样一种可能，即创建对象的时候就能立即完成对象的初始化工作呢？这时就需要借助于自定义的构造方法。构造方法是一种特殊的方法，其特殊性主要体现在以下几个方面。

(1) 构造方法的名称与类的名称相同。
(2) 构造方法不返回任何数据类型，也就没有返回值。
(3) 构造方法的修饰符只能是访问控制修饰符，即 public、private、protected 中的任一个。
(4) 构造方法只能由 new 运算符调用，一般不能由编程人员显式地直接调用。

构造方法定义的格式如下。

　　[**public**]类名(参数表) {
　　　…………
　　}

【例 3-4】　为 People 类定义构造方法，当创建对象时初始化几个成员变量。

```
People(String a,String b,int c)
{                               //构造方法定义
    name=a;
```

```
            sex=b;
            age=c;
    }
```

定义完构造方法后,就可以通过如下语句来创建并初始化 People 类的对象。

```
People p1=new People("小红","女",25);
People p2=new People("小林","男",26);
```

可见,当利用构造方法创建对象时,调用的构造方法要与定义的构造方法的参数类型及顺序一致,通过这种方式可以创建不同初始值的同类对象。Java 语言支持构造方法的重载,这样就可以为一个类定义多个构造方法。

【例 3-5】 为 People 类定义一构造方法,在创建对象时,初始化 name(姓名)和 sex(性别)成员变量。

```
People(String a,String b)
{                    //构造方法定义
    name=a;
    sex=b;
}
```

从上面可以看出,两个构造方法拥有相同的名字,但具有不同的参数列表。编译器会根据参数列表中的参数数目及类型来决定调用哪一个构造方法初始化对象。但此时如果执行如下语句:

```
People p=new People();
```

则编译器会报"构造方法未定义"的错误。因为在我们自定义构造方法后,系统将不再提供默认的无参的构造方法,如果还要调用无参的构造方法的话,编译器就会报错。此时,需要重新定义一个无参的构造方法。

【例 3-6】 构造方法重载的完整示例。

```
class People
{
    String name,sex;
    int age;
//三个参数的构造方法
People(String a,String b,int c)
    {
        name=a;
        sex=b;
        age=c;
    }
//两个参数的构造方法
People(String a,String b)
    {
        name=a;
        sex=b;
    }
//没有参数的构造方法
People()
    {
```

```
            void printValue(String s)
            {
                System.out.println(s);
            }
        }
```

4. this 关键字

this 关键字是 Java 语言中的一个关键字,用于表示某个对象。this 关键字可以出现在实例方法和构造方法中,但不可以出现在类方法中。

1) 在构造方法中使用 this

this 关键字出现在类的构造方法中时,代表使用该构造方法所创建的对象。下面的例子中,People 类的构造方法中使用了 this。

【例 3-7】 this 关键字在构造方法中的使用。

```
        class People
        {
            String name,sex;
            int age;
            People(String name,String sex)
                { //当方法的局部变量隐藏成员变量时,利用 this 引用成员变量,格式为 this.变量名
                this.name=name;
                this.sex=sex;
                }
            People(String name,String sex,int age)
                { //在构造函数内调用另一构造函数,利用 this 关键字,格式为 this(参数列表),并且该语句放在方法体的第一句
                this(name,sex);
                this.age=age;
                }
            People()
                {
                }
        }
```

2) 在实例方法中使用 this

当 this 关键字出现在实例方法中时,代表正在调用该成员变量或成员方法的当前对象。例如:

```
        class A
        {
            int x;
            void f()
            {
                int x;
                this.x=200;       //为避免被局部变量 x 隐藏,通过 this 关键字引用成员变量 x
                this.g();         //通过 this 关键字调用成员方法,在本程序中可以省略
```

```
        }
    void g()
    {
        System.out.print("你好,世界!!");
    }
}
```

3.3 类的继承

继承是一种使用已有的类创建新类的机制。利用继承,可以以原有某个类为基础生成新的类,增加一些新的成员变量和方法,使新的类功能更趋完善的一种高效编程机制。新生成的类被称为子类(或派生类),原有的这个类被称为子类(或派生类)的父类(基类,也有叫超类的)。通常把某一组相似对象的基础的、共有的、通用的属性设计成父类,再通过继承生成新的子类,从而使代码的重用性得到极大提高。Java 语言要求声明的每个类都有父类,当没有显示指定父类时,父类隐含为 java.lang 包中的 Object 类。但 Java 语言只支持单继承,即每个子类只能有一个直接父类,类的层次结构为树状结构。图 3-4 所示是以"动物"为基类的类层次结构。

采用继承的机制来组织、设计系统的类,可以提高程序的抽象程度,使之更接近人类的思维方式;采用继承编写的程序结构清晰,节省了编程时间,降低了维护的工作量。

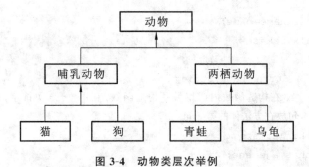

图 3-4 动物类层次举例

1. 继承的语法

通过继承创建子类的关键字为 extends,其格式如下。

  class 子类名 extends 父类名

例如:

```
class Teacher extends People
{
    ...
}
```

此例中,Teacher 就是 People 的子类,People 就是 Teacher 的父类。

2. 新生成子类的特性

新生成的子类自然地继承了父类中的非 private 成员变量和非 private 成员方法。而如果一个类没有 extends 字样是不是表示这个类就没有父类了呢?答案是否定的,当没有显示指定父类时,父类隐含为 java.lang 包中的 Object 类。例如:

```
class People
{
    int age;
    String name;
    String Address;
    String sing(String s)
    {
        return s;
    }
}
```

尽管没有显示为 People 类指定父类，但 People 类仍然可以使用 Object 类的成员变量和方法，如 toString 方法。

3. 成员变量的隐藏和方法的重写

当由于程序设计的需要，而要在子类中重新定义成员变量，或者子类中的成员变量和父类中的成员变量名字相同时，父类中的成员变量就被隐藏了；当子类中定义了一个方法，并且这个方法不仅名字与父类中的方法相同外，而且其余的如返回类型、参数个数、参数对应的类型均相同时，父类的这个方法也将被隐藏，此时可以称方法被重写了。

【例 3-8】 成员变量的隐藏和方法的重写举例。

```
class A
{
    int i=4;
    int h=5;
    double f(float a,float b)
    {
        return a*b;
    }
    int g(int x,int y)
    {
        return x*y;
    }
}
class B extends A
{
    float i=4.5f;
    double f(float a,float b)
    {
        return a+b;
    }
}
public class TestOverride
{
    public static void main(String args[])
    {
        B b=new B();
```

```
            double r=b.f(3.5f, 4.5f);                //调用的是重写的方法
            System.out.println("结果是"+r);
            System.out.println("i 的值是"+b.i);    //使用的子类中声明的成员变量
            System.out.println("h 的值是"+b.h);    //使用的是从父类中继承过来的成员变量
        }
}
```

程序运行结果如图 3-5 所示。

```
C:\>javac TestOverride.java

C:\>java TestOverride
结果是8.0
i的值是4.5
h的值是5
```

图 3-5　程序运行结果

4. 用关键字 super 来操作被隐藏的成员变量和方法

子类可以隐藏从父类继承的成员变量和方法，如果在子类中想使用被子类隐藏的成员变量或方法，就可以使用关键字 super。使用 super 有三种情况：使用 super 调用父类的构造方法；使用 super 调用父类被子类覆盖的方法；使用 super 访问父类被子类隐藏的成员变量。

1）使用 super 调用父类的构造方法

构造方法是特殊的方法，子类不能继承。因此，子类如果要想使用父类的构造方法，必须用关键字 super 来表示，而且 super 必须是子类构造方法中的头一条语句。

【例 3-9】　在构造方法中使用 super 关键字举例。

```
    class People
    {
        String name,sex;
        int age;
        People(String name,String sex,int age)
        {                              //构造方法定义
        this.name=name;
        this.sex=sex;
        this.age=age;
        }
    }
    public classStudent    extends People
    {
        String school;            //学校
        int number;               //学号
        Student(String name,String sex,int age,String school,int number)
        {
          super(name,sex,age);    //调用父类的构造方法,即执行 People(name,sex,age)
          this.school= school;
          this.number= number;
        }
    }
```

从例 3-9 中可以看出,当子类要调用父类的含有参数的构造方法时,可以通过如下形式。

super(参数 1,参数 2…);

如果子类调用父类的无参的构造方法时,可以不用显式的,用 super 关键字来调用,如:

```
super();
```

因为系统会默认地使用该条语句调用父类的构造方法。

2) 用关键字 super 来操作被隐藏的成员变量和方法

在子类中想使用被子类隐藏的成员变量或方法就可以使用关键字 super。例如,super.x、super.start()就是访问和调用被子类隐藏的成员变量 x 和方法 start()。

【例 3-10】 使用 super 关键字调用隐藏的成员变量和方法。

```
class C
{
    String name="我是小明,";
    void speak()
    {
      System.out.println("我只想大声的说话!");
    }
}
class D extends C
{
    void speak()
    {
    System.out.println(super.name);
    super.speak();
    }
}
public classTestSuper
{
    public static void main(String[] args)
    {
        D d=new D();
        d.speak();
    }
}
```

程序运行结果如图 3-6 所示。

图 3-6 程序运行结果

3.4 类的多态

在一个类中,可以定义多个同名的方法,只要确定它们的参数个数和类型不同,这种现象称为类的多态。例如,在现实生活中,哺乳动物的叫声有很多种,如猫是喵喵叫,狗是汪汪叫,鸡是"喔喔"叫,每种动物都有发声的这种行为,但发出来的声音却不一样,这就是叫声的多态。在详细了解面向对象的多态特性之前,首先来认识一下什么是上转型对象。

1. 对象的上转型对象

假设 A 类是 B 类的父类,当用子类创建一个对象,并把这个对象的引用放到父类的对象中时,比如:

```
A a;
A=new B();
```

或

```
A a;
B b=new B();
a=b;
```

称这个父类对象 a 是子类对象 b 的上转型对象。好比说"老虎是哺乳动物"、"狗是哺乳动物"等。对象的上转型对象的实体是子类负责创建的,但上转型对象会失去原对象的一些属性和功能。上转型对象具有如下特点。

(1) 上转型对象不能操作子类新增的成员变量(失掉了这部分属性),不能使用子类新增的方法(失掉了一些功能)。

(2) 上转型对象可以操作子类继承或重写的成员变量,也可以使用子类继承的或重写的方法。

(3) 如果子类重写了父类的某个方法后,当对象的上转型对象调用这个方法时一定是调用这个重写的方法,因为在运行程序时,这个上转型对象的实体是子类创建的,只不过损失了一些功能而已。

> **注意:**
> 不要将父类创建的对象和子类对象的上转型对象混淆。可以将对象的上转型对象再强制转换到一个子类对象,这时,该子类对象又具备了子类所给的所有属性和功能。不可以将父类创建的对象的引用赋值给子类声明的对象(如不能说"哺乳动物是老虎")。

下面的例子中,Car 类声明的对象 Car 是 Truck 类创建的对象 Truck 的上转型对象。

```java
class Car
{
    String member="我是汽车类的成员变量";
    void start()
    {
        System.out.println("汽车的发动机开始工作!");
    }
}
class Truck extends Car
{
    String member="我是卡车类的成员变量,汽车也有";
    int n ;
    void start()
```

```
        {
            System.out.println("卡车的发动机开始工作,卡车也是汽车!");
        }
        void stop()
        {
            System.out.println("卡车的发动机停止工作!");
        }
    }
    public class TestExample
    {
        public static void main(String[] args)
        {
            Car car=new Truck();
            car.n;                    //非法,因为 n 是 Car 新增的成员变量
            car.stop();               //非法,因为 stop 是 Car 新增的成员方法
            car.start();              //调用的是子类重写的方法 start
            Truck truck=(Truck)car;   //把上转型对象强制转化为子类的对象
            truck.n=10;               //合法,n 是 Truck 类的成员变量
            truck.stop();             //合法,n 是 Truck 类的成员方法
        }
    }
```

程序运行结果如图 3-7 所示。

图 3-7 程序运行结果

从上面的例子不难发现,虽然对象是子类 Truck 类型的,但打印的是父类 Car 的成员变量,对象的上转型对象不能使用子类新增的成员变量或成员方法。图 3-8 中给出了对象的上转型对象及对象对成员变量和成员方法的访问。

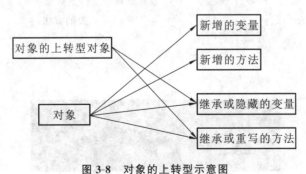

图 3-8 对象的上转型示意图

2. 多态

多态性是指不同类型的对象可以响应相同的信息。具体来说,当一个类有很多子类时,

并且这些子类都重写了父类中的某个方法,那么当把子类创建的对象的引用放到一个父类的对象中时,就得到了该对象的一个上转型对象。由于不同的子类在重写父类的方法时可能产生不同的行为,因而对象的上转型对象在调用这个方法的时候可能就具有多种形态。例如,狗类的上转型对象调用"叫声"方法时产生的是"汪汪",而鸡类的上转型对象调用"叫声"方法时产生的是"喔喔"等。下面的例 3-11 展示了多态。

【例 3-11】 多态举例。

```java
class Animal
{
    void speak()
    {
    }
}
class Dog extends Animal
{
    void speak()
    {
        System.out.println("小狗汪汪叫!!!");
    }
}
class Cock extends Animal
{
    void speak(){
        System.out.println("公鸡喔喔叫!!!");
    }
}
public class TestAnimal
{
    public static void main(String[] args)
    {
        Animal a= new Dog();        //a 是狗的上转型对象
        a.speak();                  //调用的是狗类的方法
        Animal b=new Cock();        //b 是鸡的上转型对象
        b.speak();                  //调用的是鸡类的方法
    }
}
```

程序运行结果如图 3-9 所示。

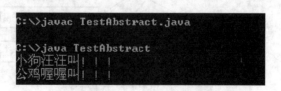

图 3-9 程序运行结果

3.5 特殊类

在 Java 语言中,有一些特殊的类,这些类都有特殊的用途,下面分别进行介绍。

1. 抽象类

使用 abstract 关键字修饰的类称为抽象类(Abstract 类)。抽象类中的方法都是抽象的方法,只有方法的定义和方法的实现交给继承它的子类去完成。继承抽象类的子类必须实现父类的抽象方法,除非子类也被定义成一个抽象类。

1) 抽象类的定义

对抽象类有了基本了解后,下面介绍一下如何定义抽象类。定义抽象类是通过 abstract 关键字实现的。

抽象类的一般形式如下。

    修饰符 abstract 类名{
    //类体
    }

抽象方法的定义形式如下。

    修饰符 abstract 返回值类型 方法名();

注意:

在抽象类中的方法不一定是抽象方法,但是含有抽象方法的类必须被定义成抽象类。

【例 3-12】 利用抽象类对例 3-11 中的 Animal 类进行重新定义。

```
abstract class Animal
{
    abstract void speak();
}
class Dog extends Animal
{
    void speak()
    {
        System.out.println("小狗汪汪叫!!!");
    }
    void run()
    {
        System.out.println("狗在奔跑!!!");
    }
}
class Cock extends Animal
{
    void speak()
    {
        System.out.println("公鸡喔喔叫!!!");
    }
```

上述程序把 Animal 类定义为抽象类,将其中的 speak 方法定义为抽象方法,而后面定义的子类 Dog 和 Cock 都实现了 speak 方法。

2)抽象类与多态

抽象类定义完后,就可以使用了。但是抽象类和普通类不同,抽象类不可以实例化,如语句"Animal animal=new Animal();"是无法通过编译的。既然这样,为什么要设计成抽象类呢?其原因是,抽象类只关心操作,不关心操作具体实现的细节,可以使程序的设计者把主要精力放在程序的设计上,而不必拘泥于细节的实现(将细节的实现交给子类去完成)。例如,在设计 Animal 类的时候,每一种动物都有"叫"的行为,但各种动物完成这种行为的具体细节又不一样,因而可以将 speak 方法定义为抽象的方法,对于方法的具体实现交给它的子类 Dog 和 Cock 完成。通过抽象类声明对象作为子类的上转型对象,也可以实现多态。例如:

```
public class TestAbstract
{
    public static void main(String[] args)
    {
        Animal a=new Dog();        //a 是狗的上转型对象
        a.speak();                 //调用的是狗类的方法
        Animal b=new Cock();       //b 是鸡的上转型对象
        b.speak();                 //调用的是鸡类的方法
    }
}
```

程序运行结果如图 3-10 所示。

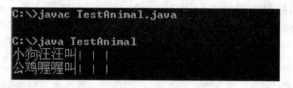

图 3-10　程序运行结果

说明:

上述程序中定义了两个 Animal 对象变量,一个用于存放 Dog 对象,另一个用于存放 Cock 对象,分别调用这两个对象的 speak 方法。由于根本不可能构建出 Animal 对象,所以存放的对象仍然是 Dog 或 Cock 对象,它会动态绑定正确的方法进行调用。

需要注意的是,尽管 a 存放的是 Tiger 对象或是 Dog 对象,但是不能直接调用这些子类的方法,语句"a.run();"是不正确的。在调用子类方法的时候仍然需要进行类型转换,例如:

```
Dog c=(Dog)a;
```

2. Object 类

Java 语言中存在一个非常特殊的类——Object 类,它是所有类的祖先类。在 Java 语言中,如果定义了一个类且没有继承任何类,那么它默认继承 Object 类。而如果它继承了一个类,则它的父类,甚至父类的父类必然是继承 Object 类,所以说任何类都是 Object 类的子类。

由于所有其他类都是从 Object 类派生出来的,所以 Object 类包含了所有 Java 类的公共属性和方法,其构造方法是 Object(),其中较重要的有如下一些方法。

```
public final Class getClass()            //获取当前对象所属的类信息
public String toString()                 //返回当前对象本身的有关信息
public boolean equals(Object obj)        //比较两个对象是否是同一对象
protected Object clone()                 //生成当前对象的一个复制品
public int hashCode()                    //返回该对象的哈希码
protected void finalize() throws Throwable  //定义回收当前对象时所需完成的资源
                                           释放工作
```

下面着重介绍 Object 类中的 equals 及 toString 方法的使用。

1) equals()方法

Object 类中 equals()方法的原始定义如下。

```
public boolean equals(Object obj)
{
    return (this==obj);
}
```

equals()方法的功能是比较当前对象和方法参数 obj 所引用的对象两者的等价性,如果等价则返回值为 true,否则返回 false。在进一步讲解之前,首先应明确 Java 语言中的等价性标准:在 Java 语言中,基本数据类型比较的是数据的值,而引用数据类型比较的则是对象的句柄,即对象的 hashCode 编码或者说引用数据类型变量的值,而非对象本身。简单来说,比较的永远是变量的值是否相等。

【例 3-13】 "=="和 equals()方法使用举例。

```
class Person
{
    int age;
    public Person(int age)
    {
        this.age= age;
    }
}
public class TestEquals
{
    public static void main(String[] args)
    {
        int i=5;
        int j=5;
        System.out.println(i==j);
        Person p1=new Person(18);
        Person p2=new Person(18);
        System.out.println(p1==p2);
        System.out.println(p1.equals(p2));
        p2=p1;
        System.out.println(p2==p1);
        System.out.println(p1.equals(p2));
    }
}
```

程序运行结果如图 3-11 所示。

```
C:\>javac TestEquals.java

C:\>java TestEquals
true
false
false
true
true
```

图 3-11　程序运行结果

可以看出，比较引用数据类型的等价性时，其标准比较苛刻，只有当两个引用变量的值相等，实际上是指向同一个对象时才算做等价。看起来使用"=="运算符与 equals()方法效果似乎相同，而且前者还能够判断基本数据类型的等价性，那么 equals()方法就显得多余了。其实不然，equals()方法在比较一些特定的引用数据类型（如 java.lang.String、java.io.File、java.util.Date 及封装类）时，允许改变先前严格的等价性标准——只有当两个对象同为上述的特例类型且其内容相同（对象各自封装的属性值对应相同）时，equals()方法即判为等价，而"=="判断则不存在任何"变通"的可能。如何实现对由自定义的类构建的具有相同属性的两个对象在使用 equals()方法判定时，判定结果为等价呢？这就需要在用户自定义类中重写 equals()方法。

【例 3-14】　在自定义类中重写 equals()方法举例。

```java
class Person1
{
    int age;
    public Person1(int age)
    {
        this.age=age;
    }
    public boolean equals(Object o)
    {
        if(o instanceof Person1)
        {
            Person1 p= (Person1)o;
            if(this.age==p.age)
            {
                return true;
            }
            else
                return false;
        }
        return false;
    }
}
public class TestEquals2
{
```

```
        public static void main(String[] args)
        {
            Person1 p1= new Person1(18);
            Person1 p2= new Person1(18);
            System.out.println(p1= = p2);
            System.out.println(p1.equals(p2));
        }
    }
```

程序运行结果如图 3-12 所示。

```
C:\>javac TestEquals2.java

C:\>java TestEquals2
false
true
```

图 3-12　程序运行结果

例 3-14 所示程序中 Person1 类中重写了 equals()方法，重新定义了 Person1 类型数据的等价性判定标准——只要对象均为 Person1 类型且其 age 属性值相等，则认为等价，无论是否为同一个对象。

2) toString()*方法*

Object 类中 toString()方法的原始定义如下。

```
    public String toString ()
    {
        return getClass().getName()+ "@ "+ Integer.toHexString(hashCode());
    }
```

该方法以字符串形式返回当前对象的有关信息，从其原始定义可以看出，所返回的是对象所属的类型名称及其哈希码。当使用 System. out. println()方法直接打印输出引用数据类型变量时，println()方法会自动调用其 toString()方法，再将所返回的字符串信息输出到屏幕上。例如：

```
    System.out.println(p1);
```

等价于

```
    System.out.println(p1.toString());
```

由于 Java 语言中允许子类对父类中继承来的方法进行重写，以改变其实现细节，因此也可以根据需要在自己定义的 Java 类中重写其 toString()方法，以提供更适合的说明信息。

【例 3-15】 在自定义类中重写 toString()方法。

```
    class Person2
    {
        int age;
        public Person3(int age)
        {
            this.age=age;
        }
        public String toString()
        {
```

```
            return "This is a instance of Person,age=" +age;
        }
}
public class TestToString
{
    public static void main(String[] args)
    {
        Person2 p1=new Person2(18);
        System.out.println(p1.hashCode());
        System.out.println (p1);              //等价于 System.out.println (p1.toString());
    }
}
```

程序运行结果如图 3-13 所示。

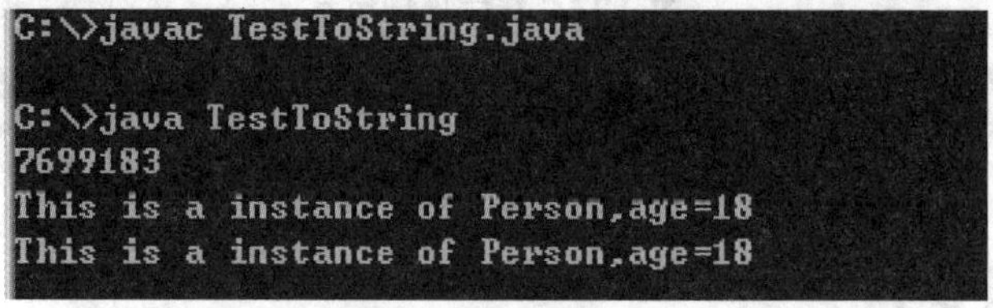

```
C:\>javac TestToString.java

C:\>java TestToString
7699183
This is a instance of Person,age=18
This is a instance of Person,age=18
```

图 3-13 程序运行结果

回想一下,以前使用 System.out.println()方法直接打印输出 String、Date 等类型数据时输出也不是对象的哈希码,而是更有意义的字符串信息,原理也是相同的,即这些类中也根据需要重写了各自的 toString()方法。

3. 内部类

内部类是定义在其他类内部的类,内部类所在的类称为宿主类。内部类是 Java 语言提供的一个非常有用的特性,通过内部类的定义,可以把一些相关的类放在一起。由于内部类只能被它的宿主类使用,所以通过内部类的使用可以很好地控制类的可见性。

1) 内部类的定义

首先来看一个简单的内部类的示例。在程序中定义了一个类 Outer,在 Outer 的内部定义了一个内部类。在 Outer 中的方法 useIner()中,生成一个内部类对象,通过这个对象,可以调用内部类的方法 print(),可以发现内部类可以访问它的宿主类的变量。

【例 3-16】 内部类举例。

```
class Outer
{
  String out_string="外部类的一个字符串!!";
  void useIner()
{
  Iner in=new Iner();
  in.print();
  }
//内部类
  class Iner
```

```
        {
            void print()
            {
                System.out.println("内部类的print()方法");
                System.out.println("使用\'"+out_string+"\'");
            }
        }
    }
    public class InnerClassDemo
    {
        public static void main(String[] args)
        {
            //创建一个对象
            Outer out=new Outer();
            //调用该类的内部类定义的方法
            out.useIner();
        }
    }
```

程序运行结果如图 3-14 所示。

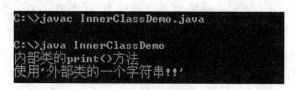

图 3-14　程序运行结果

该程序主要讲解了程序的运行顺序。首先,在 main( )方法中,创建一个外部类对象,然后使用对象实例调用外部类中的 useIner( )方法。在 useIner( )方法中,创建了内部类对象,然后使用内部类对象实例调用内部类中的方法。在该内部类方法中,访问了外部类中的变量,从运行结果可以看出,外部类中的变量是可以访问的。内部类有很多种,在这里主要学习局部内部类和匿名内部类。

2) 局部内部类

内部类不仅可以在类中定义,也可以在方法中定义。变量如果定义在类中,则称为成员变量;如果定义在方法中,则称为局部变量。内部类也是这样的,当定义在方法中时,叫做局部内部类。

【例 3-17】　局部内部类举例。

```
    public class Class_In_Method
    {
        void doit()
        {
            //方法中定义的类
            class Class_in_method
            {
                Class_in_method()
                {
```

```
            System.out.println("Constructor of Class_in_method");
          }
        }
        new Class_in_method();
      }
      public static void main(String[ ] args)
        {
        Class_In_Method cim= new Class_In_Method();
        cim.doit();
        }
    }
```

程序运行结果如图 3-15 所示。

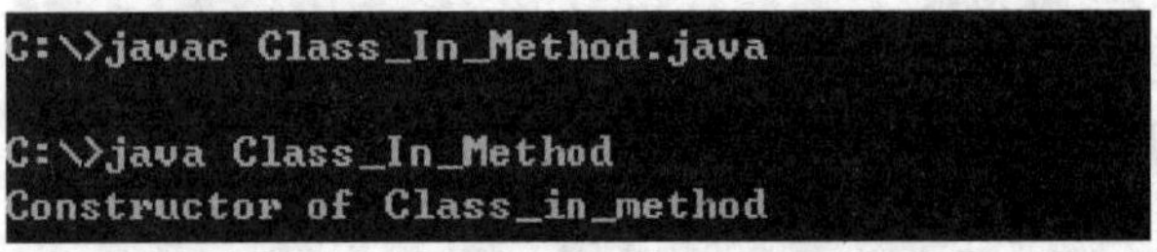

```
C:\>javac Class_In_Method.java

C:\>java Class_In_Method
Constructor of Class_in_method
```

图 3-15　程序运行结果

编译上面的程序，会产生两个 class 文件：Class_In_MethodDemo.class 和 Class_In_MethodDemo$1Class_in_method.class。在该程序中，首先创建了一个外部类对象，并执行外部类中的 doit()方法。在 doit()方法中定义了一个局部内部类，这时是不会执行局部内部类的。当使用 new 关键词创建局部内部类对象实例时，就会执行局部内部类的无参构造方法，从而出现上面的程序运行结果。

3）匿名内部类

匿名就是没有名字，匿名内部类就是没有类名的内部类。匿名内部类省去类的名字，直接构造对象，利用它可以很方便地在需要的时候构造一些只是当前需要的对象。比较下面的两个程序。

程序 1：

```
//类 Constant
class Constant
{
  int n;
  Constant(int i)
  {
  n=i;
  }
}
//类 ConstantDemo
class ConstantDemo
{
//该方法获得一个 Constant 对象
  Constant getConstant()
  {
  return new Constant(5);
```

```
        }
    }
    public class NoNameInerClass
    {
    public static void main(String[ ] args)
        {
         ConstantDemo cd=new ConstantDemo();
         System.out.println(cd.getConstant().n);;
        }
    }
```

程序 2:
```
//匿名内部类的使用
public class NoNameInerClass2
{
        Constant getConstant()
        {
            return new Constant(5)
            {
            int n=5;
            }
        }
        public static void main(String[ ] args)
        {
            NoNameInerClass2 nnic= newNoNameInerClass2();
            System.out.println(nnic.getConstant().n);;
        }
}
```

在程序 1 中定义了一个 Constant 类,然后在 ConstantDemo 中获得一个该类的对象,过程比较复杂;在程序 2 中实现相同的功能则简单许多,它使用的就是匿名内部类。匿名内部类在图形化界面开发中经常使用到,在后面的学习中,将会重点讲解。

4. 最终类

可以使用 final 关键字将类声明为最终类(Final 类)。最终类不能被继承,更不能有子类。例如:

```
final class A
{
    ...
}
```

如果定义 B 类时,让其继承 A 类的话,若采取如下的形式,编译器就会报错。

```
class B extends A
{
    ...
}
```

因为 A 是最终类,将不允许任何类声明成 A 的子类。将类声明成最终类,主要是出于安全性的考虑。例如,Java 语言提供的 String 类,它对于编译器和解释器的正常运行有很重要的作用,对它不能轻易改变,因此它被修饰为 Final 类。

3.6 访问控制符

访问控制符的作用是说明被声明的内容(类、属性、方法和构造方法)的访问权限,就像发布的文件一样,在文件中标注机密等级,就是说明该文件可以被哪些人阅读。

访问控制在面向对象技术中处于很重要的地位,合理地使用访问控制符,可以通过降低类和类之间的耦合性(关联性)来降低整个项目的复杂度,也便于整个项目的开发和维护。具体的实现方法就是通过访问控制符将类中需要被其他类调用的内容开放给其他类,而把不希望别人调用的内容隐藏起来,这样一个类开放的信息变得比较有限,从而降低了整个项目开放的信息。另外,因为不被别人调用的功能被隐藏起来,修改类内部隐藏的内容时,只要最终的功能没有改变,即使改变功能的实现方式,项目中其他的类也不需要更改,这样可以提高代码的可维护性,便于项目代码的修改。在 Java 语言中访问控制权限有四种,是 public、protected、无访问控制符、private。

1. 类的访问控制

类的访问控制只有 public(公共类)及无修饰符(默认类)两种。当声明类时在关键字 class 前面加上 public 关键字,就称这样的类为 Public(公共)类,例如:

```
public class A
{
    ...
}
```

可以在任何另外一个类中,使用 Public 类创建对象。如果一个类不加 public 修饰,例如:

```
class A
{
    ...
}
```

这样的类被称为友好类。在另外一个类中使用友好类创建对象时,要保证它们在同一个包中。特别需要注意的是,不能用 protected 和 private 来修饰类。

2. 类成员的访问控制

类成员的访问控制符可设为 public、private、protected 及无修饰符形式。下面分别进行简要介绍。

(1) public(公共的) 由 public 修饰的变量称为公共变量,可被任何包中的任何类访问。

(2) private(私有的) 由 private 修饰的变量称为私有变量,只能被声明它的类所使用。

(3) protected(受保护的) 由 protected 修饰的变量称为受保护变量,可被声明它的类和派生的子类,以及同一个包中的类访问。

(4) 无修饰符(默认的) 没有修饰符时,默认变量即包变量,可被声明它的类和同一个包中的其他类(包括派生子类)访问。

对于变量及方法,其访问控制符与访问能力之间的关系如表 3-1 所示。

表 3-1　类成员访问控制符与访问能力之间的关系

访问控制符	同一个类内部	同一个包内部	不同包中的子类	不同包中的非子类
public	Yes	Yes	Yes	Yes
protected	Yes	Yes	Yes	No
无访问控制符	Yes	Yes	No	No
private	Yes	No	No	No

在四种访问控制中，public 一般称为公共权限，其限制最小，也可以说没有限制，使用 public 修饰的内容可以在其他任何位置访问，只要能访问到对应的类，就可以访问到类内部 public 修饰的内容，一般在项目中开放的方法和构造方法使用 public 修饰，开放给项目使用的类也使用 public 修饰。protected 一般称为继承权限，使用 protected 修饰的内容可以被同一个包中的类访问，也可以在不同包内部的子类中访问，一般用于修饰只开放给子类的属性、方法和构造方法。无访问控制符一般称为包权限，无访问控制符修饰的内容可以被同一个包中的类访问，一般用于修饰项目中一个包内部的功能类，这些类的功能只是辅助其他的类实现，而为包外部的类提供功能。private 一般称为私有权限，其限制最大，类似于文件中的绝密，使用 private 修饰的内容只能在当前类中访问，而不能被类外部的任何内容访问，一般修饰不开放给外部使用的内容，修改 private 的内容一般对外部的实现没有影响。

好的编程方法一般不允许其他类直接存取或修改一个对象的实例变量。对于实例变量，很少使用 public 修饰符，最常使用的修饰符是 private。

【例 3-18】　访问控制符举例。

```
class Circle
{
    static double PI= 3.14159265;
    private int radius;
    public double circumference()
    {
        return 2*PI*radius;
    }
    public double area()
    {
        return PI*radius*radius;
    }
    public void enlarge(int factor)
    {
        radius=radius*factor;
    }
    public boolean fitsInside (Rectangle r)
    {
        return (2*radius<r.width)&&(2*radius<r.height);
    }
}
public class CircleTest
```

```
        {
             public static void main(String[] args)
             {
                  Circle c=new Circle();
                  c.radius=12;
             }
        }
```

程序执行时会提示"radius has private access in Circle"。由于在 Circle 类声明中变量 radius 被声明为 private，因而在其他类中不能直接对 radius 进行存取，即语句"c.radius＝12;"编译就通不过。

如果要允许其他类访问 radius 的值，就需要在 Circle 类中声明相应的公共方法。通常有两个典型的方法用于访问属性值，这两个方法是 set()方法和 get()方法。

(1) set()方法的功能是修改属性变量的值。为了便于记忆和阅读，set()方法名以"set"开头，后面是实例变量的名字。该方法一般具有以下格式。

```
        public void set<FieldName>(<fieldType><paramName>)
        {
             <fieldName>=<paramName>;
        }
```

声明实例变量 radius 的 set()方法如下。

```
        public void setRadius(int radius)
        {
             this.radius=radius;
        }
```

(2) get()方法功能是获得属性变量的值。为了便于记忆和阅读，get 方法名以"get"开头，后面是实例变量的名字。该方法一般具有以下格式。

```
        public<fieldType>get<FieldName>()
        {
             return<fieldName>;
        }
```

对于实例变量 radius，声明其 get()方法如下。

```
        public int getRadius()
        {
             return radius;
        }
```

3.7 包

在大型的项目中，可能需要上千个类甚至上万个类，如果都放在一起，就会非常乱，而且要对这上万个类都取不同的名字，显然是很复杂的。Java 语言提供了一种有效的类的组织结构，这就是包，包是一种松散的类的集合。一般不要求处于同一个包中的类有明确的相互关系，如包含、继承等。但是由于同一个包中的类在默认的情况下可以互相访问，所以为了方便编程和管理，通常把需要在一起工作的类放在一个包里。利用包来管理类，可实现类的共享与复用。标准的 Java 类库就是由多个包组成的，例如前面使用到的 java.util 就是其中一个。

3.7.1 Java 的系统包

Java 语言提供了大量的类,为了便于管理和使用,可以将类分为不同的包。这些包又称类库或 API 包,所谓 API(application program interface)即应用程序接口。API 包一方面提供丰富的类与方法供大家使用,如画图形、播放声音等,另一方面又负责和系统中的软、硬件打交道,使用户程序的功能圆满实现。许多 Java API 包都以"java."开头,用于区别用户创建的包。Java 提供的包主要有 java.lang、java.io、java.math、java.util、java.applet、java.awt、java.net、java.sql 等。下面详细介绍一下常用的 Java 系统包。

1. java.lang(语言包)

Java 语言的核心部分就是 java.lang,它定义了 Java 语言中的大多数基本的类。每个 Java 类都隐含语句"import java.lang.*;",由此可见该包的重要性。java.lang 包中包含了 Object 类。java.lang.Object 类是 Java 语言中整个类层次结构的根结点,这个软件包还定义了基本数据类型的类,如 String、Boolean、Character、Byte、Integer、Short、Long、Float、Double 等。这些类支持数字类型的转换和字符串操作,在前面的章节里已经涉及了这些内容。下面是 java.lang 中的类,主要包括以下几种类。

- 数据类型类,包括 BigDecimal、BigInteger、Byte、Double、Float、Integer、Long、Short 等。
- 基本数据函数 Math 类。
- 用于字符串处理的 String 类和 StringBuffer 类。
- System、Object 类。
- 线程 Thread 和 ThreadDeath 类。

1) 数据包装类

对应 Java 语言的每一个基本数据类型都有一个数据包装类,每个包装类都只有一个类型为对应的基本数据类型的属性域。基本数据类型与其包装类的对应关系如表 3-2 所示。

表 3-2 基本数据类型及其包装类

基本数据类型	数据包装类
boolean	Boolean
byte	Byte
char	Character
short	Short
int	Integer
long	Long
float	Float
double	Double

每一个包装类都有一个从基本数据类型的变量或常量生成包装类对象的构造方法,以下代码可以生成 Integer 类的对象。

```
int a=4;
Integer I=new Integer(a);
Integer h=new Integer(92);
```

除了 Character 类以外,其他每一个包装类都有一个从字符串生成包装类对象的构造方法,前提是字符串包含的是合法的基本数据类型。如下列代码:

```
Double c=new Double("-1.24");
Integer i=new Integer("124");
```

当已知字符串时,也可以用包装类的 valueOf 方法将其转换成包装类对象。例如:

```
Integer.valueOf("125");
Double.valueOf("5.15");
```

每一个包装类都提供相应的方法将包装类对象转换回基本数据类型的数据。例如:

```
anIntegerObject.intValue()         //返回 int 类
aCharacterObject.charValue()       //返回 char 类型的数据
```

Integer、Float、Double、Long、Byte 及 Short 类提供的特殊方法能够将字符串类型的对象直接转换成对应的 int、float、double、long、byte 或 short 类型的数据。例如:

```
Integer.parseInt("234")            //返回 int 类型的数据
Float.parseFloat("234.78")         //返回 float 类型的数据
```

2) 字符串类

Java 字符串类是 Java 语言中使用最多的类,也是最为特殊的一个类。字符串有两个类,即 String 和 StringBuffer。String 类的字符串对象的值和长度都不变化,称为常量字符串;StringBuffer 类字符串对象的值和长度都可以变化,称为变量字符串。

首先介绍一下 String 类,可以这样生成下面一个常量字符串。

```
String aString="This is a string";
```

也可以调用构造方法生成字符串对象。String 类构造方法如下。

```
new String();
new String(String value);
new String(char[] value);
new String(char[] value, int offset, int count);
new String(StringBuffer buffer);
```

String 类常用的方法如表 3-3 所示。

表 3-3 String 类常用的方法

名称	解释
int length( )	返回字符串中字符的个数
char charAt(int index)	返回序号 index 处的字符
int indexOf(String s)	在接收者字符串中进行查找,如果包含子字符串 s,则返回匹配的第一个字符的位置序号,否则返回-1
String substring(int begin, int end)	返回接收者对象中序号从 begin 开始到 end-1 的子字符串
public String[] split(String regex) public String[] split(String regex, int limit)	以指定字符为分隔符,分解字符串

续表

名称	解释
String concat(String s)	返回接收者字符串与参数字符串 s 进行连接后的字符串
int length( )	返回字符串中字符的个数
String replace(char oldChar, char newChar);	将接收者字符串的 oldChar 替换为 newChar
int compareTo(String s);	将接收者对象与参数对象进行比较
boolean equals(String s);	将接收者对象与参数对象的值进行比较
String trim( );	将接收者字符串两端的空字符串都去掉
String toLowerCase()	将接收者字符串中的字符都转换为小写
String toUpperCase()	将接收者字符串中的字符都转换为大写

然后介绍一下 StringBuffer 类，与 String 类不同的是，StringBuffer 类的对象是可以被修改的，但它的执行效率要低一些。可以通过使用下面的构造方法来生成 StringBuffer 类的对象。

```
new StringBuffer();                    //生成容量为 16 的空字符串对象
new StringBuffer(int size);            //生成容量为 size 的空字符串对象
new StringBuffer(String aString);      //生成 aString 的一个备份,容量为其长度 + 16
```

StringBuffer 类常用的方法如表 3-4 所示。

表 3-4　StringBuffer 类常用的方法

名称	解释
int length( )	返回字符串对象的长度
int capacity( )	返回字符串对象的容量
void ensureCapacity(int size)	设置字符串对象的容量
void setLength(int len)	设置字符串对象的长度。如果 len 的值小于当前字符串的长度,则尾部被截掉
char charAt(int index)	返回 index 处的字符
void setCharAt(int index, char c)	将 index 处的字符设置为 c
void getChars(int start, int end, char [ ] charArray, int newStart)	将接收者对象中从 start 位置到 end－1 位置的字符复制到字符数组 charArray 中,从位置 newStart 开始存放
StringBuffer reverse( )	返回将接收者字符串逆转后的字符串
StringBuffer insert(int index, Object ob)	将 ob 插入到 index 位置
StringBuffer append(Object ob)	将 ob 连接到接收者字符串的末尾

【例 3-19】　字符串应用举例。

```
public class StringTest
{
    public static void main(String[] args)
    {
        String s="Microsoft";
```

```
            char c[]={'s','u','n'};
            StringBuffer s1=new StringBuffer(s);
            s1.append('/').append("IBM").append('/');    //在字符串 s1 末尾追加字符串
            System.out.println(s1);
            StringBuffer s2=new StringBuffer("数学");
            for(int i=0;i<=9;i++)
            s2.append(i);         //将 0-9 的数字追加到字符串 s2 末尾
            s2.delete(8,s2.length()).insert(0,c);    //先将字符串 s2 中的第 9 个字符
        到第 s2.length()个字符删去,然后在字符串 s2 第 1 个字符后面插入字符数组 c
            System.out.println(s2);
            System.out.println(s2.reverse());        //将字符串 s2 逆转后输出
        }
    }
```

程序运行结果如图 3-16 所示。

```
C:\>javac StringTest.java

C:\>java StringTest
Microsoft/IBM/
sun数学012345
543210学数nus
```

图 3-16　程序运行结果

3）数学类

数学类(Math)提供一组常量和数学函数。例如:E 和 PI 常数,求绝对值的 abs 方法,计算三角函数的 sin 方法和 cos 方法,求最小值、最大值的 min 方法和 max 方法,求随机数的 random 方法等。例如:

```
    double a=Math.PI;              //返回 3.141592653589793
    double b=Math.E;               //返回 2.718281828459045
    Math.max(321,123);             //返回 321
    Math.min(321,123);             //返回 123
    Math.sin(0);                   //返回 0.0
    Math.cos(1);                   //返回 0.54030230586813988
    Math.round(5.7);               //返回 6
    Math.ceil(10.6);               //返回 11.0
    Math.floor(8.2);               //返回 8.0
    Math.floor(-8.2);              //返回 -9.0
    Math.sqrt(122);                //返回 11.045361017187261
    Math.pow(5, 3);                //返回 125.0
    Math.exp(23);                  //返回 9.744803446248903E9
    Math.random();                 //返回>=0.0 且<1.0 的 double 型数据
```

注意:

Math 类是终结类(final),不能从中派生其他的新类,它的所有的变量和方法都是静态的(static)。

4）类操作类

Java 语言提供两个用于类操作的类,即 Class 和 ClassLoader。Class 类为 Object 类的子类,也是最一般的类,封装了对象或接口运行时的状态。当类被加载时,Class 类的对象被

自动创建。Object 类中的 getClass( )方法返回当前对象所在的类,返回类型是 Class。在 Class 类中的 getName( )方法返回一个类的名称,返回值是 String;getSuperclass( )方法可以获得当前对象的父类。抽象类 ClassLoader 规定了类是如何加载的,应用程序可以创建扩展 ClassLoader 的子类,实现它的方法。这样做允许使用不同于通常由 Java 程序运行时系统加载的另一些方法来加载类。

【例 3-20】 Class 类应用举例。

```java
public class A
{
    int a;
    float b;
    public static void main(String[] args)
    {
        A a=new A();
        Class cl=a.getClass();
        System.out.println(cl);
        System.out.println(cl.getName());
    }
}
```

程序运行结果如图 3-17 所示。

图 3-17　程序运行结果

5) 系统类

System 系统类提供访问系统资源和标准输入/输出流的方法。访问系统资源的方法有:使用 arraycopy( )方法复制一个数组,使用 exit( )方法结束当前运行的程序,使用 currentTimeMillis( )方法获得系统当前日期和时间等。标准输入/输出流包括标准输入 System.in 和标准输出 System.out,分别表示键盘和显示器。

2. java.util

java.util(实用包)提供了实现各种不同实用功能的类,包括日期类、集合类等。

1) 日期类

日期类包括 Date、Calendar、GregorianCalendar 类,它们用于描述日期和时间。下面详细介绍这几个日期类的用法。

Date 类的两种常用的构造方法为:Date( )和 Date(long date)。如果要获得当前日期和时间,可以通过如下代码。

```
Date d=new Date();
System.out.print(d);            //输出 Tue Sep 18 15:58:40 CST 2012
Date(long date);                //以 date 创建日期对象,date 表示从 GMT(格林威治)时间
1970-1-1 00:00:00 开始至某时刻的毫秒数。
```

Date 类提供的常用的方法如表 3-5 所示。

表 3-5 Date 类常用的方法

名 称	解 释
after(Date when)	测试此日期是否在指定日期之后
before(Date when)	测试此日期是否在指定日期之前
getTime()	返回自 1970 年 1 月 1 日 00:00:00 GMT 以来此 Date 对象表示的毫秒数
setTime(long time)	设置此 Date 对象,以表示 1970 年 1 月 1 日 00:00:00 GMT 以后 time 毫秒的时间点
toString()	返回日期的格式化字符串

除了通过 Date 类获得日期对象外,还可以通过 Calendar 类来得到日期对象。Calendar 类是一个抽象的基础类,支持将 Date 对象转换成一系列单个的日期整型数据集,如 YEAR、MONTH、DAY、HOUR 等常量。由 Calendar 类派生的 GregorianCalendar 类用于实现标准的 Gregorian 日历。由于 Calendar 是抽象类,不能用 new 方法生成 Calendar 的实例对象,故可以使用 getInstance() 方法创建一个 GregorianCalendar 类的对象。例如:

```
Calendar calendar=Calendar.getInstance();
```

calendar 对象可以调用的方法如下。

```
public final void set(int year,int month,int date)
public final void set(int year,int month,int date,int hour,int minute)
public final void set(int year,int month, int date, int hour, int minute,int second)
```

将日历翻到任何一个时间,当参数 year 取负数时表示公元前。Calendar 类常用的方法如表 3-6 所示。

表 3-6 Calendar 类常用的方法

名 称	解 释
after(Date when)	测试此日期是否在指定日期之后
before(Date when)	测试此日期是否在指定日期之前
clear()	清除当前对象的所有时间组成部分
setTime(long time)	设置此 Date 对象,以表示 1970 年 1 月 1 日 00:00:00 GMT 以后 time 毫秒的时间点
get(int field)	返回给定日历字段的值
set(int field, int value)	将给定的日历字段设置为给定值
getTime()	返回一个表示此 Calendar 时间值(从历元至现在的毫秒偏移量)的 Date 对象
getTimeInMillis()	返回此 Calendar 的时间值,以毫秒为单位

【例 3-21】 日期类应用举例。使用 Calendar 类,计算从 2011 年 5 月 30 日到现在经历的天数。

```
public class DateTest
{
    public static void main(String[] args)
    {
        Calendar calendar=Calendar.getInstance();
        int year=2008,month=8,day=8;
        calendar.set(year,month-1,day);//将日历翻到2008年8月8日,注意7表示8月
        System.out.print(year+"年"+month+"月"+day+"日与");
        long time2=calendar.getTimeInMillis();
        year=2012;
        month=9;
        day=18;
        calendar.set(year,month- 1,day);   //将日历翻到 2012 年 9 月 18 日
        System.out.print(year+"年"+month+"月"+day+"日");
        long time1=calendar.getTimeInMillis();
                        //返回从历元(即格林威治标准时间)至现在所经过毫秒数形式
        long 相隔天数= (time1-time2)/(1000* 60* 60* 24);
        System.out.println("相隔"+相隔天数+"天");
    }
}
```

程序运行结果如图 3-18 所示。

```
C:\>javac DateTest.java

C:\>java DateTest
2008年8月8日与2012年9月18日相隔1502天
2012-09-27 14:52:33
```

图 3-18 程序运行结果

2) 集合类

集合类主要包括 Collection(无序集合)、Set(不重复集合)、List(有序不重复集合)、Enumeration(枚举)等,以及表示数据结构的多个类,即 LinkedList(链表)、Vector(向量)、Stack(栈)、Hashtable(散列表)、TreeSet(树)等。

3. java.text(文本包)

Java 语言文本包中的 Format、DateFormat、SimpleDateFormat 等类提供了各种文本或日期格式。下面简单介绍一下 SimpleDateFormat 类。

SimpleDateFormat 类使用已定义的格式对日期对象进行格式化,实现方法是以产生日期的字符串表示。其构造方法是以某一指定格式的字符串作为参数,例如:

```
SimpleDateFormat sf=new SimpleDateFormat(formatString);
```

方法 format(Date d)的功能是将此种格式应用于给定的日期,例如:

```
sf.format(aDate);
```

表 3-7 给出了各种格式字符串及其在日期 2008 年 8 月 8 日下午 8:08 的应用结果。

表 3-7 格式字符串与结果字符串对照表

格式字符串	结果字符串
无	Fri Aug 08 08:08:04 CST 2008
"yyyy/MM/dd"	2008/08/08
"yy/MM/dd"	08/08/08
"MM/dd"	08/08
"MMM dd,yyyy"	八月 08,2008
"MMMM dd,yyyy"	八月 08,2008
"EEE. MMMM dd,yyyy"	星期五. 八月 08,2008
"EEEE, MMMM dd,yyyy"	星期五, 八月 08,2008
"h:mm a"	8:08 上午
"MMMM dd, yyyy (hh:mma)"	八月 08, 2008 (08:08 上午)

【例 3-22】 格式化字符串类举例。

```java
public class SimpleDateFormatTest
{
    public static void main(String[] args)
    {
        SimpleDateFormat sf=new SimpleDateFormat("MMMM dd, yyyy (hh:mma)");
        Calendar cl=Calendar.getInstance();
        int year=2008,month=8,day=8,hour=8,second=8;
        cl.set(year,month-1,day,hour,second);
        String s=sf.format(cl.getTime());
        System.out.print(s);
    }
}
```

程序运行结果如图 3-19 所示。

```
C:\>javac SimpleDateFormatTest.java

C:\>java SimpleDateFormatTest
八月 08, 2008 (08:08上午)
```

图 3-19 程序运行结果

3.7.2 自定义包

在前面介绍了 Java 语言中常用的系统包,在实际应用中,用户也可以将自己的类组织成包结构。下面详细介绍一下如何定义并使用包。

1. 定义包

Java 语言用文件系统目录来存储包。因此,为了声明一个包,首先必须建立一个相应的目录结构,子目录与包名一致。然后在需要放入该包的类文件开头声明包,其形式如下:

package 包名;

这样，在这个类文件中定义的所有类就都被装入到所定义的包中了，例如：

```
package bookexample;
class A{……}
class B extends A{……}
public class OverrideExample{……}
```

不同的程序文件内的类也可以同属于一个包，只要在这些程序文件前都加上同一个包的说明即可。还可以创建包层次，只要将每个包名与它的上层包名用点号"."分隔开就可以了。一个多级包的声明的通用形式如下。

```
package pkg1[.pkg2[.pkg3]];
```

2. 编译和生成包

（1）如果在程序 A.java 中已声明了包 mypackage，编译时可以采用如下方式。

```
javac-d packagepath  A.java
```

则编译器会自动在 destpath 目录下建立子目录 mypackage，并将生成的.class 文件都放到 packagepath/mypackage 下。

（2）如果不使用 d 选择符，则会在当前目录（源程序文件所在目录）下建立子目录 mypackage。

3. 包的使用

假设已定义并生成了下面的包。

```
package testpackage;
public class A
{
  int a;
  float b;
}
```

在 Java 语言中，为了装载使用已编译好的包，通常可使用以下三种方法。

（1）在要引用的类名前带上包名作为修饰符。例如：

```
testpackage.A objA=new testpackage.A();
```

其中，testpackage 是包名，A 是包中的类名，objA 是类的对象。

（2）在文件开头使用 import 引用包中的类。例如：

```
import testpackage.A;
class Example
{
  A objA=new A();
  ……
}
```

同样，testpackage 是包名，A 是包中的类，objA 是创建的 A 类对象。

（3）在文件前使用 import 引用整个包。例如：

```
import testpackage.*;
  class Example
  {
   A objA= new A();
   …….
  }
```

testpackage 整个包被引入,A 是包中的类,objA 是创建的 A 类对象。

使用包时,可以用点"."表示出包所在的层次结构,用". *"表示该目录结构下的所有内容。

需要指出的是,java.lang 这个包无须显式引用,它总是被编译器自动调入。使用包时还要特别注意系统 classpath 路径的设置情况,它需要将包名对应目录的父目录包含在 classpath 路径中,否则编译时会出错,并提示用户编译器找不到指定的类。

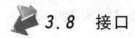 3.8 接口

与 C++语言不同,Java 语言并不支持多重继承。多重继承是指一个类可以继承多个类,也就是一个类可以有多个直接父类。Java 语言的设计者认为这样会使得类的关系过于混乱,所以 Java 语言并不支持多重继承。取消了多重继承使得 Java 语言中类的层次更加清晰,但是当面对复杂问题时却显得力不从心,于是 Java 语言引入了接口来弥补这个不足。

接口可以看做是没有实现的方法和常量的集合。接口与抽象类相似,接口中的方法只是做了声明,而没有定义任何具体的操作方法。接口的功能如下:①通过接口可以实现不相关类的相同行为,而不需要考虑这些类之间的层次关系;②通过接口可以指明多个类需要实现的方法;③通过接口可以了解对象的交互界面,而不需了解对象所对应的类。

1. 接口的定义

接口的定义与类的定义十分相似,只是使用的关键字不同,类的定义使用的关键字是 class,而接口的定义使用的关键字是 interface。接口定义的形式如下。

```
修饰符 interface 接口名
{//接口内容
    //声明变量
    类型   变量名;
    ……
    //声明方法
    返回值类型    方法名();
    ……
}
```

定义接口时要注意以下几点。

(1) 接口的修饰符只能为默认的(无修饰符)或 public。当修饰符为默认的时,接口是包可见的,在接口所在的包之外的类不能使用接口。当修饰符为 public 时,任何类都可以使用该接口。

(2) 接口的名字应该符合 Java 语言对标识符的规定。

(3) 接口内可以声明变量,接口内的变量被自动设置为共有的(public)、静态的(static)、最终的(final)字段。

(4) 接口定义的方法都是抽象的,它们被自动地设置为 public。

(5) 接口也被保存为.java 文件,文件名与类名相同。

下面是一个完整的接口的定义。

【例 3-23】 定义接口的例子。

```
public interface Animal
{
    //接口中的变量
```

```
    int i=5;            //相当于语句 public static final i=5
    //用接口声明方法,只有方法的声明没有具体实现
    void sleep();
    void eat();
    voidcry();
}
```

2. 接口的实现

接口的实现是指具体实现接口的类。接口的声明仅仅给出了抽象方法,相当于事先定义了程序的框架。实现接口的类必须要实现接口中定义的方法。实现接口的形式如下。

```
Class  类名 implements 接口1,接口2
{
    方法1()
    {
        //方法体
    }
    方法2()
    {
        //方法体
    }
}
```

关键字 implements 表示实现的接口,多个接口之间用逗号隔开。实现接口需要注意以下几点。

(1) 如果实现接口的类不是抽象类,它必须实现接口中定义的所有的方法。
(2) 如果该类为抽象类,在它的子类甚至子类的子类中要实现接口中定义的方法。
(3) 实现接口的方法时必须使用相同的方法名和参数列表。
(4) 实现接口类中的方法必须被声明为 public,因为在接口中的方法都被定义为 public,根据继承的原则,访问范围只能放大,不能缩小。

【例 3-24】 接口的实现的例子。

```
public class Monkey implements Animal
{
    public void cry()
    {
        System.out.println("猴子在大声叫");
    }
    public void eat()
    {
        System.out.println("猴子在吃东西");
    }
    public void sleep()
    {
        System.out.println("猴子在睡觉");
    }
    public static void main(String[ ] args)
```

```
    {
        Monkey monkey=new Monkey();
        monkey.cry();
        monkey.eat();
    }
}
```

程序运行结果如图 3-20 所示。

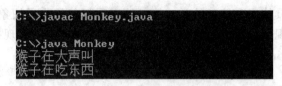

图 3-20　程序运行结果

　　接口之间也可以有继承关系。继承接口的接口拥有它的父接口的方法,它还可以定义自己的方法,从而实现这个子接口的类。例如,使用上面的 Animal 动物接口,然后定义一个子接口哺乳动物 Mammal。如果类要实现 Mammal,它必须实现两个接口中的所有方法。例 3-25 定义了 Mammal 接口,该接口继承了 Animal 接口,重新定义类 Monkey,让其实现 Mammal 接口。

【例 3-25】 接口的继承及实现的例子。

```
//子接口
public interface Mammal extends Animal
{
    void run();
}
    //定义 Monkey 类实现 Mammal 接口
public class Monkey implements Mammal
{
    public void cry()
    {
     System.out.println("猴子大声叫");
    }
    public void eat()
    {
     System.out.println("猴子在吃东西");
    }
    public void sleep()
    {
     System.out.println("猴子在睡觉");
    }
    public void run()
    {
     System.out.println("猴子在爬树");
    }
    public static void main(String[ ] args)
```

```
    {
        Monkey monkey= new Monkey();
        monkey.cry();
        monkey.eat();
        monkey.run();
    }
}
```
程序运行结果如图 3-21 所示。

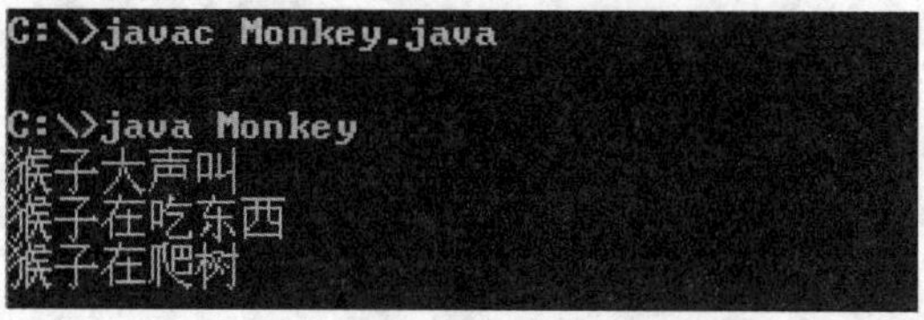

图 3-21 程序运行结果

3. 接口与多态

前面介绍过可以通过类的继承实现多态。除了这种方式以外,通过实现接口也可以实现多态。由接口产生的多态就是指不同的类在实现同一个接口时可能具有不同的实现方式,那么接口变量在调用接口方法时就可能具有多种形态。

跟抽象类一样,接口也不可以实例化,但是可以声明接口类型的变量,它的值必须是实现了该接口的类的对象。例如若在例 3-25 中做如下定义:

```
Animal monkey=new Monkey();
```
对象 monkey 只能调用 Animal 中定义的方法 eat、sleep、cry,如果使用如下语句:

```
Mammal monkey=new Monkey ();;
```
对象 monkey 就可以调用在 Mammal 接口中定义的 run 方法了。当然,通过强制类型转换可以调用所有的方法。

【**例 3-26**】 运用接口来实现多态。定义类 Monkey 类和 Chick 类,让其分别实现 Mammal 及 Animal 接口。

```
//Chick 类定义
public class Chick implements Animal
{
    public void cry()
    {
        System.out.println("小鸡叽叽叫");
    }
    public void eat()
    {
        System.out.println("小鸡在吃米");
    }
    public void sleep()
    {
        System.out.println("小鸡在睡觉");
    }
}
```

```java
//Monkey类定义
public class Monkey implements Mammal
{
    public void cry()
    {
     System.out.println("猴子大声叫");
    }
    public void eat()
    {
     System.out.println("猴子在吃东西");
    }
    public void sleep()
    {
     System.out.println("猴子在睡觉");
    }
    public void run()
    {
     System.out.println("猴子在爬树");
    }
}
//测试程序
public class TestAnimalDemo
{
   public static void main(String[] args)
   {
      //Animal接口,Chick对象
      Animal chick=new Chick();
      //Animal接口,Monkey对象
      Animal monkey=new Monkey();
      //Mammal接口,Monkey对象
      Mammal monkey1=new Monkey();
      //使用chick调用各种方法
      chick.cry();
      chick.eat();
      chick.sleep();
      //使用monkey1调用各种方法
      monkey1.cry();
      monkey1.eat();
      monkey1.sleep();
      monkey1.run();
      //使用monkey调用各种方法
      monkey.cry();
      monkey.eat();
      monkey.sleep();
      //monkey.run();            //不可以调用run方法
```

```
            ((Monkey)monkey).run();        //调用 run 方法,需要进行类型转换
        }
    }
```

程序运行结果如图 3-22 所示。

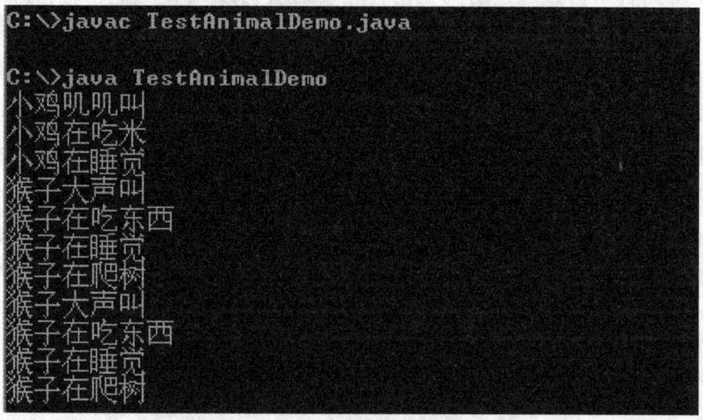

图 3-22 程序运行结果

这个程序主要是展示通过接口来实现多态的一种方式。接口变量用于存放接口实现类的对象,通过它来调用方法的时候,程序会调用"合适"的方法,过程与继承中讲到的动态绑定很相似。

4. 抽象类和接口的比较

接口和抽象类是非常相似的,但它们之间是有区别的,主要区别包括以下几方面。

(1) 一个类可以实现众多个接口,但是只能继承一个抽象类。可以说接口是取消程序语言中的多继承机制的一个衍生物,但它又不完全如此。

(2) 抽象类可以有非抽象方法,即可以有已经实现的方法,继承它的子类可以对方法进行复写;而接口中定义的方法必须全部为抽象方法。

(3) 在抽象类中定义的方法,它们的修饰符可以是 public、protected、private,也可以是默认值。但是在接口中定义的方法全是 public 的。

(4) 抽象类可以有构造函数,但接口不能。二者都不能实例化,但是都能通过它们来存放子类对象或是实现类的对象。可以说它们都可以实现多态。

本 章 小 结

本章介绍了 Java 语言的类、对象及接口等面向对象程序设计的基础知识。

封装、继承和多态是面向对象程序设计的三个重要特点,而这三个特点主要体现在类和接口的定义及使用上。在 Java 语言中,类是组成源文件的基本元素,一个 Java 源文件是由若干个类组成的。我们可以将具有相同属性和相同方法的对象封装成类,然后再利用该类去实例化不同的对象。类与对象的区别与联系是:①类是抽象的、概念的,代表的是一类事物,如人类、狗类;②对象是具体的、实际的;③类是对象的模板,对象是类的一个个体、实例。

继承是一种由已有的类创建新类的机制。利用类的继承可以先创建一个共有属性的一般类,根据该一般类再创建具有特殊属性的新类。通过类的继承不仅可以实现软件的重用,而且体现面向对象程序设计的另一特性——多态。多态性是指不同类型的对象可以响应相同的消息。使用多态设计程序时,可以使用上转型对象,即将一个对象当做它的基类对象对待。由于这些子类对象通过方法的重写可以把父类的状态和行为改变为自身的状态和行为,因而上转型对象响应同一方法时是有所差别的。

Java语言中有一些特殊类,这些类具有特殊的用途。例如,如果不想让类被其他类继承,则可将该类定义为最终类;又或自定义的类只是代表更高一层的抽象,并且不希望该类能够被实例化,则可将该类设计成抽象类。

程序开发人员在设计类的同时,还需要精细地刻画它的方方面面,如谁有权使用这个类及这个类的成员变量和方法。在Java语言中可以通过访问控制符在类的层次及成员变量、成员方法的层次上指出其性质和访问权限。

最后本章介绍了包及接口的相关知识。Java语言的程序包实现了对类的包装,包的概念与操作系统中目录的概念相似,其作用主要是方便程序开发人员编程和管理文件。接口是面向对象的一个重要机制,使用接口可以实现多重继承的效果,同时免除了C++语言中的多重继承的复杂性。接口中的所有方法都是抽象的,这些抽象方法由实现这一接口的不同类来完成,利用接口也可以实现多态。

习 题 3

1. 什么叫类?类和对象有什么关系?用类的概念有什么优点?
2. 什么叫实例变量?什么叫类变量?它们之间的区别是什么?
3. 什么叫方法的重载?构造方法可以重载吗?
4. 要使一个类的多个对象具有不同的初始状态,应如何实现?
5. 简述父类和子类的关系。
6. 在方法体中可以使用this和super关键字,其意义是什么,它们在什么情况下使用?
7. 什么是多态?如何实现多态?
8. Java语言的接口有什么特点?引入接口的定义有什么优点?
9. abstract class 和 interface 有什么区别?
10. 构造一个类来描述屏幕上的一个点,该类的构成包括点的 x 和 y 两个坐标,以及一些对点进行的操作,包括:取得点的坐标值,对点的坐标进行赋值,编写应用程序生成该类的对象并对其进行操作。
11. 编程创建一个 Person 类,该类属性包括"姓名"、"性别"、"年龄"三个属性;该类包括一般方法 public String getInfo()把 Person 类对象的所有信息组合成一个字符串及初始化所有的成员变量的构造方法。
12. 定义一个学生类 Student,它继承自上题的 Person 类。该类需要满足以下要求。
(1) Student 类有以下几个变量。①继承自父类的变量,有姓名(name),字符串类型(String);性别(sex),字符型(char);年龄(age),整型(int)。②子类新增加的变量:学号(number),长整型;哲学课成绩(phi),整型;英语课成绩(eng),整型;计算机课成绩(comp),整型。
(2) Student 类有以下几个方法。子类新增加的方法:①初始化成员变量的构造方法;②求三门功课的平均成绩 public double aver()方法,该方法没有参数,返回值类型为 double 型;③求三门功课成绩的最高分 public int max()方法,该方法没有参数,返回值为 int 型;④求三门功课成绩的最低分 public int min()方法,该方法没有参数,返回值为 int 型。覆盖父类的同名方法:public String getInfo()方法,用于获取学号、姓名、性别、平均分、最高分、最低分信息。
13. 定义一个图形的抽象类,具有求面积和画图形的方法,再定义点、线、圆的类继承这个抽象类实现它的方法。
14. 定义一接口名叫 Usb 的接口,该接口声明了两个方法分别为 start()和 stop()方法。定义一个U盘类接口 UsbDiskWriter,一个照相机类接口 Camera,一个手机类接口 Mobile,让它们都实现该接口。

第4章 数组与字符串类

本章首先介绍 Java 编程中经常用到的数组,包括一维数组、二维数组和对象数组,通过示例程序进一步来讨论它们的使用方式与技巧。然后介绍字符串类,包括两种具有不同操作方式的 String 类和 StringBuffer 类。它们在实际应用开发中有着广泛的应用。

4.1 数组

假设现在要计算 30 名学生的平均年龄,如果使用简单类型的变量,则要命名 30 个不同名称的变量,如 age1,age2,age3,…,age30 来存储这 30 名学生的年龄,而且只能用如下语句来完成这个计算。

```
sum=age1+age2+age3+…+age30;
average=sum/30;
```

这样的程序不仅看起来比较烦琐,更重要的是当要统计的学生有 100 名、1 000 名时怎么办呢?这样岂不是要定义 100 个、1 000 个变量?有没有一种比较简便的办法来解决这个问题呢?答案是肯定的,那就是使用数组。

数组是用一个标识符和一组下标来代表一组具有相同数据类型的数据元素的集合。在 Java 语言中,数组的元素可以是数据类型的量,也可以是某一类的对象。数组中的各元素是有先后顺序的,并且在内存中按照这个顺序连续地存放在一起。引用某个数组元素时可以用数组名和该元素在数组中的位置来表示。

4.1.1 一维数组

一维数组是一种比较简单的数组,它只有一个下标,是数组的基本形式。

1. 一维数组的声明

声明数组主要是声明数组名、数组的维数和数组元素的数据类型。一维数组的声明语法格式如下。

  类型标识符 数组名[ ];

或者

  类型标识符[ ] 数组名;

其中,类型标识符是定义数组中包含元素的数据类型,它可以是基本数据类型,也可以是引用数据类型;数组名是标识数组名称的一个标识符,它可以是任何一个符合 Java 命名规则的标识符。例如:

```
int a[];
double b[];
double[] c;
```

都是正确的一维数组声明语句。需要注意的是,在 Java 语言中声明数组时不会为数组元素分配相应的内存,所以不能指定数组中元素的个数。例如,按照以下方式声明数组就是错误的。

```
int d[2];        //错误
```

2. 创建数组空间与初始化

声明一个数组仅仅是指定了这个数组的名称和元素类型,并没有给数组元素分配相应的内存空间。要想使用数组还需要为它分配内存空间,即创建数组空间。创建数组空间时必须指出数组元素的个数,即数组长度。创建数组空间后,数组的长度不可再改变。

在 Java 语言中初始化数组用 new 操作符来实现,其语法格式如下。

数组名=new 数组元素类型[数组元素个数];

上面声明的三个数组可以按以下方式进行初始化。

```
a=new int[5];
b=new double[6];
c=new double[8];
```

这样就为数组 a 分配了五个 int 型的内存空间,它可以存放五个 int 型数组元素。同样也分别为数组 b 和数组 c 分配了六个和八个 double 型的内存空间,使得数组 b 可存放六个 double 型数组元素,数组 c 可以存放八个 double 型数组元素。

声明数组与创建数组空间的工作可以合在一起用一条语句来完成。例如:

```
int a[]=new int[5];
double b[]=new double[6];
double[] c=new double[8];
```

创建数组空间后就可以初始化数组了,例如:

```
a[0]=1;
a[1]=2;
a[2]=3;
a[3]=4;
a[4]=5;
```

或者

```
for( int i=0 ;i<a.length ; i++)
{
    a[i]=i+1;
}
```

对于数组元素是基本数据类型的数组,可在创建数组空间的同时给出数组元素的初值,这样可以省去 new 操作符。例如:

```
int a[]={1,2,3,4,5};
```

该语句声明了一个名为 a 的一维数组,同时分配了五个 int 型元素的内存空间,并给出了每个元素的初值。

3. 一维数组的引用

数组声明并分配相应的内存空间后,就可以通过数组名和下标来引用数组中的元素,引用格式如下。

数组名[数组元素下标]

其中,数组名是数组名称的标识符,数组元素下标是元素在数组中的位置。元素下标的取值范围从 0 开始,到数组元素个数减 1 为止。例如,上面声明的数组 a 的五个元素分别是 a[0]、a[1]、a[3]、a[4]。数组元素的下标必须为整型常量或者整型表达式。例如,在上面声明了数组 a 后,可以使用下面的两条赋值语句。

```
a[0]=1;          //将数组中的第 0 个元素赋值为 1
a[1+ 3]=5;       //将数组中的第 4 个元素赋值为 5
```

而下面的两条语句就是错误的。

```
a[5]=10;         //数组元素下标越界
a[2.5]=12;       //数组元素下标必须为整型常量或者整型表达式
```

每个数组都有一个用来指明其长度的属性 length，利用它可以获取数组的长度。例如，要获取上面声明的数组 a 的长度就可以写为：a.length。

【例 4-1】 一维数组创建与使用示例（MyArray1.java）。

```java
public class MyArray1
{
    public static void main(String args[])
    {
        int a[]=new int[5];
        String s="";
        for(int i=0 ; i<a.length;i++)
        {
            a[i]=i+1;
            s+="a["+i+"]="+a[i]+" ";
        }
        System.out.println(s);
    }
}
```

程序运行的结果如图 4-1 所示。

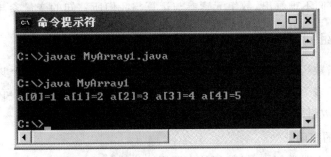

图 4-1　程序运行结果

在例 4-1 程序中，首先声明了一个包含五个整型元素的一维数组 a，通过一个循环操作分别为每个数组元素进行初始化赋值，并将每个数组元素的值连接成一个字符串 s 后输出。需要注意的是，这里在循环操作中使用 length 属性作为数组下标的上界，这是一种比较常用的做法，能有效避免数组下标越界。

【例 4-2】 一维数组应用示例（MyArray2.java）。

```java
public class MyArray2
{
    public static void main(String args[])
    {
        int a[]={1,2,3,4,5};
        int b[]={10,9,8,7,6};
```

```
        String s="";
        for(int i=0 ; i<a.length ; i++)
        {
            a[i]=b[i]-a[i];
            s+="a["+i+"]="+a[i]+" ";
        }
        System.out.println(s);
    }
}
```

程序运行的结果如图 4-2 所示。

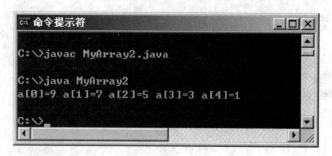

图 4-2 程序运行结果

在例 4-2 程序中，首先声明并初始化了包含五个整型元素的一维数组 a 和 b，通过一个循环操作分别将数组 b 中第 i 个元素减去数组 a 中的第 i 个元素，并将运算后的值重新赋值给数组 a 中的第 i 个元素，最后将数组 a 中每个数组元素的值连接成一个字符串 s 后输出。通过例 4-2 程序我们不难看出，数组元素参与运算与我们所熟知的变量参与运算非常相似。

4.1.2 多维数组

多维数组是指数组维数在二维或二维以上的数组，它有两个或两个以上的数组下标。多维数组实质上是多个一维数组嵌套而成的。这里以二维数组为例，它可以被看做一个特殊的一维数组，该数组的每个元素又是一个一维数组。

1. 二维数组的声明

与一维数组的声明类似，二维数组的声明语法格式如下。

　　类型标识符 数组名[ ][ ];

或者

　　类型标识符[ ][ ] 数组名;

其中，类型标识符用于定义数组包含元素的数据类型，它可以是基本数据类型，也可以是引用数据类型；数组名是标识数组名称的一个标识符，它可以是任何一个符合 Java 命名规则的标识符。例如：

　　int d[][];
　　double[][] e;

都是正确的二维数组声明语句。

2. 二维数组创建数组空间与初始化

声明一个二维数组仅仅是指定了这个数组的名称和元素类型，并没有给数组元素分配相应的内存空间。所以需要为它分配内存空间,然后才可以访问每个元素。

对二维数组分配内存空间的语法格式如下。

数组名＝new 数组元素类型[数组长度][];

或者

数组名＝new 数组元素类型[数组长度][数组长度];

例如,上面声明的数组 d 可以这样创建数组空间。

```
d= new int[2][3];
```

创建数组空间后的数组 d 的结构如图 4-3 所示。

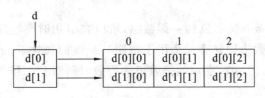

图 4-3 二维数组 d

通过观察图 4-3 不难发现,数组 d 实际上可以被视为一个包含 d[0]和 d[1]两个元素的一维数组。d[0]是一个包含 d[0][0]、d[0][1]、d[0][2]这三个元素的一维数组,d[1]是一个包含 d[1][0]、d[1][1]、d[1][2]这三个元素的一维数组。故以上声明数组 d 的语句等价于以下形式。

```
d=new int[2][];
d[0]=new int[3];
d[1]=new int[3];
```

或者

```
d=new int[2][];
for(int i=0;i<2;i++)
{
    d[i]=new int[3];
}
```

需要注意的是,创建二维数组空间时可以只指定数组的行数(即第一维元素个数)而不指定数组的列数(即第二维元素的个数),每行的长度可以由二维数组引用时决定,但不能只指定列数而不指定行数。例如,以下创建二维数组空间的方式就是错误的。

```
d=new int[][3];          //错误
```

声明二维数组与创建数组空间的工作也可以合在一起用一条语句来完成。例如:

```
int d[][]=new int[2][3];
```

创建数组空间后就可以初始化数组了,例如:

```
a[0][0]=1;
a[0][1]=2;
a[0][2]=3;
a[1][0]=4;
a[1][1]=5;
a[1][2]=6;
```

或者在声明时采用直接指定初值的方式对数组进行初始化。例如:

```
int d[][]={{1,2,3},{4,5,6}};
```

该语句在声明数组 d 的同时对该数组进行初始化。需要注意的是,采用这种方式对数组初始化时,各子数组的元素个数可以不同。例如:

```
int d[][]={{1,2},{3,4,5},{6,7,8,9}};
```

相当于:

```
int d[][]=new int[3][];
int d[0]={1,2};
int d[1]={3,4,5};
int d[2]={6,7,8,9};
```

3. 二维数组的引用

因为二维数组可以被视为特殊的一维数组,所以在引用时要注意第一维的每个元素都是一个一维数组。二维数组同样有一个用于指明其长度的属性 length,但与一维数组不同的是,使用"二维数组名.length"获取的是数组的行数,而使用"二维数组名[i].length"则获取的是数组中该行的列数。

【例 4-3】 二维数组 length 属性应用示例(MyArray3.java)。

```java
public class MyArray3
{
    public static void main(String args[])
    {
        int d[][]={{1,2,3},{4,5,6,7}};
        System.out.println(d.length);
        System.out.println(d[0].length);
        System.out.println(d[1].length);
    }
}
```

程序运行的结果如图 4-4 所示。

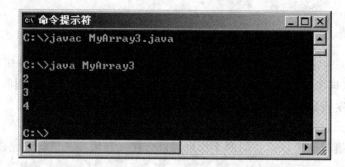

图 4-4 程序运行结果

在例 4-3 程序中,声明并初始化了一个二维数组 d,第一维包含两个元素,分别是一个包含三个元素的一维数组和一个包含四个元素的一维数组。通过运行结果可以看出,该数组有两行,第一行有三列,第二行有四列。

【例 4-4】 输出杨辉三角前六行(MyArray4.java)。

```java
public class MyArray4
{
    public static void main(String args[])
    {
```

```
            int d[][]=new int[6][6];
            for(int i=0;i<d.length;i++)
            {
                for(int j= 0;j<=i;j++)
                {
                    if(j==0)
                    {
                    d[i][j]=1;
                    }
                    else
                    {
                    d[i][j]=d[i-1][j]+d[i-1][j-1];
                    }
                    System.out.print(d[i][j]+"\t");
                }
                System.out.println();
            }
        }
```

程序运行的结果如图 4-5 所示。

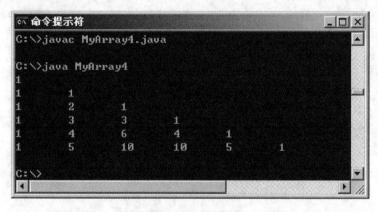

图 4-5　程序运行结果

杨辉三角的特征是:当前行的列数等于当前行数;所有行的第一列都为1;其他部分的数字等于该数字上方和左上方的数字之和。在例 4-4 程序中,首先声明了一个二维数组 d 并分配相应存储空间,然后通过嵌套循环对数组进行初始化,为元素赋值前先判断该元素是否是第一列的元素,从而决定赋予什么样的值。通过例 4-4 程序可以看出,二维数组在引用时与一维数组是比较相似的。

需要注意的是,二维数组经常会与嵌套循环一起使用。一般外层循环对应二维数组的行,而内层循环一般对应每行中的列。

4.1.3　对象数组

前面讨论过的数组的数据类型都是基本数据类型,在 Java 语言中还有一种数组被称为对象数组。顾名思义,这类数组的元素不再是基本数据类型,而是对象。也就是说,对象数组中的每个元素都是某个类的对象。

声明对象数组的语法格式与声明基本数据类型数组的格式类似,只是将基本数据类型说明符改成了类名,以一维对象数组为例,声明格式如下。

  类名 数组名[ ];

或者

  类名[ ] 数组名;

【例 4-5】 对象数组举例(MyArray5.java)。

```java
class Car
{
    String type;
    int length;
    int width;
    int height;
    Car(String tp,int len,int wid,int hei)
    {
        type=tp;
        length=len;
        width=wid;
        height=hei;
    }
}
public class MyArray5
{
    public static void main(String args[])
    {
        Car[] myCar=new Car[3];         //声明对象数组
                //分别调用 Car 类构造函数对各个元素进行初始化
        myCar[0]=new Car("Audi A8 W12",5267,1949,1471);
        myCar[1]=new Car("Benz S600",5230,1871,1485);
        myCar[2]=new Car("BMW 760Li",5212,1902,1484);
        String s="";
        for(int i=0;i<myCar.length;i++)
        {
            s+="\n"+myCar[i].type+"\t"+myCar[i].length+ "\t "+myCar[i].width;
            s+="\t "+myCar[i].height;
        }
        System.out.println(s);
    }
}
```

程序运行结果如图 4-6 所示。

例 4-5 中的程序首先声明了一个 Car 类,然后在 main() 方法中声明 Car 类的对象数组,它有三个数组元素,分别调用 Car 类构造函数对各个元素进行初始化,最后将数组中每个元

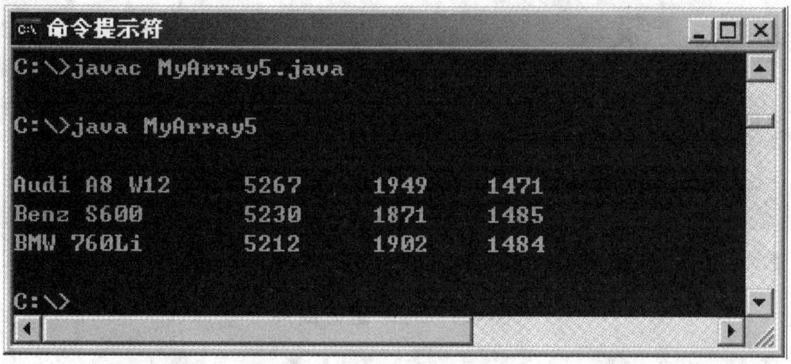

图 4-6 程序运行结果

素的各数据成员输出。通过观察例 4-5 中的程序不难发现,这里实际上就相当于定义了 Car 类的三个对象,把这三个对象放在一个数组中,访问对象中的成员时就使用数组元素来代替对象名作为前缀。

4.1.4 数组综合举例

下面通过几个具体的应用示例来进一步加强对数组的认识。

【例 4-6】 使用冒泡排序法按从小到大的顺序对 10 个整数进行排序(MyArray6.java)。

```java
public class MyArray6
{
    public static void main(String args[])
    {
        int[] a= {2,3,6,1,5,7,9,8,0,4};
        int t;
        for(int i= 0;i< a.length- 1;i+ + )
        {
            //内循环每循环一轮,则当前序列中最大的数字被放置到最后
            for(int j=0;j<a.length-1-i;j++)
            {
                if(a[j]> a[j+ 1])    //如果当前元素大于后一个元素,则相互交换位置
                {
                    t= a[j];
                    a[j]= a[j+ 1];
                    a[j+ 1]= t;
                }
            }
        }
        for(int k=0;k<a.length;k++)
        {
            System.out.print(a[k]+ " ");
        }
    }
}
```

程序运行结果如图 4-7 所示。

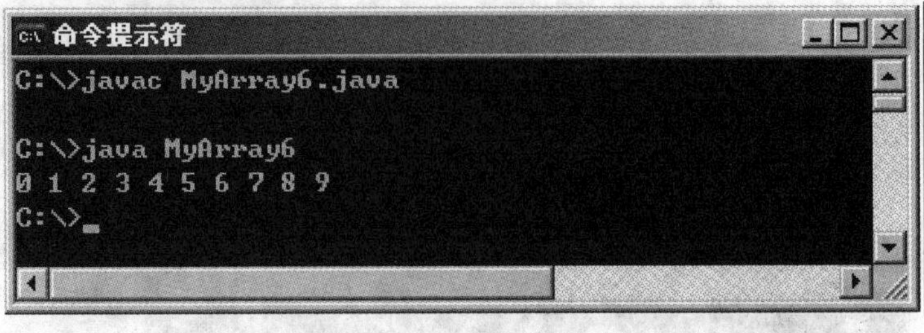

图 4-7 程序运行结果

【例 4-7】 编程求二维数组中值最大的元素（MyArray7.java）。

```java
public class MyArray7
{
    public static void main(String args[])
    {
        int[][] a={{2,6,8},{1,5,7}};
        int max= a[0][0];
        for(int i=0;i<a.length;i++)         //a.lengh 表示数组 a 的行数
        {
            for(int j=0;j< a[i].length;j++)
                                            //a[i].length 表示数组 a 第 i 行的列数
            {
                if(a[i][j]>max)
                {
                    max=a[i][j];
                }
            }
        }
        System.out.println("max="+max);
    }
}
```

程序运行结果如图 4-8 所示。

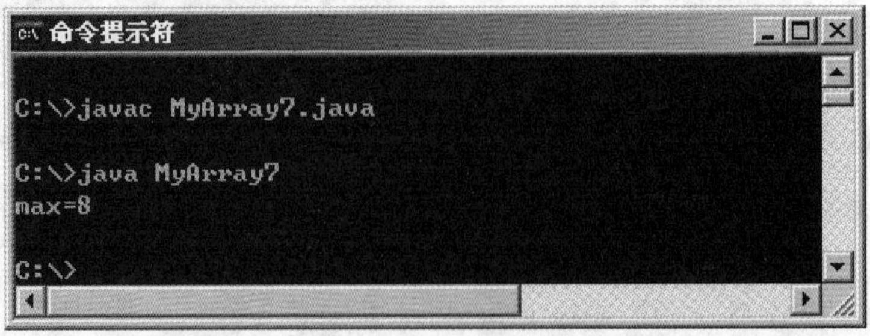

图 4-8 程序运行结果

【例 4-8】 将以下 a 数组的行与列元素互换并存放到 b 数组中（MyArray8.java）。

$$a = \begin{pmatrix} 2 & 6 & 8 \\ 1 & 5 & 7 \end{pmatrix} \qquad b = \begin{pmatrix} 2 & 1 \\ 6 & 5 \\ 8 & 7 \end{pmatrix}$$

```java
public class MyArray8
{
    public static void main(String args[])
    {
        int[][] a={{2,6,8},{1,5,7}};
        int[][] b=new int[3][2];
        System.out.println("Array a:");
        for(int i=0;i<a.length;i++)
        {
            for(int j=0;j<a[i].length;j++)
            {
                System.out.print(a[i][j]+"  ");
                b[j][i]=a[i][j];    //数组a的第i行第j列的元素赋值给数组b的第
                                    //  j行第i列的元素
            }
            System.out.println();
        }
        System.out.println("Array b:");
        for(int i= 0;i< b.length;i+ + )
        {
            for(int j=0;j<b[i].length;j++)
            {
                System.out.print(b[i][j]+"  ");
            }
            System.out.println();
        }
    }
}
```

程序运行结果如图4-9所示。

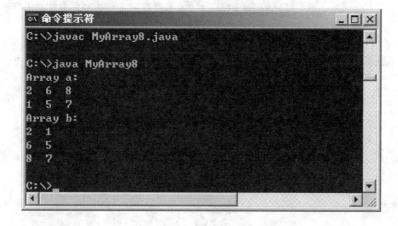

图4-9 程序运行结果

【例 4-9】 数组名作为方法的参数（MyArray9.java）。

```java
class ChangeV1
{
    void changev1(int arr[][])    //形式参数为二维数组
    {
        for(int i=0;i<arr.length;i++)
        {
            for(int j=0;j<arr[i].length;j++)
            {
                arr[i][j]*=2;
            }
        }
    }
}
public class MyArray9
{
    public static void main(String args[])
    {
        int[][] a={{2,6,8},{1,5,7}};    //声明并初始化二维数组 a
        System.out.println("Array1:");
        for(int i=0;i<a.length;i++)
        {
            for(int j=0;j<a[i].length;j++)
            {
                System.out.print(a[i][j]+" ");
            }
            System.out.println();
        }
        ChangeV1 myChangeV1=new ChangeV1();
        myChangeV1.changev1(a);    //以二维数组 a 作为实际参数调用方法 changev1
        System.out.println("Array2:");
        for(int i=0;i<a.length;i++)
        {
            for(int j=0;j<a[i].length;j++)
            {
                System.out.print(a[i][j]+" ");
            }
            System.out.println();
        }
    }
}
```

程序运行结果如图 4-10 所示。

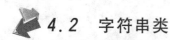

图 4-10　程序运行结果

4.2 字符串类

字符串是在编程中经常会用到的一种数据类型。在 C 语言中,要处理字符串类型的数据时都是使用字符数组来实现的。而在 Java 语言中,将字符串数据类型封装成了字符串类,所以处理字符串时是通过调用字符串类的对象来实现的。

Java 语言利用 Java.lang 包中的两个类 String 和 StringBuffer 来处理字符串。其中,String 类用来处理创建后不再做任何改动的字符串常量;StringBuffer 类用来处理创建后允许再做改动的字符串变量。

4.2.1　String 类

前面的章节中,已经多次使用了 String 类,只是当时没有具体讲解。在 Java 中,字符串常量都是以 String 类的对象存在的。对于所有字符串常量,若没有明确命名时,系统都会自动为它创建一个无名的 String 类的对象。

1. String 类对象的创建

创建 String 类对象的语法格式与创建其他类的对象的语法格式一样。例如:

```
String s=new String("hello,Java!");
```

该语句创建了 String 类的一个对象 s,并通过构造函数,用"hello,Java!"对其进行初始化。该语句通常被简写为以下形式。

```
String s="hello,Java!";
```

String 类中拥有以下七种构造函数来创建 String 类的对象。

(1) public String():用于创建一个空字符串对象。

(2) public String(String value):用一个 String 类的对象来创建一个新的字符串对象,例如上面的"String s=new String("hello,Java!");"就是调用的该构造函数。

(3) public String(char value[]):用字符数组 value 来创建字符串对象。

(4) public String(char value[],int beginIndex,int count):从字符数组 value 中下标为 beginIndex 的字符开始,创建有 count 个字符的串对象。

(5) public String(byte ascii[]):用字节型字符串数组 ascii,按照缺省的字符编码方案创建串对象。

(6) public String(byte ascii[],int beginIndex,int count)：从字节型字符串数组 ascii 中下标为 beginIndex 的字符开始,按照缺省的字符编码方案创建有 count 个字符的串对象。

(7) public String(StringBuffer buffer)：利用一个已存在的 StringBuffer 对象为新建的 String 对象初始化。

上述第(1)、(2)、(3)、(4)种和第(7)种构造函数较为常用,下面以一个具体的示例来讨论这五种常用的构造函数的具体应用。

【例 4-10】 String 类中的五种常用构造函数的使用(MyStringBuffer1.java)。

```
public class MyStringBuffer1
{
    public static void main(String args[])
    {
        char[] a={'h','e','l','l','o',' ','j','a','v','a','! '};
        String s1,s2,s3,s4,s5,s6;
        StringBuffer sb=new StringBuffer("Welcome to java world!");
        s1="hello!";
        s2=new String(s1);
        s3=new String(a);        //用字符数组 a 来创建字符串对象 s3
        s4=new String(a,6,5);//从字符数组 a 中下标为 6 的字符开始,创建有五个字符的
串对象 s4
        s5=new String();         //创建空字符串对象 s5
        s6=new String(sb);       //用 StringBuffer 类的对象来创建字符串对象 s6
        System.out.println("s1="+s1);
        System.out.println("s2="+s2);
        System.out.println("s3="+s3);
        System.out.println("s4="+s4);
        System.out.println("s5="+s5);
        System.out.println("s6="+s6);
    }
}
```

程序运行结果如图 4-11 所示。

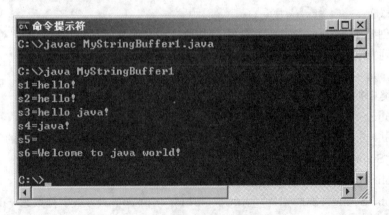

图 4-11 程序运行结果

2. String 类的常用方法

创建 String 类的对象后,就可以使用类的成员方法来对对象进行处理。String 类中包含了丰富的成员方法可供调用。常用的成员方法如表 4-1 所示。

表 4-1　String 类中常用的成员方法

成 员 方 法	说　　明
public int length()	返回当前字符串对象的长度
public char charAt(int index)	返回当前字符串对象下标 index 处的字符
public int indexOf(int ch)	返回当前字符串中第一个与指定字符 ch 相同的字符的下标,若未找到则返回 −1
public int indexOf(int ch,int fromIndex)	从下标 fromIndex 处开始搜索,返回第一个与指定字符 ch 相同的字符的下标,若未找到则返回 −1
public int lastIndexOf(int ch)	从当前字符串尾部向头部查找,返回第一个与指定字符 ch 相同的字符的下标,若未找到则返回 −1
public int lastIndexOf (int ch,int fromIndex)	从下标 fromIndex 处开始向前搜索,返回第一个与指定字符 ch 相同的字符的下标,若未找到则返回 −1
public int indexOf(String str,int fromIndex)	从下标 fromIndex 处开始搜索,返回第一个与指定字符串 str 相同的串的第一个字母在当前串中的下标,若未找到则返回 −1
public String substring(int beginIndex)	返回当前串中从下标 beginIndex 处开始到串尾的子串
public String substring (int beginIndex, int endIndex)	返回当前串中从下标 beginIndex 处开始到下标 endIndex−1 处的子串
public boolean equals(Object obj)	将当前字符串与方法的参数列表中给出的字符串进行比较,若两者相同则返回 true,否则返回 false
public boolean equals(String str)	用法与 equals 类似,只是比较时忽略字母的大小写
public int compareTo(String str)	将当前字符串与 str 进行比较,并返回一个整型量。若两串相同,则返回 0;若当前串按字母序大于 str,则返回一个大于 0 的整数;若当前串按字母序小于 str,则返回一个小于 0 的整数
public String concat(String str)	将 str 连接在当前字符串的尾部,并返回连接而成的新字符串,但当前字符串本身并不改变
public String replace(char ch1,char ch2)	将当前字符串中的 ch1 字符替换成 ch2 字符
public String toLowerCase()	将当前字符串中的大写字母替换成小写字母
public String toUpperCase()	将当前字符串中的小写字母替换成大写字母
public static String valueOf(Object obj)	返回 object 参数的字符串表示形式
public static String valueOf(char value[],int beginIndex,int count)	返回字符数组 value 从下标 beginIndex 开始的 count 个字符的字符串
public static String valueOf(type value)	返回 value 值的字符串形式

续表

成员方法	说 明
public String toString()	返回当前字符串
public boolean startsWith(String str)	判断当前字符串的前缀是否是 str，如果是 str，则返回 ture，否则返回 false
public boolean endsWith(String str)	判断当前字符串的后缀是否是 str，如果是 str，则返回 ture，否则返回 false

【例 4-11】 String 类中常用的成员方法（MyStringBuffer2.java）。

```java
public class MyStringBuffer2
{
    public static void main(String args[])
    {
        String s="Welcome to java word";
        System.out.println(s.length());              //输出 s 的长度
        System.out.println(s.substring(11));         //输出字符串 s 中从下标 11 处开始
                                                     //到串尾的子串
        System.out.println(s.substring(11,15));      //输出字符串 s 中从下标 11 处开始
                                                     //到下标 15-1 即 14 处的子串
        System.out.println(s.toUpperCase());         //将字符串 s 转换成大写后输出
        System.out.println(s.charAt(0));             //输出 s 中下标在 0 处的字符
        System.out.println(s.indexOf("java"));       //输出 s 中"java"子串所在的位置
        System.out.println(s.replace('j','J'));      //将 s 字符串中的 j 转换成 J 后输出
        //如果在不区分大小写的情况下 s 与"WELCOME TO JAVA WORD"相同,则将字符串"!"
        //连接在 s 的尾部后输出
        if(s.equalsIgnoreCase("WELCOME TO JAVA WORD"))
        {
            System.out.println(s.concat("!"));
        }
    }
}
```

程序运行结果如图 4-12 所示。

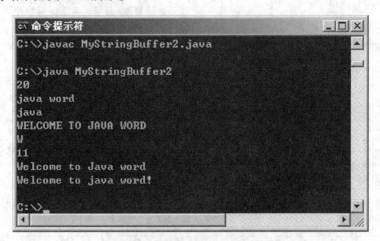

图 4-12 程序运行结果

4.2.2 StringBuffer 类

Java 语言中用来处理字符串的另一个类是 StringBuffer。与 String 类不同，StringBuffer 类用于处理创建后允许再做改动的字符串变量。

1. StringBuffer 类对象的创建

创建 StringBuffer 类对象的语法格式与创建 String 类对象的语法格式类似。例如：

```
StringBuffer sb=new StringBuffer("hello,Java!");
```

该语句创建了 StringBuffer 类的一个对象 sb，并通过构造函数用"hello，Java！"对其进行初始化。StringBuffer 类中拥有如下三种构造函数用于创建 StringBuffer 类的对象。

(1) public StringBuffer()：用于创建一个空的 StringBuffer 对象，初始分配 16 个字符的空间。

(2) public StringBuffer(int length)：用于创建一个空的 StringBuffer 对象，初始分配 length 个字符的空间。

(3) public StringBuffer(String str)：用一个 String 类的对象来初始化 StringBuffer 类的对象。

例如：

```
StringBuffer sb1=new StringBuffer();
//创建了一个空的 StringBuffer 对象 sb1,并初始分配了 16 个字符的空间
StringBuffer sb2=new StringBuffer(6);
//创建了一个空的 StringBuffer 对象 sb2,并初始分配了六个字符的空间
StringBuffer sb3=new StringBuffer("hello,Java!");
//创建了一个 StringBuffer 对象 sb3,并用"hello,Java!"对其进行初始化
```

2. StringBuffer 类的常用方法

创建 StringBuffer 类的对象后，就可以使用类的成员方法来对对象进行处理。StringBuffer 类中同样包含了丰富的成员方法可供调用。常用的成员方法如表 4-2 所示。

表 4-2 **StringBuffer 类中常用的成员方法**

成员方法	说明
public int length()	返回当前缓冲区中字符串的长度
public char charAt(int index)	返回当前缓冲区中字符串下标 index 处的字符
public int setCharAt(int index,char ch)	将当前缓冲区中字符串下标 index 处的字符用 ch 来替换
public int capacity()	返回当前缓冲区的长度
public StringBuffer append(Object obj)	将 object 参数的字符串表示形式追加到当前字符串末尾
public StringBuffer append(type value)	将 value 值的字符串形式追加到当前字符串末尾
public StringBuffer append(char value,int beginIndex,int length)	将数组 value 中从下标 beginIndex 开始的 length 个字符追加到当前字符串末尾

续表

成员方法	说 明
public StringBuffer insert(int index,Object obj)	将 object 参数的字符串表示形式插入到当前字符串下标 index 处
public StringBuffer insert(int index,type value)	将 value 值的字符串形式插入到当前字符串下标 index 处
public String toString()	将当前可变字符串转化成不可变的 String 类字符串并返回

【例 4-12】 StringBuffer 类中常用的成员方法(MyStringBuffer3.java)。

```
public class MyStringBuffer3
{
    public static void main(String args[])
    {
        String s="word!";
        StringBuffer sb=new StringBuffer("hello!");
        System.out.println(sb.length());     //输出 sb 的长度
        System.out.println(sb.charAt(1));    //输出 sb 字符串中下标为 1 处的字符
        sb.setCharAt(0,'H');                 //将 sb 字符串中下标为 0 处的字符换成'H'
        System.out.println(sb.append(s));    //在 sb 后追加 s 字符串
        System.out.println(sb.insert(6,"java "));
                                             //在下标为 6 的位置插入"java "字符串
        System.out.println(sb.toString());   //将 sb 可变字符串转换成不可变换字符串
        System.out.println(sb.capacity());   //输出当前缓冲区长度
    }
}
```

程序运行结果如图 4-13 所示。

图 4-13 程序运行结果

本章小结

本章介绍 Java 语言中两种常用的类——数组和字符串,通过几个实例,重点讲解了一维数组、多维数组和对象数组的使用方法以及它们在日常领域中的应用;同样,在讲解两种字符串类 String 和 StringBuffer 时,也通过具体的实例来讲解它们之间的区别。

通过对本章的学习,使学生能够掌握数组和字符串的编程方法,并能够解决程序设计中遇见的难题。

习 题 4

1. 什么是数组?它有哪些特点?如何使用数组?
2. 编程求一个一维数组中元素的最大值、最小值和平均值。
3. 编程求一个二维数组所有元素的和。
4. 编程求一个 6×6 矩阵对角线元素之和。
5. 假设有一个包含 30 个元素的一维数组,编程查找其中最大值在数组中的位置。
6. 编程实现两个 2×3 矩阵相加,并输出相加后的新矩阵。
7. 声明一个学生类,成员包括学号、姓名、年龄和身份证号码,声明该类的对象数组,初始化数组后输出各个元素的学号和姓名。
8. 在第 7 题的基础上为学生类增加一个出生日期成员,初始化该类数组时截取身份证中相应数字串形成出生日期。
9. 编程实现统计字符串"Hello! Welcome to java world!"中字母"l"出现的次数。

第 5 章 Java 语言的输入与输出

为了能够从外界接受信息,或者把信息传递给外界,几乎所有的程序设计语言都具有输入/输出功能,Java 语言也不例外。输入/输出是指程序与外部设备或其他计算机进行交互的操作,如从键盘读取数据,从文件读取数据,向文件写数据等。Java 语言的输入/输出用流来实现,java.io 包中以类的形式定义了多种不同方式读写数据的输入/输出流,为程序员灵活处理各种输入/输出提供了方便。

5.1 文件处理——File 类

磁盘文件将程序处理的数据进行保存,需要时从文件读出,提高了程序处理数据的效率。Java 语言中的文件处理由 java.io.File 类实现,File 类的对象代表一个文件或目录,利用这个对象可以对文件或目录的属性进行相关操作。

5.1.1 File 类构造函数

一个 File 类对象表示系统的一个磁盘文件或一个目录,利用其构造函数创建对象时需要以参数形式给出对应的文件名或目录名。File 类有表 5-1 所列四个构造函数。

表 5-1 File 类构造函数

构 造 函 数	功　　能
File(File parent, String child)	根据 parent 抽象路径名和 child 路径名字符串创建一个新的 File 实例
File(String pathname)	通过将给定路径名字符串转换为抽象路径名来创建一个新的 File 实例
File(String parent, String child)	根据 parent 路径名字符串和 child 路径名字符串创建一个新的 File 实例
File(URI uri)	通过将给定的 file:URI 转换为一个抽象路径名来创建一个新的 File 实例

File 类的使用与系统无关,但是路径的表示是和系统相关的。不同系统采用的路径分隔符是不同的,如 Windows 使用"\",UNIX 系统使用"/",为了使 Java 程序能在不同的平台下运行,File 类设置了一个静态变量"File.separator",可保存程序运行的系统采用的路径分隔符,使用该变量表示的路径可以适用所有系统。例如:

　　　　"d:"+File.separator+"java"+File.separator+"myfile"

此外,路径信息既可以是绝对路径也可以是相对路径,如绝对路径"d:\java\TestFile.java"。相对路径则是相对当前目录的。

5.1.2 File 类常用方法

File 类提供了大量方法进行文件和目录管理,以下描述了 File 类的主要常用方法,如表

5-2 所示。

表 5-2 File 类常用方法

常 用 方 法	功 能
boolean canRead()	判断文件是否可读
boolean canWrite()	判断文件是否可写
boolean delete()	将当前文件删除
boolean equals(Object obj)	比较当前文件或目录和参数给定对象是否相等
boolean exists()	判断当前文件或目录是否存在
File getAbsoluteFile()	返回文件或目录的完整路径
String getAbsolutePath()	返回文件或目录的完整路径
String getName()	返回当前文件或目录的名称
String getParent()	返回当前文件或目录的父目录的路径名字符串；如果此路径名没有指定父目录，则返回 null
String getPath()	返回文件或目录的路径名字符串
boolean isAbsolute()	判断路径名是否为绝对路径名
boolean isDirectory()	判断对象是否是一个目录
boolean isFile()	判断对象是否是一个文件
long lastModified()	返回文件最后一次被修改的时间
long length()	返回文件的长度
String[] list()	返回一个字符串数组，保存当前目录中的文件和目录
boolean mkdir()	创建指定的目录
boolean renameTo(File dest)	重新命名当前文件为 dest 指定的文件名
boolean setReadable(boolean readable)	设置当前文件或目录的读权限
boolean setReadOnly()	设置当前文件或目录为只读
boolean setWritable(boolean writable)	设置当前文件或目录的写权限
String toString()	返回当前文件或目录的路径名字符串

【例 5-1】 通过创建 File 类对象，调用对象的方法，实现对文件和目录的操作。

```java
import java.io.File;
public class FileTest
{
    public static void main(String[] args)
    {
        String filename="Filetest.txt";
        File FTest=new File(filename);    //创建 File 类对象
        System.out.println(filename+"是否存在:"+FTest.exists());
        System.out.println(filename+"是文件吗:"+FTest.isFile());
        System.out.println(filename+"最后修改时间:"+FTest.lastModified());
        System.out.println(filename+"文件大小:"+FTest.length());
```

```
            System.out.println(filename+"文件是否可读:"+FTest.canRead());
            System.out.println(filename+"文件是否可写:"+FTest.canWrite());
            String dirname="Dirtest";
            File DTest=new File(dirname);         //创建 File 类对象
            System.out.println(dirname+"的绝对路径:"+DTest.getAbsolutePath());
            if(DTest.isDirectory())
            {                                     //判断 DTest 是不是目录
              String[] fileList=DTest.list();     //输出 DTest 目录下所有文件名和目录名
              System.out.println(dirname+"目录中的文件和目录包括:");
              for(int i=0;i<fileList.length;i++)
                  System.out.print(fileList[i]+" ");
            }
        }
    }
```

(1) 未创建文件及目录时，程序运行结果如图 5-1 所示。

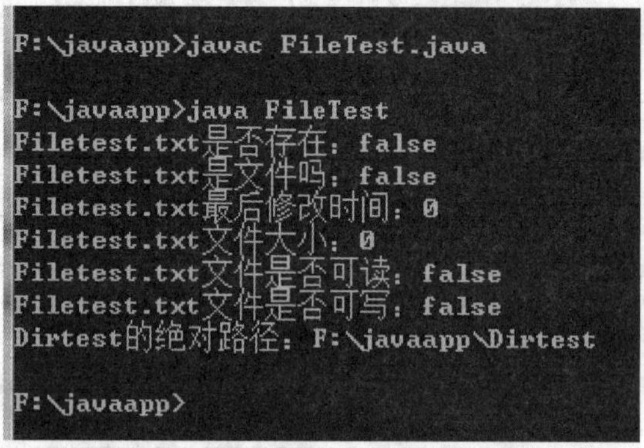

图 5-1 程序运行结果

(2) 在当前源程序所在的目录下创建名为"Filetest"的文件和"Dirtest"的文件夹，在文件夹 Dirtest 下创建文件 d.doc、e.xls、t.txt 和文件夹 sample，则上述程序的运行结果如图 5-2 所示。

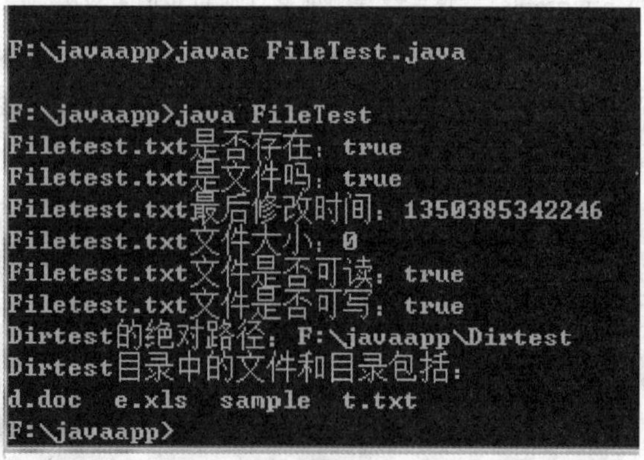

图 5-2 程序运行结果

5.2 流

程序进行输入/输出操作的过程大致如图 5-3 所示。当程序需要读取数据的时候,即数据输入时,系统就会开启一个通向数据源的通道,这个数据源可以是文件、内存或是网络连接;当程序需要写数据的时候,即数据输出时,系统就会开启一个通向数据目的地的通道。数据的输入/输出就是数据在通道中传送,就像水在管道中流动一样。

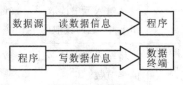

图 5-3 数据流

Java 语言把不同类型的输入/输出源(键盘、文件、屏幕和网络连接等)抽象表述为"流",采用数据流来统一处理输入/输出,使得程序中的输入/输出操作独立于相关设备,一个程序能够用于多种输入/输出设备,不需要修改程序代码,因而程序设计简单,可移植性强。

流(stream)是一组有序的数据序列。数据的读写是沿着数据序列的顺序进行的,每个数据必须等待其前面的数据处理完后才能被读写,程序每次读写的都是数据序列中剩余数据的第一个,不能随意选择输入/输出的位置。

数据流按流动方向可以分为输入流和输出流两种。判断是输出流还是输入流是通过程序运行所在的内存来考虑的,将数据从内存中运行的应用程序传输到外设或外存(如硬盘、数据库等)的流为输出流;反之将数据从外设或外存(如键盘、鼠标和文件等)传输到内存中运行的应用程序的流为输入流。输出流只能向其写数据,不能从其读数据;输入流只能从其读数据,不能向其写数据。

数据流根据流动的内容,可以分为字节流和字符流两种。字节流处理数据的基本单位是字节,即一次读写 8 位二进制数,只能将数据以二进制的原始方式读写,不能将多个字节组合;字符流处理数据的基本单位是字符,即一次读写 16 位二进制数,并且将其视为一个字符处理,而不是简单的二进制位。字节流主要处理图片或声音等二进制文件,字符流主要处理文本文件。

Java 语言的 io 包定义了很多输入/输出流类,每个类用于处理一种特定的输入/输出流,使得读写文件和处理数据流非常容易。这些类都是从四个基类派生出来的:InputStream 字节输入流类、OutputStream 字节输出流类、Reader 字符输入流类和 Writer 字符输出流。

5.3 字节流

Java.io 包内定义了 InputStream 类和 OutputStream 类及其子类来完成字节流的输入/输出操作。

5.3.1 InputStream 类和 OutputStream 类

InputStream 类是字节流,该类定义了多个处理数据输入的方法,实现从输入流读取数据的功能。InputStream 类常用方法如表 5-3 所示。

表 5-3 InputStream 类常用方法

常用方法	功　　能
int available()	返回此输入流可以读取的字节数
void close()	关闭此输入流并释放与该流关联的所有系统资源
void mark(int readlimit)	在此输入流中标记当前的位置
abstract int read()	从输入流中读取数据的下一个字节
int read(byte[] b)	从输入流中读取一定数量的字节，并将其存储在缓冲区数组 b 中，返回读取的字节数
int read(byte[] b, int off, int len)	将输入流中最多 len 个数据字节读入 byte 数组，返回读取的字节数
void reset()	将此流重新定位到最后一次对此输入流调用 mark 方法时的位置
long skip(long n)	跳过和丢弃此输入流中数据的 n 个字节

　　InputStream 类是字节输入流的抽象类，也是所有字节输入流的父类。当程序需要处理字节输入操作时，往往需要创建 InputStream 类某个子类的对象，通过调用 read() 方法完成数据的读取。InputStream 类体系结构图如图 5-4 所示。

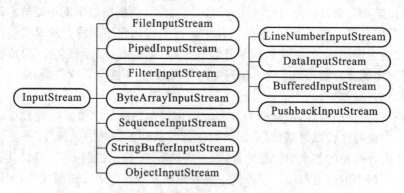

图 5-4 InputStream 类体系结构图

　　OutputStream 类是字节流，该类定义了多个处理数据输出的方法，实现从程序向输出流写数据的功能。OutputStream 类常用方法如表 5-4 所示。

表 5-4 OutputStream 类常用方法

常用方法	功　　能
void close()	关闭此输出流并释放与此流有关的所有系统资源
void flush()	刷新此输出流并强制写出所有缓冲的输出字节
void write(byte[] b)	将 byte 数组的字节写入此输出流
void write(byte[] b, int off, int len)	将指定 byte 数组中从偏移量 off 开始的 len 个字节写入此输出流
abstract void write(int b)	将指定的字节写入此输出流

OutputStream 类是字节输出流的抽象类,也是所有字节输出流的父类。该类接受的也是字节流。当程序需要处理字节输出操作时,往往需要创建 OutputStream 类某个子类的对象,通过调用 write()方法完成数据的写入。OutputStream 类体系结构图如图 5-5 所示。

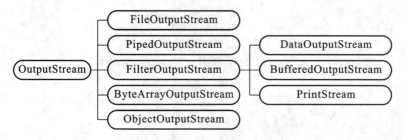

图 5-5 OutputStream 类体系结构图

5.3.2 FileInputStream 类和 FileOutputStream 类

FileInputStream 类和 FileOutputStream 类分别是 InputStream 类和 OutputStream 类的子类,用于实现对文件的顺序输入/输出操作,其数据源和目标都是文件。

FileInputStream 类的对象为一个文件字节输入流,即以磁盘文件作为输入源,调用从 InputStream 类继承来的 read()方法读取数据,每次读取一个或一批字节。FileInputStream 类构造方法如表 5-5 所示。

表 5-5 FileInputStream 类构造方法

构 造 方 法	功　　能
FileInputStream(File file)	以指定的 File 对象 file 为数据源建立文件输入流
FileInputStream(FileDescriptor fdObj)	以文件描述符 fdObj 对象创建一个文件输入流
FileInputStream(String name)	以 name 指定的文件为数据源建立文件输入流

FileOutputStream 类的对象为一个文件字节输出流,即以磁盘文件作为目标,调用从 OutputStream 类继承来的 write()方法写数据,每次写入一个或一批字节。FileOutputStream 类构造方法如表 5-6 所示。

表 5-6 FileOutputStream 类构造方法

构 造 方 法	功　　能
FileOutputStream(File file)	创建一个向指定 File 对象表示的文件中写入数据的文件输出流
FileOutputStream(File file,boolean append)	创建一个向指定 File 对象表示的文件中写入数据的文件输出流
FileOutputStream(FileDescriptor fdObj)	创建一个向指定文件描述符处写入数据的输出文件流,该文件描述符表示一个到文件系统中的某个实际文件的现有连接
FileOutputStream(String name)	创建一个向以 name 为名称的文件中写入数据的输出文件流
FileOutputStream(String name,boolean append)	创建一个向以 name 为名称的文件中写入数据的输出文件流

【例 5-2】 使用 FileInputStream 类和 FileOutputStream 类实现文件数据的复制。

```java
import java.io.*;
public class FileCopy
{
    public static void main(String[] args) throws IOException
    {
        FileInputStream fin=new FileInputStream("old.gif");
                        //创建文件输入流对象
        FileOutputStream fout=new FileOutputStream("new.gif");
                        //创建文件输出流对象
        System.out.println("开始拷贝文件,请稍候......");
        byte[] b=new byte[fin.available()];
                        //定义与输入流文件大小一致的字节数组
        fin.read(b);    //将输入流文件数据读入字节数组
        fout.write(b);  //将字节数组数据写入输出流文件
        System.out.println("文件拷贝结束,谢谢!");
        fin.close();    //关闭输入流文件
        fout.close();   //关闭输出流文件
    }
}
```

程序运行结果如图 5-6 所示。

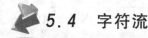

图 5-6　程序运行结果

同时在当前源程序目录下生成新文件 new.gif,内容和 old.gif 一致。

使用 FileInputStream 类和 FileOutputStream 类进行文件读取时,需要注意以下几点。

(1) 作为输入流的文件一定要存在,否则会出现异常;但是作为输出流的文件不一定要求存在,如果文件不存在,则可创建一个新的文件。

(2) 输入/输出操作结束后,要及时关闭流对象,释放与它关联的所有系统资源。

5.4 字符流

字节输入/输出流只能操作以字节为单位的数据流,若程序需要读写其他格式的数据,如 16 位的 Unicode 码表示的字符,则可以使用 Java.io 包内定义的字符流。字符流分为 Reader 和 Writer 两个类及其子类,分别完成字符流的输入/输出操作。

5.4.1　Reader 类和 Writer 类

Reader 类是字符输入流,该类定义了多个处理数据输入的方法,实现从输入流读取数据的功能。Reader 类常用方法如表 5-7 所示。

表 5-7　Reader 类常用方法

常用方法	功　能
abstract void close()	关闭该流并释放与之关联的所有资源
void mark(int readAheadLimit)	标记流中的当前位置
boolean markSupported()	判断此流是否支持 mark() 操作
int read()	读取单个字符
int read(char[] cbuf)	将字符读入数组
abstract int read(char[] cbuf, int off, int len)	将字符读入数组的某一部分
int read(CharBuffer target)	试图将字符读入指定的字符缓冲区
boolean ready()	判断是否准备读取此流
void reset()	重置该流
long skip(long n)	跳过字符

Reader 类是字符输入流类的父类,是一个抽象类,不能实例化它的对象。当程序需要处理字符输入操作时,往往需要创建 Reader 类某个子类的对象,通过调用 read() 方法完成数据的读取。Reader 类体系结构如图 5-7 所示。

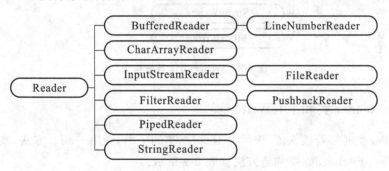

图 5-7　Reader 类体系结构图

Writer 类是处理字符输出流的父类,Writer 类定义了写入字符和字符数组的方法,实现向目标写入数据的功能。Writer 类常用方法如表 5-8 所示。

表 5-8　Writer 类常用方法

常用方法	功　能
Writer append(char c)	将指定字符添加到此 writer
Writer append(CharSequence csq)	将指定字符序列添加到此 writer
Writer append(CharSequence csq, int start, int end)	将指定字符序列的子序列添加到此 writer.Appendable
abstract void close()	关闭此流,但要先刷新它
abstract void flush()	刷新该流的缓冲

续表

常用方法	功能
void write(char[] cbuf)	写入字符数组
abstract void write(char[] cbuf,int off,int len)	写入字符数组的某一部分
void write(int c)	写入单个字符
Void write(String str)	写入字符串
Void write(String str,int off,int len)	写入字符串的某一部分

Writer 类是字符输出流类的父类,也是一个抽象类。当程序需要处理字符输出操作时,也需要创建 Writer 类某个子类的对象,通过调用 write()方法完成数据的写入。Writer 类体系结构如图 5-8 所示。

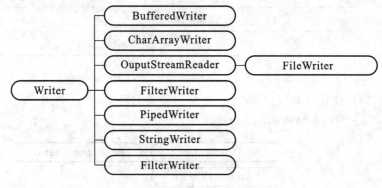

图 5-8 Writer 类体系结构图

5.4.2 FileReader 类和 FileWriter 类

FileReader 类是字符输入流,该类是 Reader 类的子类,调用 read()方法,实现从文件中读取字符数据。FileReader 类构造方法如表 5-9 所示。

表 5-9 FileReader 类构造方法

构造方法	功能
FileReader(File file)	根据给定的 File 类对象建立文件输入流
FileReader(FileDescriptor fd)	根据给定的 FileDescriptor 类对象建立文件输入流
FileReader(String fileName)	根据给定的 String 对象为名称的文件建立文件输入流

FileWriter 类是字符输出流类,是 Writer 类的子类,调用 write()方法,实现了将字符数据写入文件的功能。FileWriter 类构造方法如表 5-10 所示。

表 5-10 FileWriter 类构造方法

构造方法	功能
FileWriter(File file)	根据给定的 File 对象建立文件输出流
FileWriter(File file,boolean append)	根据给定的 File 对象建立文件输出流

续表

构 造 方 法	功 能
FileWriter(FileDescriptor fd)	根据给定的 FileDescriptor 对象建立文件输出流
FileWriter(String fileName)	根据给定的文件名建立文件输出流
FileWriter(String fileName,boolean append)	根据给定的文件名建立文件输出流

【例 5-3】 使用 FileReader 类和 FileWriter 类实现文件的复制,并将内容显示出来。

```java
import java.io.*;
public class FileExample
{
    public static void main(String[] args) throws IOException
    {
        FileReader fr=new FileReader("first.txt");    //创建文件输入流对象
        FileWriter fw=new FileWriter("second.txt");   //创建文件输出流对象
        System.out.println("开始读文件,请稍候......");
        char[] c=new char[500];
        int num=fr.read(c);
                            //将输入流文件数据读入到字符数组,并返回读取到的字符个数
        String str=new String(c,0,num);
                                     //将字符数组中读取到的数据生成字符串
        System.out.println("该文件共有"+num+"个字符,内容是:");
        System.out.println(str);
        System.out.println("开始写文件,请稍候......");
        fw.write(c);                               //将字符数组数据写入输出流文件
        System.out.println("文件拷贝结束,谢谢!");
        fr.close();                                //关闭输入流文件
        fw.close();                                //关闭输出流文件
    }
}
```

程序运行结果如图 5-9 所示。

图 5-9 程序运行结果

当前源程序所在文件夹下有文件 first.txt,其内容为上述输出文件,程序运行结束后,生成 secend.txt 文件,内容与 first.txt 一致。与 FileInputStream 类相似,创建 FileReader

对象时,如果在给定路径找不到所需的文件,则会出现异常。

5.5 标准输入、输出

通常情况下,计算机系统的标准输入是键盘,标准输出是显示器。为了实现程序与键盘和显示器的数据交互,Java语言在java.lang.System包中定义了三个静态变量Syetem.in、System.out和System.err。

System.in是标准输入流,即键盘输入,该变量是InputStream类的对象,可以使用该类的所有方法来完成数据的读取。

System.out是标准输出流,即显示器输出,该变量是PrintStream类的对象。PrintStream类定义了两个输出各种类型数据的方法print()和println()。

System.err是标准错误输出流,为用户显示错误信息,该变量也是一个PrintStream类的对象。

【例 5-4】 使用标准输入/输出实现键盘输入数据,并在显示器上显示出来。

```java
import java.io.*;
public class SystemTest
{
    public static void main(String[] args) throws IOException
    {
        byte[] b=new byte[128];    //定义存放数据的字节数组
        System.out.println("请输入字符:");
        int count=System.in.read(b);
                            //将键盘输入的数据读入字节数组,count为读到的字节数目
        System.out.println("输入的字符编码是:");
        for(int i=0;i<count;i++)
        {
            System.out.print(b[i]+" ");//显示键盘输入每个字符的Unicode编码
        }
        System.out.println();//换行,即将光标换到下一行
        System.out.println("输入的字符是:");
        for(int i=0;i<count-2;i++)
        {
            System.out.print((char)b[i]+" ");//显示键盘输入的每个字符
        }
    }
}
```

程序运行结果如图5-10所示。

System.in.read()方法将读入的字符转换成整型保存在字节数组中,因此在屏幕上显示的是字符的Unicode编码,若要显示字符,需要将其强制转换为字符型。Java语言将回车键Enter当做两个字符,分别是回车符'\r'和换行符'\n',所以除了显示"abc"三个字符的编码,还显示了回车换行符的编码。

图 5-10　程序运行结果

5.6　过滤器流

与特定 IO 设备(如磁盘、网络或内存)关联完成数据读写的流,称为节点流(低级流)。以节点流作为输入或输出端,对一个已存在的节点流数据进行封装,封装后实现数据读/写功能的流为过滤流(高级流)。Java 语言将过滤流和某个输入流或输出流(节点流)连接,利用过滤流在读写数据的同时对数据进行处理,可以改善性能,提高程序执行效率。FileInputStream 和 FileOutputStream 是节点流,用于对磁盘文件进行数据读写的字节流。FileReader 和 FileWriter 是节点流,用于对磁盘文件进行数据读写的字符流。过滤流对象需要使用已经存在的节点流对象作为参数来构造。

5.6.1　BufferedInputStream 类和 BufferedOutputStream 类

BufferedInputStream 类和 BufferedOutputStream 类是实现了带缓冲的过滤流,提供带缓冲的读写,从而提高读写的效率。Java 语言的缓冲流为输入/输出流增加了内存的缓冲区,允许程序一次不只是操作一个字节,从而提高了程序的性能。BufferedInputStream 类与 FileInputStream 类有相同的读操作方法,但是当读取数据时,数据按块从节点流读入缓冲区,其后的读操作则直接访问缓冲区。BufferedOuputStream 类提供和 FileOutputStream 类同样的写操作方法,但所有输出全部写入缓冲区中。当写满缓冲区或关闭输出流时,再一次性输出到节点流,或者用 flush()方法主动将缓冲区输出到流。在初始化 BufferedInputStream 类和 BufferedOuputSream 类时,除了要指定所连接的输入/输出流外,还可以指定缓冲区的大小。

【例 5-5】　修改例 5-2,使用 BufferedInputStream 类和 BufferedOutputStream 类实现文件数据的复制。

```
import java.io.*;
public class BufferedStream
{
    public static void main(String[] args) throws IOException
    {
        FileInputStream fin=new FileInputStream("old.gif");
        //创建文件输入流对象(节点流)
        BufferedInputStream bin=new BufferedInputStream(fin);
        //以节点流 fin 为参数创建输入缓冲流对象
        FileOutputStream fout=new FileOutputStream("new.gif");
```

```
        //创建文件输出流对象(节点流)
        BufferedOutputStream bout= new BufferedOutputStream(fout);
        //以节点流 fuot 为参数创建输出缓冲流对象
        System.out.println("开始拷贝文件,请稍候......");
        byte[] b=new byte[bin.available()];
        //定义与输入流文件大小一致的字节数组
        bin.read(b);//将输入流文件数据读入到字节数组
        bout.write(b);//将字节数组数据写入输出流文件
        System.out.println("文件拷贝结束,谢谢!");
        bout.flush();//强制清空缓冲区
        fin.close();//关闭输入流文件
        bin.close();
        fout.close(); //关闭输出流文件
        bout.close();
    }
}
```

程序运行结果如图 5-11 所示,该结果与例 5-2 的一致。虽然运行结果一致,但例 5-5 中程序运行效率提高了。

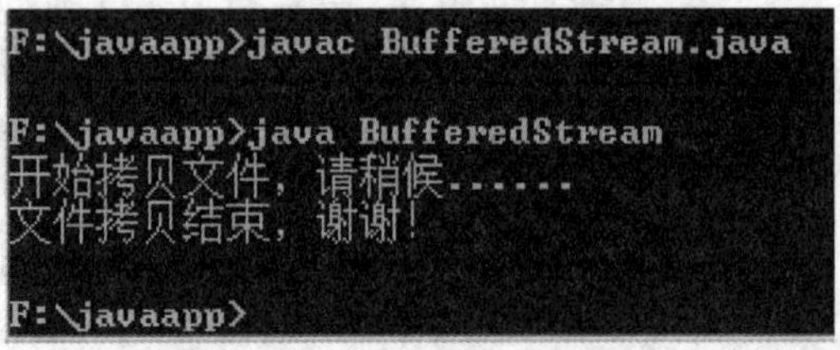

图 5-11 程序运行结果

5.6.2 DataInputStream 类和 DataOutputStream 类

DataInputStream 类和 DataOutputStream 类是数据过滤流,提供了读写 Java 语言中的基本数据类型的功能,主要特点是在输入/输出数据的同时能对所传输的数据做指定类型或格式的转换,即可实现对二进制字节数据的理解和编码转换。数据输入流 DataInputStream 中定义了多个针对不同类型数据的读法,如 readByte()、readBoolean()、readShort()、readChar()、readInt()、readLong()、readFloat()、readDouble()、readLine()等。数据输出流 DataOutputStrean 中定义了对应的写方法,如 writeByte()、writeBoolean()、writeShort()、writeChar()、writeInt()、writeLong()、writeFloat()、writeDouble()、writeLine()等。

【例 5-6】 使用 DataOutputStream 类将不同类型的数据写入文件,再使用 DataInputStream 类将文件中数据读出并显示在屏幕上。

```
import java.io.*;
public class DataStream
{
    public static void main(String[] args) throws IOException
    {
        FileOutputStream fout=new FileOutputStream("data.txt");
        //创建文件输出流对象(节点流)
```

```
        BufferedOutputStream bout=new BufferedOutputStream(fout);
        //以节点流 fout 为参数创建输出缓冲流对象
        DataOutputStream dout=new DataOutputStream(bout);
        //以 bout 为参数创建数据输出流对象
        FileInputStream fin=new FileInputStream("data.txt");
        //创建文件输入流对象(节点流)
        BufferedInputStream bin=new BufferedInputStream(fin);
        //以节点流 fin 为参数创建输入缓冲流对象
        DataInputStream din=new DataInputStream(bin);
        //以 bin 为参数创建数据输入流对象写入各种类型数据
        dout.writeInt(-1);
        dout.writeLong(1200);
          dout.writeChar('w');
          dout.writeDouble(1.18);
          dout.writeUTF("Java 很好学!");
          dout.flush();//强制清空缓冲区
          dout.close();//关闭输出流
        //读取各个数据并显示在屏幕上
        System.out.println(din.readInt());
        System.out.println(din.readLong());
        System.out.println(din.readChar());
        System.out.println(din.readDouble());
        System.out.println(din.readUTF());
        din.close();//关闭输入流
    }
}
```

程序运行结果如图 5-12 所示。

```
F:\javaapp>javac DataStream.java

F:\javaapp>java DataStream
-1
1200
w
1.18
Java很好学!

F:\javaapp>
```

图 5-12　程序运行结果

5.6.3　BufferedReader 类和 BufferedWriter 类

BufferedReader 类和 BufferedWriter 类是实现了带缓冲的过滤字符流,使用方法与 BufferedInputStream 类和 BufferedOuputStream 类类似,只是读取的内容是字符。

【例 5-7】 修改例 5-3,使用 BufferedReader 类和 BufferedWriter 类实现文件的复制,并将内容显示出来。

```java
import java.io.*;
public class BufferedExample
{
    public static void main(String[] args) throws IOException
    {
        String str=new String();
        FileReader fr=new FileReader("first.txt");            //创建文件输入流对象
        BufferedReader br=new BufferedReader(fr);             //创建缓冲字符输入流
        FileWriter fw=new FileWriter("second.txt");           //创建文件输出流对象
        BufferedWriter bw=new BufferedWriter(fw);             //创建缓冲字符输出流
        System.out.println("文件内容是:");
        while ((str=br.readLine()) != null) {                 //读取输入流文件的一行数据
            System.out.println(str);                          //显示读取到的一行数据
            bw.write(str);                                    //将改行数据写入缓冲字符输出流
            bw.newLine();                                     //写入换行符
        }
        System.out.println("文件拷贝结束,谢谢!");
        bw.flush();                                           //强制清空缓冲区
        br.close();                                           //关闭缓冲字符输入流
        bw.close();                                           //关闭缓冲字符输入流
    }
}
```

程序运行结果如图 5-13 所示。

图 5-13 程序运行结果

例 5-7 中程序的功能和例 5-3 的相同,但执行效率提高了。BufferedReader 类定义了 readLine()方法,该方法可以一次读取一行数据,若到文件结束,则返回空。BufferedWriter 类的 write()方法写数据时不写入换行符,所以使用 newLine()方法,当需要换行时,写入一个回车换行符。

5.6.4 InputStreamReader 类和 OutputStreamWriter 类

java.io 包还提供了两个转换流,用于将字节流转换为字符流。InputStreamReader 类将字节输入流转换成字符输入流,为了实现从字节到字符的有效转换,可以提前从底层流读取更多的字节,使其超过满足当前读取操作所需的字节,考虑在 BufferedReader 内包装 InputStreamReader。例如:

```
BufferedReader in=new BufferedReader(new InputStreamReader(System.in));
```

OutputStreamWriter 类将字节输出流转换成字符输出流。为了获得最高效率,可考虑将 OutputStreamWriter 包装到 BufferedWriter 中。例如:

```
Writer out=new BufferedWriter(new OutputStreamWriter(System.out));
```

【例 5-8】 使用 InputStreamReader 类从键盘读取数据,并使用 OutputStreamWriter 显示在显示器屏幕上。

```java
import java.io.*;
public class Conversion
{
    public static void main(String[] args) throws IOException
    {
        BufferedReader br= new BufferedReader(new InputStreamReader(System.in));
        //将键盘输入字节流转换为字符流,并分配缓冲区
        BufferedWriter bw=new BufferedWriter(new OutputStreamWriter(System.out));
        //将屏幕输出字节流转换为字符流,并分配缓冲区
        String str="";
        System.out.print("请输入数据:");
        str=br.readLine();          //读取一行数据
        br.close();                 //关闭输入流
        bw.write(str);              //向输出流写数据
        bw.flush();                 //强制清空输出缓冲区
        bw.close();                 //关闭输出流
    }
}
```

程序运行结果如图 5-14 所示。

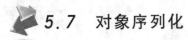

图 5-14 程序运行结果

5.7 对象序列化

Java 程序运行时,可以在内存中创建对象,这些对象往往随着程序运行的结束而变为垃圾。但有时我们希望把某些对象保存下来,使得程序运行终止后,这些对象仍然存在,可以在需要时读取这些对象。对象的序列化是对象永久化的一种机制,可以满足用户的上述需求。Java 语言的序列化技术可以将对象的内容进行流化,将该对象流写入一个字节流里,并

且可以在其他地方把该字节流里的数据读出来,重新构造一个相同的对象。对象序列化在保存对象时,能够保证对象的完整性和可传递性。

如果想保存某个类的对象,即需要序列化该类对象,必须使该类实现 java.io.Serializable 接口,该接口没有需要实现的方法。implements Serializable 只是为了标注该类对象是可被序列化的,而该类不需要额外实现什么方法。对象序列化就是将对象保存的过程,Java 语言定义了 ObjectOutputStream 类完成该功能。创建 ObjectOutputStream 类对象需要一个节点流对象(如 FileOutputStream),然后调用 ObjectOutputStream 对象的 writeObject(Object obj)方法就可以将 obj 对象写入输出流。对象反序列化就是将对象恢复的过程,Java 语言定义了 ObjectInputStream 类完成该功能。将一个节点流对象(如 FileInputStream)封装到 ObjectInputStream 内,然后调用 readObject()就可以从输入流读取对象了。

【例 5-9】 使用 ObjectOutputStream 类将 Rectangle 对象保存在文件中,并使用 ObjectInputStream 类读出对象,显示在显示器屏幕上。

```java
import java.io.*;
class Rectangle implements Serializable
{
    private int width;
    private int height;
    public void setWidth(int width)
    {
        this.width=width;
    }
    public void setHeight(int height)
    {
        this.height=height;
    }
    public String toString()
    {
        return "width="+width+",height="+height;
    }
}
public class ObjectTest
{
    public static void main(String[] args) throws Exception
    {
        Rectangle myRec=new Rectangle();
        myRec.setWidth(50);
        myRec.setHeight(30);
        System.out.println("程序中创建矩形为:"+myRec);
        FileOutputStream fout=new FileOutputStream("rect.txt");
                                    //创建文件字节输出流
        ObjectOutputStream objout=new ObjectOutputStream(fout);
                                    //以文件字节输出流为参数创建对象输出流
```

```
            objout.writeObject(myRec);      //将对象写入输出流,即序列化对象
            objout.close();                 //关闭输出流
            FileInputStream fin=new FileInputStream("rect.txt");
                                            //创建文件字节输入流
            ObjectInputStream objin=new ObjectInputStream(fin);
                                            //以文件字节输入流为参数创建对象输入流
            Rectangle readRec=(Rectangle) objin.readObject();
                                            //从输入流读取对象
            System.out.println("文件中读取的矩形为:"+readRec);
            objin.close();                  //关闭输入流
        }
    }
```

程序运行结果如图 5-15 所示。

```
F:\javaapp>javac ObjectTest.java

F:\javaapp>java ObjectTest
程序中创建矩形为: width=50, height=30
文件中读取的矩形为: width=50, height=30

F:\javaapp>
```

图 5-15　程序运行结果

将对象序列化和反序列化时,要注意下面几个问题。

(1) 当父类实现序列化时,其子类自动实现序列化,不需要显式实现序列化接口(Serializable)。

(2) 如果某类的成员变量为其他类的对象,序列化该类对象时也把成员变量对象进行序列化。

(3) 当序列化某个类的对象时,如果该类有父类,而父类没有实现序列化接口(Serializable),则该类继承其父类的成员变量不会被序列化。

(4) 标识为 static 或 transient 的类成员变量不能被序列化。

5.8　Scanner 类

JDK 1.5 中,Java 语言在 java.util 包中提供了 Scanner 类,该类可以完成输入数据操作,也可以对输入数据进行验证。创建 Scanner 类对象时需要以 InputStream 类及其子类的对象为参数,即只要是字节输入流的子类都可以通过 Scanner 类方便地进行读取,例如:

```
Scanner s=new Scanner(System.in);
```

Scanner 主要使用两类方法来扫描输入,从而实现从输入流验证并读取各种类型数据。hasNextXxx()方法用于验证是否还有下一个输入项。Xxx 为某种数据类型,如果验证输入的是否是字符串,则可以省略 Xxx。nextXxx()方法用于读取下一个输入项。例如:hasNext()表示验证输入的下一个数据是否是字符串;next()表示读取下一个字符串;hasNextInt()表示验证输入的下一个数据是否是整型;nextInt()表示将取得的字符串转换成 int 类型的整数。

【例 5-10】　使用 Scanner 类读取从键盘输入的整型和浮点型数据,并显示在显示器屏幕上。

```java
import java.util.*;
public class ScannerTest
{
    public static void main(String[] args) throws Exception
    {
        Scanner sc=new Scanner(System.in);                    //从键盘读取数据
        System.out.print("请输入整数:");
        if (sc.hasNextInt()) {                                //判断输入的是否是整数
            System.out.println("整数数据:"+sc.nextInt());//读取整型值
        } else
        {
            System.out.println("输入的不是整数!");
        }
        System.out.print("请输入小数:");
        if (sc.hasNextFloat())
        {                                                      //判断输入的是否是小数
            System.out.println("小数数据:"+sc.nextFloat());//读取小数值
        } else
        {
            System.out.println("输入的不是小数!");
        }
    }
}
```

程序运行结果如图 5-16 所示。

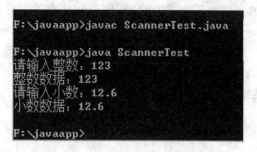

图 5-16　程序运行结果

Scanner 类中没有提供日期格式数据的读取方法,如果想读取日期类型的数据,必须自己编写程序验证,并手工转换。

【例 5-11】　使用 Scanner 类实现日期格式的数据输入。

```java
import java.util.*;
import java.text.SimpleDateFormat;
public class DataTest
{
    public static void main(String[] args) throws Exception
    {
        Scanner sc=new Scanner(System.in);    //从键盘接收数据
        String str=null;
```

```java
        Date date=null;
        System.out.print("输入日期(yyyy-MM-dd):");
        if (sc.hasNext("^\\d{4}-\\d{2}-\\d{2}$ "))
        {             //判断输入数据是否是指定格式的数据
            str=sc.next("^\\d{4}- \\d{2}-\\d{2}$ ");
                      //读取数据
            date=new SimpleDateFormat("yyyy-MM-dd").parse(str);
                      //根据读取到的字符串创建日期类对象
            System.out.println("输入的日期是:"+date);
                      //输出日期对象
        }else
        {
            System.out.println("输入的日期格式错误!");
        }
    }
}
```

程序运行结果如图 5-17 所示。

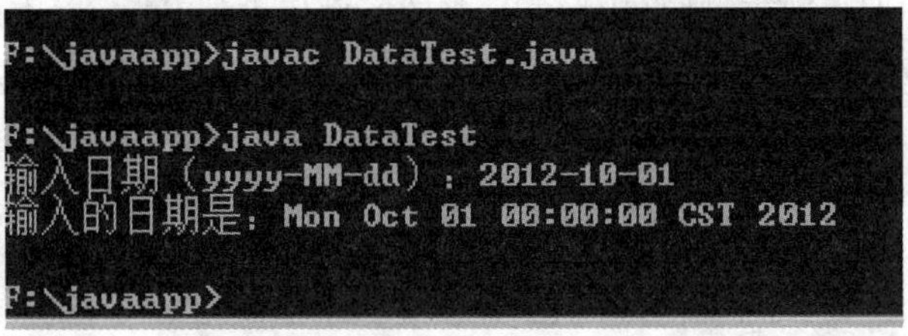

图 5-17 程序运行结果

Scanner 类读取数据时,分解数据字符串的默认分隔符是空格,如果输入字符之间存在空格,则不能读取全部数据。

【例 5-12】 使用 Scanner 类读取键盘输入的字符串,并显示在显示器屏幕上。

```java
import java.util.*;
public class SeparatorTest
{
    public static void main(String[] args) throws Exception
    {
        Scanner sc=new Scanner(System.in);
        //sc.useDelimiter("\n");修改输入数据的分隔符
        System.out.print("输入数据:");
        String str=sc.next();
        System.out.println("输入的数据为:"+str);
    }
}
```

程序运行结果如图 5-18 所示。

程序运行结果显示的是输入数据中空格前的字符串,空格后的数据没有了,因为 Scanner 类将空格当做了一个分隔符。为了将全部数据显示出来,就要修改分隔符的定义,可以使用 Scanner 类的 useDelimiter 方法实现。将例 5-12 程序中"//sc. useDelimiter("\n");"语句改为

图 5-18 程序运行结果

"sc.useDelimiter("\n");",即将注释去掉,程序运行结果如图 5-19 所示。

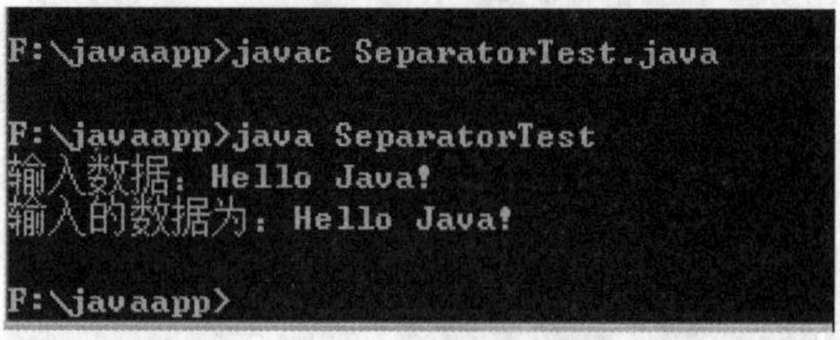

图 5-19 程序运行结果

如果要从文件中取得数据,则直接将 File 类的实例传入到 Scanner 类的构造方法中即可。

【例 5-13】 使用 Scanner 类读取文件中的数据,并显示在显示器屏幕上。

```java
import java.util.*;
import java.io.*;
public class TestFile
{
    public static void main(String[] args) throws Exception
    {
        File f=new File("data.txt");
        Scanner sc=new Scanner(f);
        sc.useDelimiter("\n");
        StringBuffer str=new StringBuffer();
        while (sc.hasNext()) {
            str.append(sc.next()).append("\n");
        }
        System.out.println(str);
    }
}
```

程序运行结果如图 5-20 所示。

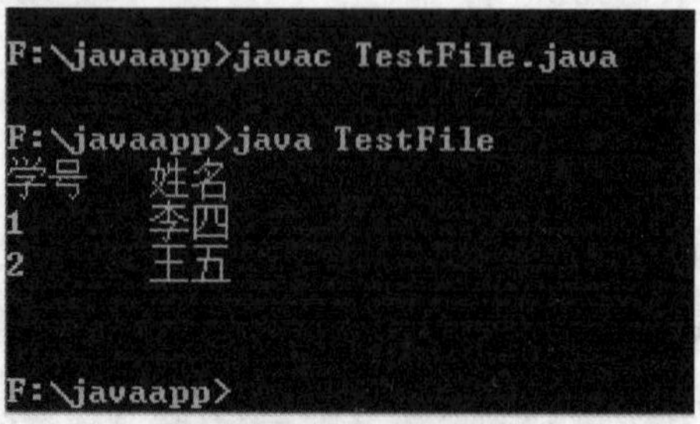

图 5-20 程序运行结果

例 5-13 中"data.txt"文件的数据和运行结果输出完全一样。由输出结果看到,数据中包含空格和换行,为了能够按格式显示数据,设置 Scanner 类的分隔符为换行符,程序采用循环的方式读取,并在每次读完一行之后加入换行。

本章小结

  Java 语言的输入、输出操作由 java.io 包中定义的各个类和接口实现。
  本章首先介绍了 File 类的定义,使用该类可以创建文件或目录,并访问文件属性。
  java.io 包中定义了很多流类来实现输入/输出功能,可以从不同的角度对其进行分类。根据数据流向不同,这些数据流分为输入流和输出流两种。根据数据处理单位不同,数据流分为字节流和字符流两种。根据对流的包装方式,数据流分为节点流和处理流两种。InputStream 类和 OutputStream 类是字节输入/输出流,Reader 类和 Writer 类是字符输入/输出流。FileInputStream 类和 FileOutputStream 是基于文件读写的字节输入/输出流,FileReader 类和 FileWriter 类是基于文件读写的字符输入/输出流,这四类是字节流。处理流是连接在已存在的节点流之上,再对流的又一次包装。本章主要介绍了字节输入/输出缓冲流 BufferedInputStream 类和 BufferedOutputStream 类,数据输入/输出流 DataInputStream 类和 DataOutputStream 类,字符输入/输出缓冲流 BufferedReader 类和 BufferedWriter 类,字节字符转换流 InputStreamReader 类和 OutputStreamWriter 类四种过滤流。
  java.io 包中的 Serializable 接口实现了对象序列化。
  java.util 包中的 Scanner 类实现了对输入的各种类型数据进行验证并完成输入数据操作。

习 题 5

  1. Java 语言按照数据流的方向分为哪两种流,这两种流有什么区别?
  2. InputStream、OutputStream、Reader 和 Writer 这四个类在功能上有什么异同?
  3. Java 语言有哪些过滤流,各有什么特点?
  4. 编写一个程序,从键盘输入一串字符,将其存入 a.txt 文件中,并从文件读出显示在显示器屏幕上。
  5. 编写一个程序,从键盘输入 10 个整数,将这些数据排序后在标准输出上输出。
  6. 定义一个学生类,包含学号、姓名、英语成绩、数学成绩和语文成绩等属性。编写一个程序,从键盘输入读取多个学生信息,输入 quit 时退出。程序将输入数据写入 stu.txt 文件,并从文件中读出学生信息显示在显示器屏幕上。

第 6 章　多线程与异常处理

线程是应用程序中执行的基本单元。多线程就是允许将一个程序分成几个并行的子任务，各子任务相互独立并发执行。例如，使用迅雷下载软件可以同时下载多部电影就是多线程处理。Java 语言提供了对多线程机制的支持，包括线程创建、调度、优先级、同步和线程通信等。本章主要介绍线程的概念，以及如何创建及使用线程等问题。通过本章的学习，学生应该对为什么要使用线程以及如何使用线程有明确认识，并能够正确编写多线程程序。

6.1　线程的概述

传统的程序设计语言在同一时刻只能执行单任务操作，效率非常低，如果网络程序接收数据时发生阻塞，就只能等到程序接收数据之后才能继续运行。随着 Internet 的飞速发展，这种单任务运行的状况越来越影响效率。如果网络接收数据阻塞，后台服务程序就会一直处于等待状态而不能继续任何操作。如果这种阻塞情况经常发生，这时 CPU 资源将完全处于闲置状态。

多线程实现了后台服务程序可以同时处理多个任务，并不会发生阻塞现象。多线程程序设计最大的特点就是能够提高程序执行效率和处理速度。多线程是 Java 语言的一个很重要的特征，Java 程序可以同时并行运行多个相对独立的线程。例如，创建一个线程来接收数据，另一个线程发送数据，即使发送线程接收数据时被阻塞，接受数据线程仍然可以运行。

线程(thread)是控制线程(thread of control)的简称，它是具有一定顺序的指令序列(即所编写的程序代码)，在存放方法中定义局部变量的栈和一些共享数据。线程是相互独立的，每个方法的局部变量和其他线程的局部变量是分开的，因此，任何线程都不能访问除自身之外的其他线程的局部变量。如果两个线程同时访问同一个方法，那么每个线程将各自得到一个此方法的复制品。

Java 语言提供的多线程机制使一个程序可同时执行多个任务。线程有时也被称为小进程，它是从一个大进程中分离出来的小的独立的线程。由于实现了多线程技术，Java 语言的功能就更强大了。多线程带来的好处是具有更好的交互性能和实时控制性能。多线程是强大而灵巧的编程工具，但要用好它却不是件容易的事。在多线程编程中，每个线程都通过代码实现线程的行为，并将数据提供给代码操作。多个线程可以同时处理同一代码和同一数据，不同的线程也可以处理各自不同的编码和数据。

6.2　线程的创建

了解了线程的概念后，下面详细介绍创建线程的方法。Java 语言有两种创建线程的方法：一种是对 Thread 类进行派生并覆盖 run 方法；另一种是通过实现 Runnable 接口创建。

1. 继承 Thread 类创建线程

首先介绍如何通过 Thread 类派生线程的方法。在前面章节的学习中，通常都是声明一个公共类，并在类内实现一个 main()方法。事实上，前面这些程序就是一个单线程程序。

当它执行完 main()方法的程序后,线程正好退出,程序同时结束运行。创建单线程程序的实例如下。

【例 6-1】 创建单线程的例子。

```
public class OnlyOneThread
{
  public static void main(String[] args)
  {
      run();//调用静态 run()方法
  }
  public static void run()
  {
    for (int count=1,row=1; row<8; row++,count++)
    {       //循环计算输出的*数目
      for (int i=0;i<count;i++)
      { //循环输出指定的 count 数目的*
        System.out.print('*');              //输出*号
      }
      System.out.println();                 //输出换行符
    }
  }
}
```

程序运行结果如图 6-1 所示。

```
C:\>javac OnlyOneThread.java
C:\>java OnlyOneThread
*
**
***
****
*****
******
*******
```

图 6-1 程序运行结果

例 6-1 中的程序只是建立了一个单一线程并执行的普通小程序,并没有涉及多线程的概念。java.lang.Thread 类是一个通用的线程类,由于默认情况下 run()方法是空的,直接通过 Thread 类实例化的线程对象不能完成任何事,所以可以通过派生 Thread 类,并用具体程序代码覆盖 Thread 类中的 run()方法,从而实现具有各种不同功能的线程类。在程序中创建新的线程的方法之一是继承 Thread 类,并通过 Thread 子类声明线程对象。下面是通过 Thread 类创建线程的例子。

【例 6-2】 通过继承 Thread 类创建线程。

```
public class TestThread1 extends Thread
{//重载 run 函数
  public void run()
  {
      for(int count=1,row=1;row<8;row++,count++)
```

```
            {                   //循环计算输出的*数目
                for (int i=0;i<count;i++)
                {               //循环输出指定的 count 数目的*
                    System.out.print('*');          //输出*号
                }
                System.out.println();               //输出换行符
            }
        }
        public static void main(String[] args)
        {
            TestThread1 thread=new TestThread1();   //创建并初始化 TestThread1 类型对象 td
            thread.start();                         //调用 start()方法启行一个新的线程
        }
    }
```

程序运行结果如图 6-2 所示。

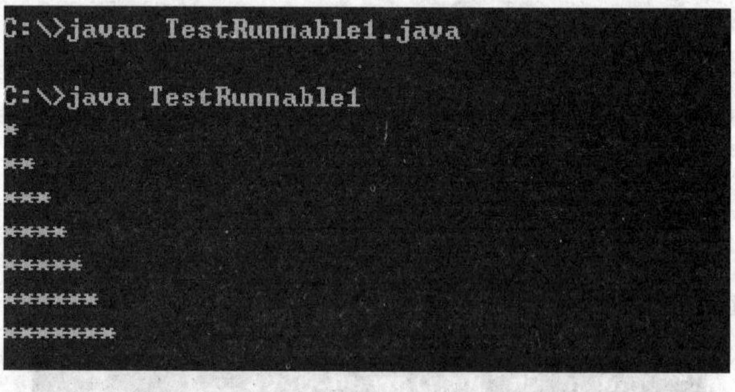

图 6-2 程序运行结果

例 6-1 中的程序与例 6-2 中的程序表面上来看运行结果相同,但是仔细对照会发现,例 6-1 中的程序对 run()方法的调用在例 6-2 中的程序变成了对 start()方法的调用,并且例6-2 中的程序明确派生 Thread 类,创建新的线程类。

通过例 6-2 不难得出,通过派生 Thread 类创建一个线程通常需要如下几个步骤。

(1) 创建一个新的线程类,继承 Thread 类并覆盖 Thread 类的 run()方法。

```
            class ThreadType extends Thread
            {
                public void run()
                {
                    ……
                }
            }
```

(2) 创建一个线程类的对象,创建方法与一般对象的创建相同,使用关键字 new 完成。

```
            ThreadType   thread=new ThreadType();
```

(3) 启动新线程对象,调用 start()方法。

```
            thread.start();
```

(4) 程序执行到语句"thread.start();"时,线程自动调用 run()方法。

表 6-1 中列出了 Thread 类的常用方法。

表 6-1　Thread 类的常用方法

方　　法	含　　义
public Thread()	构造一个新的线程对象,默认名为 Thread-n,n 是从 0 开始递增的整数
public Thread(String name)	构造一个新的线程对象,同时指定线程名
public Thread(Runnable target)	构造一个新的线程对象,以一个实现 Runnable 接口的类的对象为参数
public Thread(Runnable target,String name)	构造一个新的线程对象,以一个实现 Runnable 接口的类的对象为第一个参数,参数 name 指定该线程对象的名称
void run()	线程所执行的代码
void start() throws IllegalThreadStateException	使程序开始执行,多次调用会产生例外
void sleep(long milis)	让线程睡眠一段时间,此期间线程不消耗 CPU 资源
void interrupt()	中断线程
static boolean interrupted()	判断当前线程是否被中断(会清除中断状态标记)
boolean isInterrupted()	判断指定线程是否被中断
boolean isAlive()	判断线程是否处于活动状态(即已调用 start,但 run 还未返回)
static Thread currentThread()	返回当前线程对象的引用
void setName(String threadName)	设置线程的名字
String getName()	获得线程的名字
void join([long millis[,int nanos]])	等待线程结束
void destroy()	销毁线程
static void yield()	暂停当前线程,让其他线程执行
void setPriority(int p)	设置线程的优先级

表 6-1 中所列方法将在后面各节详细解释。现在只需大概知道 Thread 类主要有哪些方法,如何创建并启动一个新线程即可。

【例 6-3】 多线程举例。

```
public class TestThread2 extends Thread
{
    public TestThread2(String name)
    {
        super(name);
    }
    //重载 run 函数
    public void run()
    {
        for(int i=0;i<3;i++)
        {//获知当前运行的是哪个线程
```

```
            System.out.println("线程"
                +this.currentThread().getName()+"正在运行");
            try
            {   //获得随机休息毫秒数
                Thread.sleep((int)(Math.random()*1000));
            }catch(InterruptedException ex)
            {
                System.err.println(ex.toString());
            }
        }
    public static void main(String[] args)
    {
        //创建并命名每个线程
        TestThread2 thread1=new TestThread2("线程一");
        TestThread2 thread2=new TestThread2("线程二");
        thread1.start();   //启动线程一
        thread2.start();   //启动线程二
        System.out.println("main 线程结束");
    }
}
```

程序运行结果如图 6-3 所示。

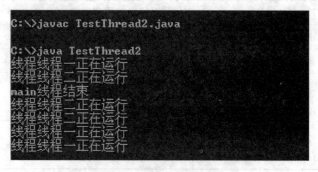

图 6-3 程序运行结果

例 6-3 中的程序创建了两个线程 thread1、thread2,它们分别执行自己的 run()方法。在实际运行的结果中,main 线程已经结束,线程一和线程二还在执行,并且这两个线程并没有按照程序中调用的顺序来执行,而是产生了多个线程赛跑的现象。这说明在多线程编程中,Java 线程并不能按调用顺序执行,而是并行执行的单独代码。

2. Runnable 接口创建线程

通过实现 Runnable 接口是创建线程类的第二种方法。利用实现 Runnable 接口来创建线程的方法可以解决 Java 语言不支持的多重继承问题。Runnable 接口提供了 run()方法的原型,因此创建新的线程类时,只要实现此接口,即只要特定的程序代码实现 Runnable 接口中的 run()方法,就可完成新线程类的运行。下面是一个使用 Runnable 接口并实现 run()方法创建线程的例子。

【例 6-4】 通过实现 Runnable 接口创建线程。

```java
public class TestRunnable1 implements Runnable
{
    public void run()
    {
        //循环计算输出的*数目
        for(int count=1,row=1;row<8;row++,count++)
        {
            //循环输出指定的count数目的*
            for (int i=0;i<count;i++)
            {
                System.out.print('*');          //输出*号
            }
            System.out.println();               //输出换行符
        }
    }
    public static void main(String[] args)
    {

        Runnable rb=new TestRunnable1();
        Thread td=new Thread(rb);               //通过Thread创建线程
        td.start();                             //启动线程td
    }
}
```

程序运行结果如图6-4所示。

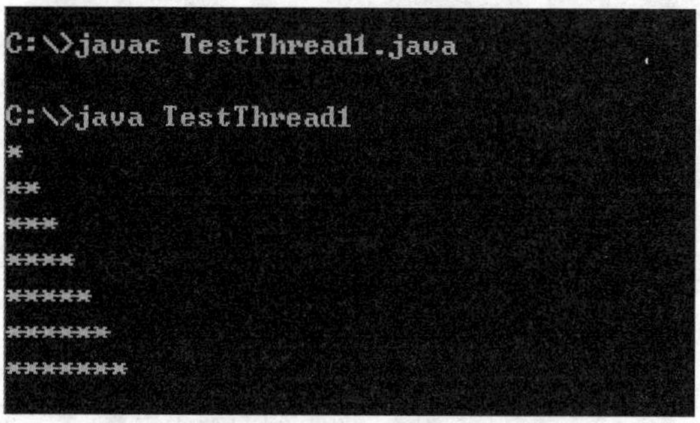

图6-4 程序运行结果

程序运行结果与例6-2相同,这里的线程是通过实现接口Runnable完成的。

通过例6-4不难得出,通过实现接口Runnable创建一个线程通常需要如下几个步骤。

(1) 创建一个实现Runnable接口的类,并且在这个类中重写run()方法。

```java
class ThreadType implements Runnable
{
    public void run()
    {
        ……
    }
}
```

(2) 使用关键字new新建一个ThreadType的实例。

```
Runnable rb=new ThreadType ();
```
（3）通过 Runnable 的实例创建一个线程对象，创建线程对象时，调用构造函数 new Thread(ThreadType)，它用 ThreadType 中实现的 run()方法作为新线程对象的 run()方法。
```
Thread td=new Thread(rb);
```
（4）通过调用 ThreadType 对象的 start()方法启动线程运行。
```
td.start();
```
【例 6-5】 通过实现 Runnable 接口创建多个线程来模拟龟兔赛跑。
```
class AnimalThread implements Runnable
{
    private String name;
    private int speed;
    private int distance;
    private int sumdistance=0;
    public AnimalThread (String name,int speed,int distance){
this.name=name;
this.speed=speed;
this.distance=distance;
}
//重载 run 函数
public void run()
{
    while(sumdistance<distance)
    {
      try
      {Thread.sleep((int)(Math.random()*1000)+500);    //获得随机休息毫秒数
      }
      catch(Exception e) {}
      sumdistance+=Math.random()*speed;                //获得当前跑了多长距离
      System.out.println(name+":我已经跑了"+sumdistance);
    }
    System.out.println (name+"终于冲过终点了!");
}
}
//测试类
public class Race
{
    public static void main(String[] args)
    {
        //创建并命名每个线程
        AnimalThread rabbit=new AnimalThread("兔子",15,50);
        AnimalThread turtle=new AnimalThread("乌龟",12,50);
        Thread myThread1=new Thread (rabbit);     //创建兔子线程
        Thread myThread2=new Thread (turtle);     //创建乌龟线程
```

```
        myThread1.start();              //兔子线程启动
        myThread2.start();              //乌龟线程启动
    }
}
```

程序运行结果如图 6-5 所示。

```
C:\>javac Race.java

C:\>javac Race.java

C:\>java Race
乌龟 : 我已经跑了 1
兔子 : 我已经跑了o7
乌龟 : 我已经跑了 2
兔子 : 我已经跑了 12
乌龟 : 我已经跑了 10
兔子 : 我已经跑了 21
乌龟 : 我已经跑了 19
兔子 : 我已经跑了 34
乌龟 : 我已经跑了 26
兔子 : 我已经跑了 38
乌龟 : 我已经跑了 31
乌龟 : 我已经跑了 39
兔子 : 我已经跑了 43
乌龟 : 我已经跑了 47
乌龟 : 我已经跑了 48
兔子 : 我已经跑了 43
兔子 : 我已经跑了 47
乌龟 : 我已经跑了 53
乌龟 终于冲过终点了 !
兔子 : 我已经跑了 50
兔子 终于冲过终点了 !
```

图 6-5　程序运行结果

6.3　线程的生命周期与优先级

上一节中讨论了创建线程的两种实现方式，线程的创建仅仅是线程生命周期的一个部分。线程的整个周期由线程创建、可运行状态、阻塞状态和退出等部分组成，这些状态之间的转化是通过线程提供的一些方法来完成的。本节将全面讨论线程的生命周期及优先级。

1. 线程的生命周期

一般将一个线程"创建→运行→消亡"的过程称为线程的生命周期。在这个生命周期中，线程经历了五个状态的转变。这个五个状态分别为新建状态、就绪状态、运行状态、阻塞状态和死亡状态。线程生命周期状态图如图 6-6 所示。

1）新建状态

新建状态指创建了一个线程，但它还没有启动。处于新建状态的线程对象，只能够被启动或终止。例如，以下代码使线程 myThread 处于新建状态。

```
Thread mythread=new Thread();
```

2）就绪状态

当线程处于新建状态时，通过调用 start()方法，可以使线程处于就绪状态。就绪状态的

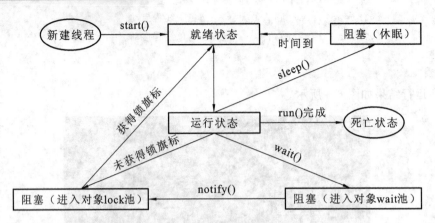

图 6-6　线程生命周期状态图

线程具备了运行条件,但尚未进入运行状态。处于就绪状态的线程可以有多个,这些就绪状态的线程将在就绪队列中排队,等待 CPU 资源。线程通过线程调试获得 CPU 资源变成运行状态。例如,以下代码使线程 myThread 进入就绪状态。

```
myThread.start();
```

3) 运行状态

运行状态是指某个就绪状态的线程获得了 CPU 资源,处于正在运行的状态。如果有更高优先级的线程进入就绪状态,则该线程将被迫放弃对 CPU 的控制权,再进入就绪状态。使用 yield()方法可以使线程主动放弃 CPU。线程也可能由于执行结束或执行 stop()方法进入死亡状态。每个线程对象都有一个 run()方法,当线程对象开始执行时,系统就调用该对象的 run()方法。

4) 阻塞状态

阻塞状态是指正在运行的线程遇到某个特殊情况而不得不暂停运行,如延迟、挂起、等待 I/O 操作完成等。进入阻塞状态的线程让出 CPU 资源,并暂时停止自己的执行。线程进入阻塞状态后,就一直等待,直到引起阻塞的原因被消除,线程又转入就绪状态,进入就绪队列排队。当线程再次变成运行状态时,将从原来的暂停处开始继续运行。图 6-6 给出了几种典型的线程阻塞状态。例如,线程在调用了 sleep()方法后,进入休眠状态,此时线程并不失去已经获得的锁旗标。在休眠时间结束后,线程从阻塞状态又变为就绪状态。又如,当线程调用 wait()方法后,就会释放锁旗标并进入等待某个对象的 wait 池,一直到另一个线程中对所等待的对象调用 notify()或 notifyAll()方法后,等待线程才会从 wait 池进入 lock 池(从一种阻塞状态变为另一种阻塞状态)。

5) 死亡状态

死亡状态是指线程不再具有继续运行的能力,也不能再转到其他状态。一般有两种情况使一个线程终止,进入死亡状态:一种是线程完成了全部工作,即执行完 run()方法的最后一条语句;另一种是线程被提前强制性终止。

2. 线程优先级

Java 语言给每个线程安排了优先级,以决定与其他线程比较时该如何对待该线程。线程被创建后,每个 Java 线程的优先级都在 Thread. MIN_PRIORITY(常量 1)和 Thread. MAX_PRIORITY(常量 10)的范围内。每个新线程默认优先级为 Thread. NORM_PRIORITY(常量 5)。可以使用方法 getPriority()来获得线程的优先级,同时也可以使用方法 setPriority(int p)在线程被创建后改变线程的优先级。

一般认为,具有较高优先级的线程对程序更重要。系统按线程的优先级调度,具有高优先级的线程会在较低优先级的线程之前得到执行。多个线程运行时,线程调度是抢先式的,即如果当前线程在执行过程中,一个具有更高优先级的线程进入可执行状态,则该高优先级的线程会被立即调度执行。若线程的优先级相同,线程在就绪队列中排队。在分时系统中,每个线程按时间片轮转方式执行。在某些平台上线程调度将会随机选择一个线程,或者始终选择第一个可以得到的线程。

一个线程将始终保持运行状态,直到出现下列情况而退出运行状态或线程执行结束:由于 I/O(或其他一些原因)而使该线程阻塞;调用 sleep()、wait()、join()或 yield()方法也将阻塞该线程;更高优先级的线程将抢占该线程;时间片的时间期满。如果激活一个线程,或者休眠的线程醒来,或者阻塞的线程所等待的 I/O 操作结束,或者对某个先前调用了 wait()方法的对象调用 notify()或 notifyAll()方法,则优先级高于当前运行线程的线程将进入就绪状态(并且因此抢占当前运行的线程)。

6.4 线程的控制

在 java 语言的多线程编程中,可以通过调用线程的某些方法来实现对线程状态的控制,下面对一些常用的方法做简单的介绍。

1. stop()和 suspend()方法

stop()和 suspend()方法是在 JDK1.0 中定义的方法,stop()用于直接终止线程,suspend()会阻塞线程直到另一个线程调用 resume()方法恢复线程。但从 JDK1.2 开始,这两个方法都被弃用了。原因是 suspend()方法会经常导致死锁;而 stop()方法是不安全的,stop()这个方法将终止所有未结束的方法,包括 run()方法。当一个线程停止时,它会立即释放所有它锁住对象上的锁,这会导致对象处于不一致的状态。假如在将钱从一个账户转移到另一个账户的过程中,一个方法在取款之后存款之前就停止了,那么现在银行对象就被破坏了,因为锁已经被释放了。当线程想终止另一个线程的时,它无法知道何时调用 stop()是安全的。

2. sleep()方法

在线程执行的过程中,调用 sleep()方法可以让线程睡眠一段指定的时间,等指定时间到达之后,该线程则会苏醒,并进入准备状态等待执行。这是使正在执行的线程让出 CPU 资源的简单方法,休眠时间的长短由 sleep()方法的参数决定,参数 mills 是以毫秒为单位的休眠时间。如果线程在休眠时被打断,JVM 就抛出 InterruptedException 异常,因此在调用方法时需要用 try…catch 语句块对异常进行捕获、处理。例 6-5 给出了该方法的调用,下面继续给出一个线程休眠的例子。

【例 6-6】 线程的休眠举例。

```
class SleepTest implements Runnable
{
    public void run()
    {
        for(int i=0;i<3;i++)
        {
            try
```

```
            {
                Thread.sleep(2000);
            }
            catch (Exception e)
            {
                e.printStackTrace();
            }
            System.out.println("我是"+Thread.currentThread().getName());
        }
    }
    public static void main(String[] args)
    {
        SleepTest st1=new SleepTest();
        SleepTest st2=new SleepTest();
        Thread t1=new Thread(st1,"线程一");
        Thread t2=new Thread(st2,"线程二");
        t1.start();
        t2.start();
    }
}
```

程序运行结果如图 6-7 所示。

图 6-7　程序运行结果

从运行结果可以看出，每个线程打印完一行后都睡眠 2000 ms，让出 CPU 资源，保证两个线程交替执行。

3. yield( )方法

实际运行中有时需要使当前运行的线程让出 CPU 资源，使其他线程得以执行，这时就需要使用线程让步的操作。调用 yield( )方法可以使当前正在运行的线程让出 CPU 资源，回到准备状态，进而使其他线程有进入运行状态的机会。但要注意的是，该操作是没有保障的，很可能线程回到准备状态后又立刻被调度再次进入运行状态，也就是说 yield( )让步不一定成功。因此，使用 yield( )方法真正保证做到的是使正在运行的线程回到准备状态。

【例 6-7】 线程让步举例。

```
public class YieldTest implements Runnable
{
    public void run()
    {
```

```
        for(int i=0;i<5;++i)
        {
        System.out.println(Thread.currentThread().getName()+"运行"+i);
          if(i==3)
            {
                System.out.println("线程的礼让");
                Thread.currentThread().yield();  //调用 yield()方法使当前正在执行
                                                 的线程让步
            }
        }
    }
    public static void main(String[] args)
    {
        //创建两个实现 Runnable 接口的类的对象
        YieldTest yt1=new YieldTest();
        YieldTest yt2=new YieldTest();
        //创建两个线程对象,并指定线程名称
        Thread t1=new Thread(yt1,"线程 A");
        Thread t2=new Thread(yt2,"线程 B");
        //启动线程
        t1.start();
        t2.start();
    }
}
```

程序运行结果如图 6-8 所示。

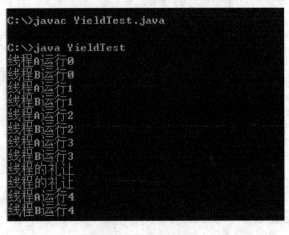

图 6-8　程序运行结果

从结果可以看出,由于两个线程在打印完一个数字后都执行 yield()方法让步,所以两个线程是交替执行的。虽然大部分情况可以做到交替执行,但这是没有保障的。

4. join()方法

当一个线程必须等待另一个线程执行完毕后才恢复执行时,可以使用 join()方法。顾名思义,join()方法可以达到将两个线程合并的效果。该方法有三种调用格式,分别介绍如下。

- join()方法:如果当前线程发出调用 t.join(),则当前线程将等待线程 t 结束后再继续执行。
- join(long millis)方法:如果当前线程发出调用 t.join(long millis),则当前线程将等待线程 t 结束或最多等待 mills 毫秒后再继续执行。
- join(long millis,int nanos)方法:如果当前线程发出调用 t.join(long millis,int nanos),则当前线程将等待线程 t 结束或最多等待 mills 毫秒+nanos 纳秒后再继续执行。

【例 6-8】 使用 join()方法合并两个线程的实例。

```java
public class JoinTest
{
    public static void main(String[] args)
    {
      MyThread t1=new MyThread();
      t1.start();
      for (int i=0;i<10;i++)
      {
        System.out.println("主线程第"+i+"次执行!");
         if(i==5)
          try {
            //t1线程合并到主线程中,主线程停止执行过程,转而执行 t1 线程,直到 t1 执
              行完毕后继续。
             t1.join();
           }
          catch (InterruptedException e)
            {
                e.printStackTrace();
            }
      }
    }
}
class MyThread extends Thread
{
    public void run()
    {
         for (int i=0;i<10;i++)
          {
             System.out.println("线程 1 第"+i+"次执行!");
          }
    }
}
```

程序运行结果如图 6-9 所示。

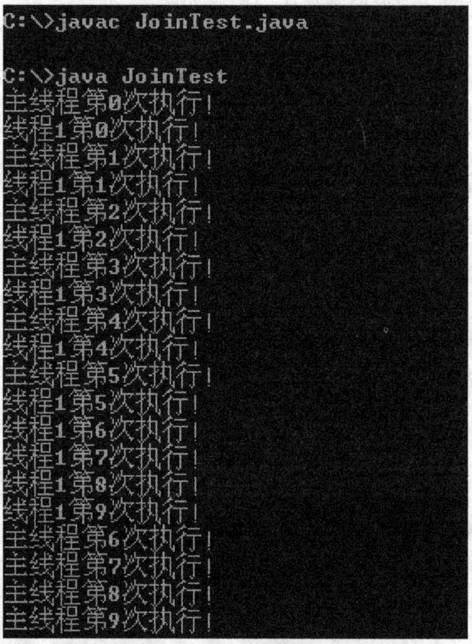

图 6-9 程序运行结果

从运行结果中可以看出,主线程在执行子线程 t 的 join()方法后,就暂停了执行,一直等到 t 线程执行完毕后才恢复执行。用 join()方法进行两个线程之间的让步是有保证的,被让步的线程没有执行完毕,让步的线程不会恢复执行。

5. interrupt( )方法

线程的中断可以调用语句"Thread.Interrupt();"来实现。在 Java 语言中,线程的"中断"不是指让线程停止运行,而是指改变了线程的中断状态,至于这个中断状态改变后带来的结果如何,那是无法确定的。有时它可能是让运行中的线程停止执行,有时又可能是让停止中的线程继续执行。线程中断后的结果是死亡,还是等待新的任务或是继续运行至下一步,取决于这个程序本身。线程会不时地检测这个中断线程的中断状态,以判断线程是否应该被中断(中断标识值是否为 true)。它并不像 stop()方法那样会中断一个正在运行的线程。

【例 6-9】 线程的中断举例。

```java
public class InterruptTest implements Runnable
{
    public void run()
    {
        System.out.println("执行 run 方法");
        try
        {
            Thread.sleep(20000);
            System.out.println("线程完成休眠");
        }
        catch (Exception e)
        {
            System.out.println("休眠被打断");
```

```
            return;      //返回到程序的调用处
        }
        System.out.println("线程正常终止");
    }
    public static void main(String[] args)
    {
        InterruptTest it=new InterruptTest();
        Thread demo=new Thread(it,"线程");
        demo.start();
        try
        {
          Thread.sleep(3000);
        }
        catch (Exception e)
        {
          e.printStackTrace();
        }
        demo.interrupt();   //3s 后中断线程
    }
}
```

程序运行结果如图 6-10 所示。

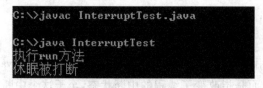

图 6-10 程序运行结果

从结果中可以看出，当 demo 线程调用 start()方法后，demo 线程开始执行，打印完一条语句后会进入休眠状态，同时主线程在休眠 3 s 后调用语句"demo.interrupt();"执行中断操作来唤醒 demo 线程，让它从 sleep 中将控制权转到处理异常的 catch 语句中，然后再由 catch 中的处理转换到正常的逻辑。

6．isAlive()方法

isAlive 方法用于判断线程当前的状态。如果返回 true 则表示线程已启动但还没有运行结束，如果返回 false 则说明线程处于新建或死亡状态。

【例 6-10】 判断线程的状态举例。

```
public class AliveTest implements Runnable
{
    public void run()
    {
        for (int i=0;i<3;i++)
        {
            System.out.println(Thread.currentThread().getName());
        }
```

```
    public static void main(String[] args)
    {
        AliveTest at=new AliveTest();
        Thread demo=new Thread(at);
        System.out.println("线程启动之前---> "+demo.isAlive());
        demo.start();
        System.out.println("线程启动之后---> "+demo.isAlive());
    }
}
```

程序运行结果如图 6-11 所示。

```
C:\>javac AliveTest.java

C:\>java AliveTest
线程启动之前--->false
线程启动之后--->true
Thread-0
Thread-0
Thread-0
```

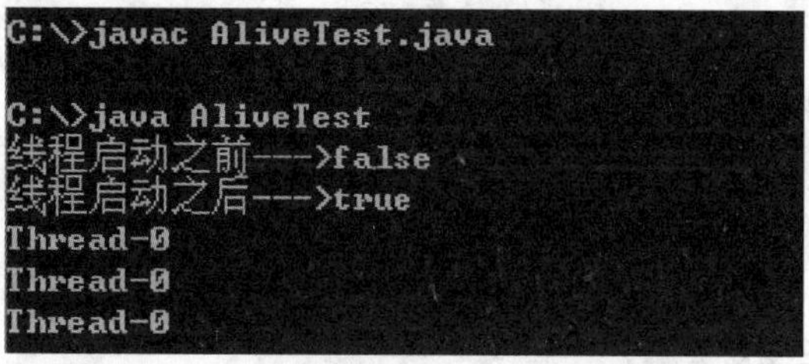

图 6-11　程序运行结果

6.5　线程的通信

前面小节所提到的线程都是独立的，而且是异步执行的，也就是说每个线程都包含了运行时所需要的数据或方法，而不需要外部的资源或方法，也不必关心其他线程的状态或行为。但是经常有一些同时运行的线程需要共享数据，此时就需考虑与其他线程的通信的问题。必须实时地掌握其他线程的状态和行为，否则就不能保证程序的运行结果的正确性。在多个线程通信的过程中，程序中的多个线程是相互协调和相互联系的，如果处理不好，有时会带来严重的后果，甚至引发错误。例如，一个银行账户在同一时刻只能由一个用户操作，如果两个用户同时操作则很可能产生错误。如何避免上述的这种意外，并且如何保证线程在通信过程中是安全的呢？这就需要解决线程的互斥和同步的问题。

6.5.1　线程的互斥：通过同步关键字实现

先看线程之间需要互斥的情况。设有若干线程共享某个变量，并且都对变量有修改。如果它们之间不考虑相互协调工作，就会产生混乱。比如，线程 A 和线程 B 共用变量 x，都对 x 执行增 1 操作。由于线程 A 和线程 B 没有协调，两线程对 x 的读取、修改和写入操作会相互交叉，可能两个线程读取同样的 x 值，一个线程将修改后的 x 新值写入到 x 后，另一个线程也把自己对 x 的修改后的新值写入到 x。这样，x 只记录后一个线程的修改作用。

【例 6-11】　用两个线程来模拟火车站售票过程。

```
public class SellTickets implements Runnable
{
    private int count=30;     //假设总共有 30 张票
    public void run()
    {
        while(true)
```

```java
        {
           if(count>0)
           {
             System.out.println(Thread.currentThread().getName()+"现在开始卖
             第"+count--+"张票");
              try
              {
                Thread.sleep(1000);      //每卖一张,休眠一秒
              }
              catch(InterruptedException e)
              {
                e.printStackTrace();
              }
           }else
           {
            break;
           }
        }
    }
    public static void main(String[] args)
    {
        //新建一个售票类对象
        SellTickets st=new SellTickets();
        //构建三个线程模拟三个售票口卖票
        Thread t1=new Thread(st,"售票口 1");
        Thread t2=new Thread(st,"售票口 2");
        Thread t3=new Thread(st,"售票口 3");
        t1.start();
        t2.start();
        t3.start();
    }
}
```

程序运行结果如图6-12所示。

由上面的结果可以发现,程序运行时出现多次两个售票口同时卖同一张票的错误情况。造成最后结果不正确的原因是,可能有多个线程取得的是同一个值,各自修改并存入,从而造成修改得慢的后执行的线程把执行得快的线程的修改覆盖掉了。因为线程在执行过程中不同步,所以最终实际结果是两个售票口卖一张票。解决多线程互斥及同步的办法是,某个线程在使用共享变量时,应使其他线程先暂时等待,等待正在使用共享变量的线程使用结束后,再让正在等待的其他线程中的某一个使用共享变量,而别的线程继续等待。如果能保证它们是逐个使用共享变量的,则再多的线程使用共享变量也不会产生混乱。

多线程互斥使用共享资源的程序段,在操作系统中称为临界段。临界段是一种加锁机制的程序段,与多线程共享资源有关。临界段的作用是在任何时刻一个共享资源只能供一个线程使用。当资源未被占用时,线程可以进入处理这个资源的段,从而得到该资源的使用

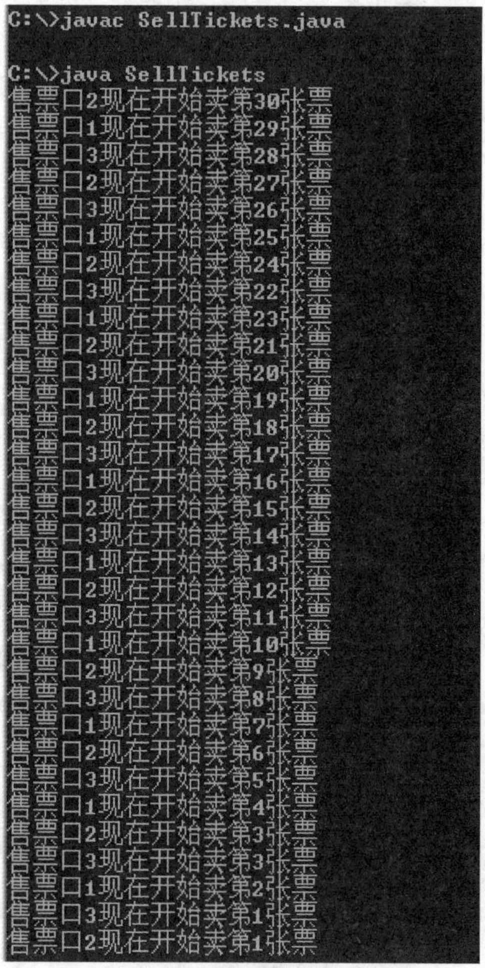

图 6-12 程序运行结果

权；在线程执行完毕后，便退出临界段。如果一个线程已进入某个共享资源的临界段，并且还未使用结束，则其他线程必须等待。

Java 语言提供了"锁"机制来实现线程的同步和互斥。锁机制的原理是每个线程进入共享代码之前获得锁，否则不能进入共享代码区，并且在退出共享代码区之前必须释放该锁，这样就解决了多个线程竞争共享代码的情况，达到线程同步的目的。Java 语言中锁机制的实现方法是共享代码之前加入 synchronized 关键字。

在一个类中，使用关键字 synchronized 声明的方法为同步方法。当多个线程同时访问对象时，只有取得锁的线程才能进入同步方法，其他访问共享对象的线程停留在对象中等待。当某一个等待线程取得锁，它将执行同步方法，而其他没有取得锁的线程仍然继续等待获得锁。同步方法的声明格式如下：

访问控制符 **synchronized** 类型名称方法名称(参数列表)
    {
     ……
    }

除了将方法声明为同步方法来保证线程同步之外，也可以将程序中的语句块声明为同步语句块。这样,在同一时间,它的访问线程之一才能执行该语句块。同步语句块的声明如下。

```
synchronized(同步对象)
{
//需要同步的代码
}
```

【例 6-12】 使用 synchronized 关键字,修改例 6-11 程序,使其能正确售票。

```java
public class SellTickets implements Runnable
{
    private int count=30;      //假设总共有 30 张票
    public void run()
    {
        while(true)
        {
            synchronized (this)
            {   //申请当前 SellTickets 对象的锁
                if(count>0)
                {
                    System.out.println(Thread.currentThread().getName()+"现在开始卖第"+count--+"张票");
                    try
                    {
                        Thread.sleep(1000);   //每卖一张,休眠一秒
                    }
                    catch(InterruptedException e)
                    {
                        e.printStackTrace();
                    }
                }else
                {
                    break;
                }
            }
        }
    }
    public static void main(String[] args)
    {
        //新建一个售票类对象
        SellTickets st=new SellTickets();
        //构建三个线程模拟三个售票口卖票
        Thread t1=new Thread(st,"售票口 1");
        Thread t2=new Thread(st,"售票口 2");
        Thread t3=new Thread(st,"售票口 3");
```

```
            t1.start();
            t2.start();
            t3.start();
        }
    }
```

程序运行结果如图 6-13 所示。

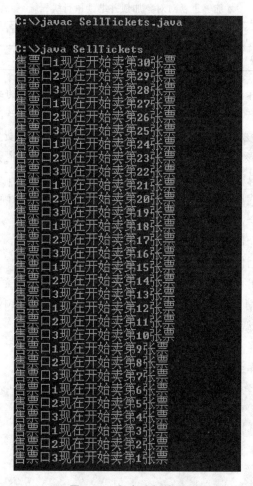

图 6-13　程序运行结果

再次运行后发现不会出现两个售票口卖同一张票的情况。在上面的修改中,仅仅是将需要互斥的语句段放入了 synchronized（object）{…}语句框中。此时,各售票口在售票的过程中通过给同一个对象加锁来实现互斥,从而保证线程能同步执行。

6.5.2　线程的同步:通过 wait( )和 notify( )实现

多线程的执行往往需要相互之间的配合,为了更有效地协调不同线程的工作,需要在线程间建立沟通渠道,如果仅仅依靠互斥机制显然是不够的,此时还需要线程之间的"对话"来解决线程间的同步问题。Java.lang.Object 类的 wait( )、notify( )等方法为线程间的通信提供了有效手段。表 6-2 列出了这些方法的基本功能。

表 6-2 Thread 类的常用方法

方 法	含 义
public final void wait()	如果一个正在执行同步代码的线程 A 执行了 wait 调用(在对象 x 上),该线程暂停执行而进入对象 x 的等待池,并释放已获得的对象 x 的锁。线程 A 要一直等到其他线程在对象 x 上调用 notify()或 notifyAll()方法,才能够重新对对象加锁并继续执行线程
Public final void notify()	唤醒该资源等待池中的某一个线程,具体会唤醒哪个线程则没有保障
public final void notifyAll()	唤醒该资源等待池中的所有线程

在线程的同步与互斥的问题上,生产者与消费者是一个很好的线程通信的例子。生产者在一个循环中不断生产资源,而消费者则不断地消费生产者生产的资源。二者之间的关系可以很清楚地说明,必须先有生产者生产资源,才能有消费者消费资源。因此程序必须保证在消费者消费之前,必须有资源,如果没有,消费者必须等待产生新的资源。所以,"生产者-消费者"模型准确地说应该是"生产者-消费者-仓储"模型,离开了仓储这个存放资源的容器,生产者-消费者模型就显得没有说服力了。对于此模型,应该明确以下几点。

(1) 生产者仅仅在仓储未满时候生产,仓满则停止生产。
(2) 消费者仅仅在仓储有产品时候才能消费,仓空则等待。
(3) 当消费者发现仓储没产品可消费时候会通知生产者生产。
(4) 生产者在生产出可消费产品时,应该通知等待的消费者去消费。

为了解决生产者和消费者的矛盾,引入了等待/通知(wait/notify)机制。等待通知使用 wait()方法,通知消费生产使用 notify()或 notifyAll()方法。

【例 6-13】 "生产者-消费者"举例。
(1) 储存资源的仓库类 Container.java 如下。

```java
public class Container
{
    public static final int max_size=100;   //最大库存量
    public int curnum;     //当前库存量
    Container()
    {
    }
    Container(int curnum)
    {
        this.curnum=curnum;
    }
    //生产指定数量的产品
    public synchronized void produce(int neednum)
    {
        //测试是否需要生产
        while(neednum+curnum>max_size)
        {
            System.out.println("要生产的产品数量"+neednum+"超过剩余库存量"+(max_size-curnum)+",暂时不能执行生产任务!");
```

```java
            try
            {
                //当前的生产线程等待
                wait();
            }
            catch (InterruptedException e)
            {
                e.printStackTrace();
            }
        }
        //满足生产条件,则进行生产,这里简单地更改当前库存量
        curnum+=neednum;
        System.out.println("已经生产了"+neednum+"个产品,现仓储量为"+curnum);
        //唤醒在此对象监视器上等待的所有线程
        notify();
    }
    //消费指定数量的产品
    public synchronized void consume(int neednum)
    {
        //测试是否可消费
        while (curnum<neednum)
        {
            try
            {
                //当前的生产线程等待
                wait();
            }
            catch(InterruptedException e)
            {
                e.printStackTrace();
            }
        }
        //满足消费条件,则进行消费,这里简单地更改当前库存量
        curnum-=neednum;
        System.out.println("已经消费了"+neednum+"个产品,现仓储量为"+curnum);
        //唤醒在此对象监视器上等待的所有线程
        notify();
    }
}
```

(2) 生产者类 Producer.java 如下。

```java
public class Producer extends Thread
{
    private int neednum;                    //生产产品的数量
    private Container container;            //仓库
    Producer(int neednum,Container container)
```

```java
            this.neednum=neednum;
            this.container=container;
    }
    public void run()
    {
        //生产指定数量的产品
    container.produce(neednum);
    }
}
```

(3) 消费者类 Consumer.java 如下。

```java
public class Consumer extends Thread
{
    private int neednum;                //生产产品的数量
    private Container container;        //仓库
    Consumer(int neednum,Container container)
    {
            this.neednum=neednum;
            this.container=container;
    }
    public void run()
    {
    //消费指定数量的产品
    container.consume(neednum);
    }
}
```

测试程序如下。

```java
public class Test
{
    public static void main(String[] args)
    {
        //创建仓库对象,初始的产品有 30 个
        Container godown=new Container(30);
        //创建对应的生产者和消费者
        Consumer c1=new Consumer(60,godown);
        Consumer c2=new Consumer(20,godown);
        Consumer c3=new Consumer(10,godown);
        Producer p1=new Producer(10,godown);
        Producer p2=new Producer(10,godown);
        Producer p3=new Producer(20,godown);
        Producer p4=new Producer(10,godown);
        Producer p5=new Producer(10,godown);
        Producer p6=new Producer(40,godown);
        //启动生产者消费者线程
        c1.start();
```

```
            c2.start();
            c3.start();
            p1.start();
            p2.start();
            p3.start();
            p4.start();
            p5.start();
            p6.start();
        }
    }
```

程序运行结果如图 6-14 所示。

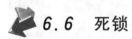

图 6-14 程序运行结果

例 6-13 中,模拟了生产者和消费者的关系。开始消费者调用消费方法时处于等待状态,此时唤起生产者线程。生产者开始生产产品之后,消费者进行消费,但是当产品数量为空或小于消费者消费的产品时,则消费者必须等待,生产者继续生产,然后消费者再次消费,如此循环直到程序运行到最后。

6.6 死锁

死锁(DeadLock)是指两个或两个以上的线程在执行过程中,因争夺资源而造成的一种互相等待的现象。此时称系统处于死锁状态,这些永远在互相等待的线程称为死锁线程。

以下为产生死锁的四个必要条件。

(1) 互斥条件:资源每次只能被一个线程使用。如前面的"线程同步代码段"。
(2) 请求与保持条件:一个线程因请求资源而阻塞时,对已获得的资源保持不放。
(3) 不剥夺条件:进程已获得的资源,在未使用完之前,无法强行剥夺。
(4) 循环等待条件:若干进程之间形成一种头尾相接的循环等待资源关系。

这四个条件是死锁的必要条件,只要系统发生死锁,这些条件必然成立,而只要上述条件之一不满足,就不会发生死锁。

以 Java 语言为例,死锁一般来源于代码段的同步,当一段同步代码被某线程运行时,其他线程可能进入堵塞状态,除非同步锁定被解除,否则线程不能访问那个对象。所以一个线程完全可能等候另一个对象,而另一个对象又在等候下一个对象,以此类推。这个"等候链"如果进入封闭状态,即最后那个对象等候的是第一个对象,此时,所有线程都会陷入无休止的相互等待状态,造成死锁。尽管这种情况并非经常出现,但一旦碰到,程序的调试将变得异常艰难。

【例 6-14】 线程的死锁举例。

```java
public class DeadLockTest implements Runnable
{
    static Object S1= new Object(),S2= new Object();
    public void run()
    {
        if(Thread.currentThread().getName().equals("线程一"))
        {
            synchronized(S1)
            {
                System.out.println("线程 1 锁定 S1");   //代码段 1
                try{ Thread.sleep(1000); }
                catch(Exception ex){}
                synchronized(S2)
                {
                    System.out.println("线程 1 锁定 S2"); //代码段 2
                }
            }
        }else
        {
            synchronized(S2)
            {
                System.out.println("线程 2 锁定 S2");   //代码段 3
                synchronized(S1)
                {
                    System.out.println("线程 2 锁定 S1"); //代码段 4
                }
            }
        }
    }
    public static void main(String[] args)
    {
        Thread t1= new Thread(new DeadLockTest(),"线程 1");
        Thread t2= new Thread(new DeadLockTest(),"线程 2");
        t1.start();
        t2.start();
    }
}
```

程序运行结果如图 6-15 所示。

```
C:\>javac DeadLockTest.java
C:\>java DeadLockTest
线程 1 锁定 S1
线程 2 锁定 S2
```

图 6-15　程序运行结果

从结果中可以看出，两个线程陷入无休止的等待。其原因是，线程 1 进入代码段后，线程 2 抢占 CPU 资源，锁定了 S2，而线程 1 对 S1 的锁定又没有解除，造成线程 2 无法运行下去。当然，由于线程 2 锁定了 S2，线程 1 也无法运行下去。死锁是一个很重要的问题，它可以导致整个应用程序慢慢终止，还很难被分离和修复，这就要求开发人员在设计程序的时候需要谨慎以避免死锁的发生。

6.7 异常

一个完善的程序并不只是简简单单地实现程序的功能，而且要能处理程序运行中出现的各种意外情况，也就是所谓的异常。Java 语言提供了一套完善的异常处理机制，通过这套机制，可以轻松地写出容错性非常高的代码。

1. 异常简介

Java 语言的异常实际上是一个对象，这个对象描述了代码中出现的异常情况。当代码运行异常时，在有异常的方法中创建并抛出一个表示异常的对象，然后在相应的异常处理模块中进行处理。具体实例如下。

```java
public class ExceptionDemo
{
    public static void main(String[] args)
    {
        String str=null;
        int strLength=str.length();
        //字符串的内容为 null
        //获取字符串的长度
        System.out.println("strLength 的长度:"+strLength);
    }
}
```

这段代码是得到一个字符串的长度并把它打印出来，但是字符串并没有被实例化而是只有一个 null 值，代码编译是没有问题的，但是运行程序时却不能正常运行，它会产生如下错误。

```
Exception in thread "main" java.lang.NullPointerException
    at com.chapter3.ExceptionDemo.main(ExceptionDemo.java:6)
```

由于程序中并没有给 str 一个实例，所以使用 String 类型的方法就是不合理的，它会抛出一个 NullPointerException 异常，它描述了程序的异常及异常抛出的地点，在 main() 方法中 ExceptionDemo.java 的第 6 行中。

2. 异常的分类

Java 语言中，所有的异常类都是内置类 Throwable 的子类，所以 Throwable 在异常类型层次结构的顶部。Throwable 有两个子类，这两个子类把异常分成两个不同的分支：一个是 Exception，另一个是 Error，如图 6-16 所示。

分支 Error 定义了 Java 程序运行时的内部错误。通常用 Error 类来指明与运行环境相关的错误。应用程序不应该抛出这类异常，发生这类异常时通常是无法处理的。分支 Exception 用于程序中应该捕获的异常。Exception 下的异常主要分为两类：非检查型异常和检查型异常。

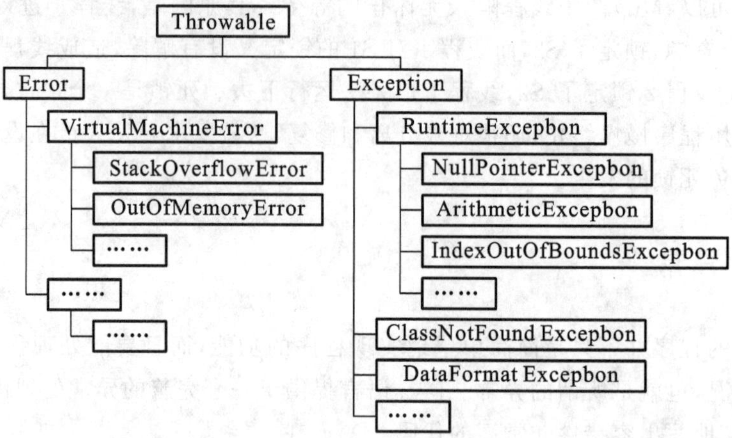

```
                    Throwable
                   /         \
              Error           Exception
                |              |
        VirtualMachineError   RuntimeExcepbon
        StackOverflowError    NullPointerExcepbon
        OutOfMemoryError      ArithmeticExcepbon
        ……                    IndexOutOfBoundsExcepbon
        ……                    ……
                              ClassNotFound Excepbon
                              DataFormat Excepbon
                              ……
```

图 6-16 异常的层次结构图

非检查型异常指的是由于编程错误而导致的异常,或者不能期望程序捕获的异常(如数组越界、除零等),这些异常多数从 RuntimeException 派生而来,而且它们不需要被包含在任何方法的 throws 列表中,编译器不会针对这些异常做检查。

其他类型的异常称为检查型异常,Java 类必须在方法定义中声明它们所抛出的任何检查型异常。对于任何方法,如果被调用的方法抛出一个类型为 E 的检查型异常,那么调用者必须捕获 E 或者也声明抛出 E(或者 E 的一个父类),对此编译器要进行检查。

Java 语言的 java.lang 包中定义的非检查型异常列于表 6-3 所示。表 6-4 列出了 Java 语言中定义的必须在方法的 throws 列表中包括的检查型异常。

表 6-3 Java 语言的 java.lang 包中定义的非检查型异常

异　　常	说　　明
ArithmeticException	算术错误,如被 0 除
ArrayIndexOutOfBoundsException	数组下标出界
ArrayStoreException	数组元素赋值类型不兼容
ClassCastException	非法强制转换类型
IllegalArgumentException	调用方法的参数非法
IllegalMonitorStateException	非法监控操作,如等待一个未锁定线程
IllegalStateException	环境或应用状态不正确
IllegalThreadStateException	请求操作与当前线程状态不兼容
IndexOutOfBoundsException	某些类型索引越界
NullPointerException	非法使用空引用
NumberFormatException	字符串到数字格式非法转换
SecurityException	试图违反安全性
StringIndexOutOfBounds	试图在字符串边界之外索引
UnsupportedOperationException	遇到不支持的操作

表 6-4　java.lang 包中定义的检查异常

异　　常	说　　明
ClassNotFoundException	找不到类
CloneNotSupportedException	试图克隆一个不能实现 Cloneable 接口的对象
IllegalAccessException	对一个类的访问被拒绝
InstantiationException	试图创建一个抽象类或者抽象接口的对象
InterruptedException	一个线程被另一个线程中断
NoSuchFieldException	请求的字段不存在
NoSuchMethodException	请求的方法不存在

6.8　异常的处理

对于检查型异常,Java 语言强迫程序必须进行处理。处理方法有以下两种。

(1) 捕获异常:使用 try{}catch(){}finally{}块,捕获到所发生的异常,并进行相应的处理;

(2) 声明抛出异常:不在当前方法内处理异常,而是把异常抛出到调用方法中。

1. 捕获异常

在 Java 语言中对异常的处理主要有两种:一种是用 try…catch…finally 语句块来捕获处理异常;另一种是通过 throws 或 throw 关键字来抛出异常。下面首先来学习第一种处理方式。Java 语言中严格规定了该语句块的使用格式,它的基本使用格式如下。

```
try
{
//可能出现异常代码
}
catch(异常类型 1 异常对象)
{
//对异常 1 的处理
}
catch(异常类型 2 异常对象)
{
//对异常 2 的处理
}
⋮
catch(异常对象 n 异常对象)
{
//异常对象 n 的处理
}
finally
{
        //不管有没有异常总会执行的代码
}
```

在try…catch语句中捕获并处理异常,把可能出现异常的语句放入try语句块中,紧接在try语句块后的是各个异常的处理模块。try语句块只能有一个,而catch则可以有多个,catch必须紧跟try语句后,中间不能有其他的任何代码。一般情况下finally语句块一般放在最后一个catch语句块后,不管程序是否抛出异常,都会执行它。

【例6-15】 异常处理举例。

```java
public class SimpleDemo
{
    public static void main(String[] args)
    {
        String str=null;
        int strLength=0;
        try
        {
            strLength=str.length();
            System.out.println("出现异常语句之后");
        }
        catch(NullPointerException e)
        {
            e.printStackTrace();
        }
        finally
        {
            System.out.println("执行 finally 语句块");
        }
        System.out.println("程序退出");
    }
}
```

程序运行结果如图6-17所示。

```
C:\>javac SimpleDemo.java

C:\>java SimpleDemo
java.lang.NullPointerException
        at SimpleDemo.main(SimpleDemo.java:8)
执行 finally 语句块
程序退出
```

图6-17 程序运行结果

可以看到try语句块中后面的打印语句并没有执行。在Java语言中就是这样,出现异常的时候会跳出当前运行的语句块,找到异常捕获语句块,然后再跳回程序中执行catch后的语句。有的时候有些语句是必须执行的,例如连接数据库的时候在使用完后必须对连接进行释放,否则系统会因为资源耗尽而崩溃。对于这些必须要执行的语句,Java语言提供了finally语句块来执行。finally语句块是异常捕获里的重要语句,它规定的语句块无论如何都要执行,在一个try…catch中只能有一个finally语句块。在catch块内部,可调用异常对象的getMessage()方法及printStackTrace()方法来处理异常对象。

2. 抛出异常

有一种说法是,最好的异常处理是什么都不做。这样说并不是任由系统自己处理出现的错误,而是说把出现的异常留给用户自己处理。例如,写一个方法,这个方法有抛出异常的可能性,最好的办法是把对异常的处理工作留给方法的调用者,因此需要在方法中定义要抛出的异常。

(1) 通过 throws 抛出异常。

Java 语言中是使用 throws 关键字来抛出异常的。

【例 6-16】 通过 throws 抛出异常举例。

```java
public class ThrowsTest
{
    static void method()throws NullPointerException,
        IndexOutOfBoundsException
    {
        String str=null;
        int strLength=0;
        strLength=str.length();
        System.out.println(strLength);
    }
    public static void main(String[] args)
    {
        try
        {
            method();
        }
        catch (NullPointerException e)
        {
            System.out.println("NullPointerException 异常");
            e.printStackTrace();
        }
        catch (IndexOutOfBoundsException e)
        {
            System.out.println("IndexOutOfBoundsException 异常");
            e.printStackTrace();
        }
    }
}
```

程序运行结果如图 6-18 所示。

```
C:\>javac ThrowsTest.java

C:\>java ThrowsTest
NullPointerException 异常
java.lang.NullPointerException
        at ThrowsTest.method(ThrowsTest.java:7)
        at ThrowsTest.main(ThrowsTest.java:12)
```

图 6-18　程序运行结果

在例 6-16 程序中声明了一个方法,它定义了可能抛出三种异常。定义抛出异常的一般格式如下。

修饰符　返回值类型　方法名() throws　异常类型 1,异常类型 2{
　　　　　　　　//方法体
　　　　　　　}

这种抛出异常的方式称为隐式抛出异常。还有一种方式称为显示抛出异常,它是通过 throw 关键字来实现的。

(2) 用 throw 关键字再次抛出异常。

throw 关键字适用于异常的再次抛出。异常的再次抛出是指当捕获到异常的时候并不对它直接处理而是把它抛出,留给上一层的调用来处理。

【例 6-17】 通过 throw 再次抛出异常举例。

```java
public class ThrowTest
{
    static void method() throws ClassNotFoundException
    {
        try
        {
            Class.forName("");
        }
        catch(ClassNotFoundException e)
        {
            System.out.println("方法中把异常再次抛出");
            throw e;
        }
    }
    public static void main(String[] args)
    {
        try
        {
            method();
        }
        catch (ClassNotFoundException e)
        {
            System.out.println("主方法对异常进行处理");
        }
    }
}
```

程序运行结果如图 6-19 所示。

```
C:\>javac ThrowTest.java

C:\>java ThrowTest
方法中把异常再次抛出
主方法对异常进行处理
```

图 6-19　程序运行结果

可以看出，在方法中程序并没有对异常进行处理而是把它抛出，在主方法调用的时候必须放在 try…catch 语句块中，捕获上面抛出的异常并进行处理。在例 6-17 的程序 ThrowsTest 中定义了三种可能抛出的异常，那么在调用该方法的时候就必须要把方法调用语句放在 try…catch 语句块中，并在 catch 语句块中捕获相应的异常。注意，如果只是定义抛出前两种的话，因为它们都是非检查异常，所以在调用的时候可以不放在 try…catch 语句块中，但是如果方法抛出检查异常，则必须要放入 try…catch 语句块中。

3. 自定义异常类

创建自定义异常类很简单，只需要继承 Exception 类并实现一些方法即可。它的一般形式如下。

```
class 类名 extends Exception
    {
        //类体
    }
```

【例 6-18】 自定义异常类举例。

```
public class IntegerException extends Exception
{
    String mes;
    public IntegerException(int m)
    {
        mes="年龄"+m+"不合理";
    }
    public String toString()
    {
    return mes;
    }
}
public class Person
{
    int age;
    public void setAge(int age) throws IntegerException
    {
    if(age>150||age<0)
    {
        throw new IntegerException(age);
        }else
        {
        this.age=age;
        }
    }
    public int getAge()
    {
        return age;
    }
```

```java
    }
public class TestException
{
    public static void main(String[] args)
    {
        Person li=new Person(),
        zhang=new Person();
        try
        {   li.setAge(170);
            System.out.println(li.getAge());
        }
        catch(IntegerException e)
        {
            System.out.println(e.toString());
        }
        try
        {   zhang.setAge(35);
            System.out.println(zhang.getAge());
        }
        catch(IntegerException e)
        {
            System.out.println(e.toString());
        }
    }
}
```

程序运行结果如图 6-20 所示。

图 6-20　程序运行结果

在例 6-18 中，Person 类中有一个设置 age 的方法，如果该方法传递小于 1 或大于 170 的整数，方法就抛出 IntegerException 类型的异常。

本章小结

本章介绍了 Java 语言多线程及异常处理机制。

在 Java 语言中实现线程有两种方式：继承 Thread 类和实现 Runnable 接口。线程从创建到消亡共经历了五种状态的转变，分别是新建状态、就绪状态、运行状态、阻塞状态和死亡状态。线程在创建后，由 start() 方法启动，该方法会调用线程的 run() 方法，线程的 run() 方法包含线程执行的核心代码。当两个或多个线程竞争资源时，需要同步的方式来协调资源，在 Java 语言中可用 synchronized 关键字来修饰方法和语句块来控制共享资源的访问，有时还需要调用 wait() 和 notify() 方法来协调多线程之间的通信。在多线程编程的过程中可能会出现死锁问题，程序开发人员要尤为注意。

一个程序不能正常运行都可归为异常,只不过不同的语言处理的方式不尽相同。在 Java 语言中是用面向对象的方法来处理异常,用异常类来描述各种异常情况。Java 程序包中定义了一些异常类来处理异常,同时还允许用户自定义一些异常类,自定义的异常类需要继承 Throwable 或 Exception。Java 语言要求程序必须对检查型异常进行处理。处理方法有两种:使用 try…catch…finally 块,捕获到所发生的异常或通过 throws 及 throw 关键字抛出异常。

习 题 6

1. 什么是多线程程序?简述程序、进程和线程之间的关系。
2. 线程有哪五个基本状态?它们之间如何转化?简述线程的生命周期。
3. 如何在 Java 程序中实现多线程?
4. 线程创建有哪两种方式?它们有何区别?
5. 在多线程中,为什么引入同步机制?
6. 简述 Java 的异常处理机制。
7. 解释抛出、捕获的含义。
8. 用户程序如何自定义异常?编程实现一个用户自定义异常。
9. 实现两个独立的线程 A、线程 B 分别运行 10 次,线程 A 执行时显示"我一边听歌,一边学 Java",线程 B 执行时显示"我一边上网,一边看电影",线程 A、线程 B 在每次显示完后会休眠 2 s。分别用 Runnable 接口和 Thread 类来实现。
10. 多线程编程实现如下功能:线程 A 启动后输出信息"线程 A 开始工作",调用 wait()方法开始等待;线程 B 启动后调用 sleep()方法休眠一段时间,然后调用 notify()方法使线程 A 继续运行。线程 A 恢复运行后输出信息"线程 A 工作完成"后结束,线程 B 在判断线程 A 结束后输出信息"线程 B 工作完成"后结束。
11. 编程实现银行账户的存、取款的过程。通过存钱线程可以往账户中存钱,通过取钱线程可以从账户中取钱。

第 7 章　Applet 程序设计

7.1　Applet 概述

7.1.1　Applet 程序简介

Java Applet 是用 Java 语言编写的小应用程序,它既可以在 AppletViewer 下运行,也可以在支持 Java 的 Web 浏览器中运行。Applet 能够直接嵌入到页面中,由支持 Java 的浏览器解释执行,产生特殊效果。Applet 可以大大提高 Web 页面的交互能力和动态执行能力。

Applet 程序是一个经过编译的 Java 程序,Applet 类是 java.applet 包中的一个子类,同时它还是 java.awt 中容器类的子类,因此,它含有 AWT 的一些重要成分。

Java 最初就是通过 Applet 被世人所知,Applet 运行于浏览器上,可以生成生动的页面,进行友好的人机交互,还可以播放图像、动画、声音等多媒体数据。

7.1.2　Applet 的独特性

Applet 程序能跨平台、跨操作系统、跨网络运行,因此,它在 Internet 中得到了广泛应用。另外,由于 Applet 程序代码小,易于快速地下载和发送,并且具有不需要修改应用程序就可增加 Web 页新功能的特性,因此 Applet 程序倍受用户青睐。

Applet 小应用程序的实现主要依靠 java.applet 包中的 Applet 类。与一般的应用程序不同,Applet 应用程序必须嵌入在 HTML 页面中才能得到解释执行;同时 Applet 可以从 Web 页面中获得参数,并和 Web 页面进行交互。含有 Applet 网页的 HTML 文件代码中,必须带有<applet>和</applet>这样一对标记,当支持 Java 语言的网络浏览器遇到这对标记时,就将下载相应的小程序代码并在本地计算机上执行该 Applet 小程序。

Applet 的主要特点如下。

(1) Applet 运行时必须创建一个对应的 HTML 文件,在该文件中通过<applet>标记指定要运行的 Applet 程序名,然后将该 HTML 文件的 URL 通知浏览器。

(2) Applet 应进行安全性限定,由于 Applet 是可以通过网络传输和装载的程序,因而通过网络装载程序常常会暗藏某些危险。

(3) Applet 中没有 main() 方法作为 Java 解释器的入口,必须编写 HTML 文件,把该 Applet 嵌入其中,然后用 AppletViewer 来运行,或者在支持 Java 语言的浏览器上运行。

7.2　Applet 基础

7.2.1　Applet 程序的生命周期与常用方法

Applet 程序的生命周期包括初始态、运行态、停止态和消亡态四个过程。与一个应用程序中的方法 main() 不同的是,没有一种方法的执行是贯穿于 Applet 的整个生命过程的。编写 Applet 子类时可用的方法有 init()、start()、stop()、destroy() 和 paint(),分别对应了

Applet 的初始化、启动、暂停和消亡的各个阶段。

Applet 程序的生命周期和对应的方法，如图 7-1 所示。

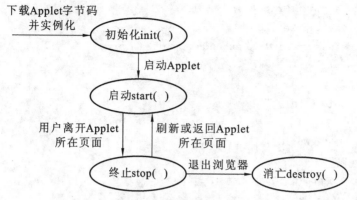

图 7-1 Applet 程序的生命周期与对应的方法

下面对这些方法分别进行说明。

（1）init()：当 Applet 对象被创建并初次装入支持 Java 语言的浏览器时，完成 Applet 的初始化操作。

（2）start()：该方法是 Applet 的主体，它可以执行一些任务或启动相关的线程来执行任务，重新装入或改变页面大小，或者返回 Web 页面。

（3）stop()：离开 Applet 所在页面时需调用 stop()方法，Applet 可利用 stop()方法完成诸如停止播放动画或音乐之类的操作。

（4）destroy()：当浏览器终止此 Applet 时，需调用 destroy()方法。浏览器关闭时也会自动调用，以清除 Applet 所用的所有资源。

7.2.2 Applet 程序的编写

编写 Applet 类时，需注意两点：一是该类必须是 public 类型，程序文件的文件名需要与类名保持一致；二是这个类应是 Applet 的子类，需要引入所需的包。

例如：

```
import java.applet.Applet;
public class AppletName extends Applet
{
    ……
}
```

Applet 本质上是一个图形对象，因此可以使用 Graphics 类的 paint()方法绘制要显示的内容。Graphics 类属于 java.awt 包，因此需引入所需的包。Paint()方法格式如下所示。

```
import java.awt.*;
import java.applet.Applet;
public class AppletName extends Applet
{
    public void paint(Graphics g)
    {
        ……
    }
}
```

在 paint()方法中,只要通过 Graphics 对象 g 的方法,就可以轻松地绘制出想要的图形。

【例 7-1】 Applet 程序的编写。

```
import java.awt.Graphics;
import java.applet.Applet;
public class AppletName extends Applet
{
String s;
public void init()
{
    s="Hello World";
}
public void paint(Graphics g)
{
    g.drawString(s, 25, 25);
    }
}
```

将上述程序保存为 AppletName.java。

7.2.3 Applet 程序的运行

Applet 程序的运行命令为 appletviewer。appletviewer 是 JDK 下的一个 Applet 查看工具,在 Java 安装目录下的 bin 文件夹中可以找到这个可执行文件。appletviewer 犹如一个最小化的 Java 浏览器,使开发者不必使用 Web 浏览器即可运行 Java Applet 程序。

appletviewer 带有一个命令行参数形式的 URL,它指向一个含有 Applet 引用的 HTML 文件。这个 Applet 引用是一个指定了 appletviewer 要装载代码的 HTML 标记。

```
<APPLET CODE="HelloApplet.class" width="220" height="160"></APPLET>
```

需要注意的是,这个标记的通用格式与任何其他 HTML 相同,即使用"<"和">"两个符号来分隔指令。另外,还必须使用<APPLET…>和</APPLET>,<APPLET…>部分指明了代码的入口、宽度、高度等内容,通常执行 Applet 时应指明 Applet 窗口的大小。

运行前需要先编译 Applet 文件,将编译后的.class 文件嵌入 HTML 代码中。方法是用记事本创建一个文件,写入<applet>标记的最简单形式。

```
<APPLET CODE="HelloWorld.class"  width=360  height=120>
</APPLET>
```

文件创建好之后,以"HelleWorld.html"为文件名保存文件。把文件 HelleWorld.html 与文件 HelleWorld.class 保存至同一个目录下。

在命令窗口输入"appletviewer HelloWorld.html"运行程序,或者用浏览器打开文件 HelleWorld.html 运行程序。

也可以编辑源程序 HelleWorld.java,给程序写入注释://<APPLET CODE="HelloWorld.class" width = 360 height = 120></APPLET>。先编译程序 javac HelloWorld.java,再在命令窗口输入 appletviewer HelloWorld.java 运行程序。

【例 7-2】 Applet 程序的运行。

```
import java.awt.Graphics;
import java.applet.Applet;
public class HelloWorld extends Applet
{
    String s;
    public void init()
    {
        s="Hello World";
    }
    public void paint(Graphics g)
    {
        g.drawString(s,25,25);
    }
}
//写 HTML 文档 hw.html
<APPLET CODE=" HelleWorld.class" width=300  height=200>
</APPLET>
//运行
```

选择"开始"→"运行"→"cmd"命令,先编译 javac HelloWorld.java,再运行 appletviewer hw.html。

例如,创建一个案例来演示使用 paint()方法绘制字符串的方法,具体程序如下。

```
import   java.awt.*;
import   java.applet.*;
public   class   HelloWorld2   extends   Applet
{
public void paint(Graphics g)
  {
    g.drawString("Hello   World!",30,30);
  }
}
```

保存上述代码为 HelloWorld.java,编译该程序。然后打开记事本,输入下列代码。

```
<APPLET CODE=HelloWorld2  width=200  height=300>    </APPLET>
```

保存该文件为 hw.html,在命令提示符窗口中使用命令"appletviewer hw.html"执行 html 网页。程序运行结果如图 7-2 所示。

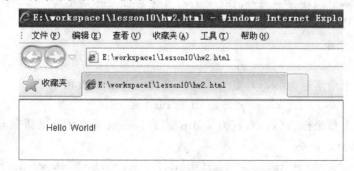

图 7-2 程序运行结果

7.3 Graphics 类

Java 语言具有良好的可移植性和跨平台性,可以在不同的平台上绘制相同的图形。在 Java 语言的 java.awt 包中的 Graphics 图形类可以用于绘制不同的形状和文字。例如,常见的直线、椭圆和多边形等,并且可以利用这些基本图形组合成一个较为复杂的图形。

1. 图形绘制的位置参数

无论绘制哪种图形,其图形绘制方法都拥有指定的绘制主题的位置参数,即用来确定绘制图形显示的坐标位置。Java 语言的坐标系统水平轴为 x,垂直轴为 y,原点(0,0)在窗口左上角。x 坐标轴方向朝右,y 坐标轴方向朝下,如图 7-3 所示。

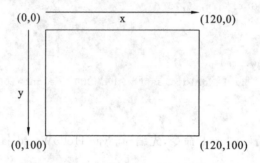

图 7-3 Java 语言的坐标系统

2. 绘制图形方法

既可以在 JFrame 窗口中绘制图形和字符串,也可以在 Applet 程序中绘制图形和字符串,主要采用 paint()方法完成绘制。在 Java 语言中,所有绘制都必须通过 Graphics 图形对象(g)实现。

paint()方法格式如下所示。

```
public void paint(Graphics g)
{
    g.drawString("drawOval",30,50);        //字符串绘制
    g.drawOval(30,60,50,50);               //圆的绘制
}
```

3. 常见图形绘制命令

1) 绘制直线命令

  void drawLine(int startX,int startY,int endX,int endY);

表示在起点(startX,startY)和终点(endX,endY)之间画一条直线。

2) 绘制矩形命令

  void drawRect(int x,int y,int width,int height);

表示绘制一个左上角坐标为(x,y),宽为 width,高为 height 的直角矩形。

  void fillRect(int x,int y,int width,int height);

表示绘制一个左上角坐标为(x,y),宽为 width,高为 height 的有填充效果的直角矩形。

3) 绘制圆角矩形命令

  void drawRoundRect(int x,int y,int width,int height,int arcWidth,int arcHeight);

表示绘制一个左上角坐标为(x,y),宽为 width,高为 height,在 x 轴方向上圆边半径为

arcWidth,在 y 轴方向上圆边半径为 arcHeight 的圆角矩形。

  void fillRoundRect(int x,int y,int width,int height,int arcWidth,int arcHeight);

表示绘制一个左上角坐标为(x,y),宽为 width,高为 height,在 x 轴方向上圆边半径为 arcWidth,在 y 轴方向上圆边半径为 arcHeight 的,有填充效果的圆角矩形。

  4)绘制阴影三维矩形命令

    void draw3DRect(int x,int y,int width,int height, boolean raised);

表示绘制一个左上角坐标为(x,y),宽为 width,高为 height 的阴影三维矩形。

  例如:

    g.setColor(Color.lightGray);
    g.draw3DRect(20,20,100,160,true); // boolean raised 设为 true,边框突起。
    g.draw3DRect(200,20,100,160,false);

  5)绘制圆和椭圆命令

    void drawOval(int x,int y,int width,int height);
    void fillOval(int x,int y,int width,int height);

上述两种方法在坐标为(x,y)处,绘制或者填充一个长轴为 width,短轴为 height 的椭圆。当长轴 width 与短轴 height 相等时,椭圆就变成了圆,所以 Java 语言并没有专门提供绘制圆的方法。

```
public void paint(Graphics g)
{
    g.drawOval(10,10,50,50);      //在原点为(10,10),半径为 50 画圆
    g.fillOval(100,10,50,50);     //在原点为(100,10),半径为 50 画填充效果的圆
    g.drawOval(190,10,90,30);     //在原点为(190,10),长轴为 75,短轴为 50 画椭圆
    g.fillOval(70,90,140,100);    //在原点为(70,90),长轴为 140,短轴为 100 画填充效
                                  //  果的椭圆
}
```

  6)绘制圆弧命令

    void drawArc(int x,int y,int width,int height,int startAngle,int endAngle);
    void fillArc(int x,int y,int width,int height,int startAngle,int endAngle);

  弧的绘制方法有六个参数:起始 x 坐标和 y 坐标,边界椭圆的长和宽,开始画弧的角度 startAngle 和终止画弧前扫过的角度 endAngle。前四个参数确定了弧的尺寸和形状,后两个参数确定弧的端点(起止角度),其值为正表示逆时针方向,为负表示顺时针方向。

  7)绘制多边形命令

  多边形是不限边数的图形,而这些边实际上是由一组点连接而成的,所以绘制多边形需要一组(x,y)坐标对。绘图的原理是从第一个(x,y)坐标对开始,向第二个坐标对画一条直线,然后向第三个(x,y)坐标对画一条直线,依此类推,可以画出多边形。

    void drawPlygon(int []xPoints,int []yPoints,int numPoints);
    void fillPlygon(int []xPoints,int []yPoints,int numPoints);

  xPoints 代表 x 坐标的整型数组,yPoints 代表 y 坐标的整型数组,numPoints 代表所有点数的整数,当然,x 数组和 y 数组应该具有相同数目的元素。通过规定 Polygon 对象或者 x,y 数组值来设置多边形的点。如果起始点和终点不重合,上述的绘图方法将自动将多边形封闭。如果希望绘制一系列相连的直线,不需要自动封闭图形,则可以使用 drawPolyLine() 方法。

【例7-3】 绘制五角星程序实例。
```java
import java.applet.Applet;
import java.awt.Color;
import java.awt.Graphics;
public class DrawStar extends Applet
{
    public void paint(Graphics g)
    {
    g.drawString("drawStar",30,50);
    g.setColor(Color.red);
        int X[]={100,320,400,480,700,540,650,400,150,260};
        int Y[]={200,200,20,200,200,350,550,450,550,350};
        g.fillPolygon(X,Y,50);
    }
};
< APPLET  CODE="DrawStar.class" width=800  height=800>
</APPLET>
```

保存该文件为DrawStar.html，在命令提示符窗口中使用命令"appletviewer DrawStar.html"执行html网页。

程序运行结果如图7-4所示。

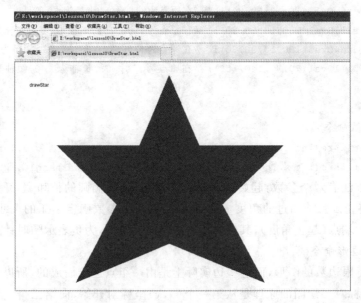

图7-4 程序运行结果

【例7-4】 笑脸娃娃绘制实例。
```java
import java.applet.Applet;
import java.awt.Color;
import java.awt.Graphics;
public class LaughBoy extends Applet
{
```

```
    public void paint(Graphics g)
    {
        g.drawString("笑脸娃娃",50,150);
        g.setColor(Color.black);
        g.drawOval(130,50,380,380);
        g.fillOval(225,160,40,40);
        g.fillOval(375,160,40,40);
        g.drawArc(225,140,40,45,45,90);
        g.drawArc(375,140,40,45,45,90);
        g.setColor(Color.red);
        g.drawArc(190,85,255,255,-45,-90);
        g.drawArc(190,-40,255,400,-45,-90);
    }
};
<APPLET CODE="LaughBoy.class" width=800 height=800></APPLET>
```

程序运行结果如图 7-5 所示。

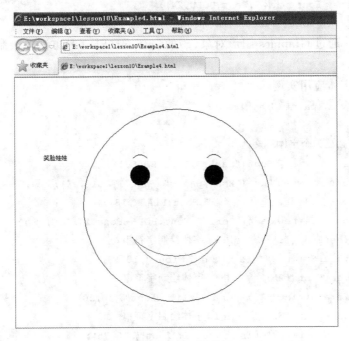

图 7-5 程序运行结果

8) 绘制图像命令

　　void drawImage(Image img,x,y);

表示在指定坐标处绘制图像 img。

9) 绘制字符串命令

　　void drawString(String str,x,y);

表示在指定坐标处绘制字符串 str。

7.4 文字、图像和音频处理

7.4.1 Applet 中处理字符

在绘图中,可以使用 setFont()方法和 setColor()方法设定图形和文字的颜色、字体样式。

1. Font 类

在绘制图形程序中,通常使用 Font 类设置并获取字体属性。Font 类表示字体,用于以可见方式显示文本的样式,如文本字体名称和文本样式名称、文本大小等。字体的名称是代表字体集合的字符串,如宋体、黑体等字体;文本样式名称是 Font 类定义的静态常量,如 Font.PLAIN、Font.BOLD 和 Font.ITALIC;文本大小用点数量表示,代表字体本身定义的尺寸。创建字体 Font 对象需要向 Font 类的构造函数传递三个参数。

```
public Font(String name,int style,int pointsize)
```

如:

```
Font f=new Font("宋体",Font.BOLD,24);
Font ff=new Font("TimesRoman",Font.BOLD+Font.ITALIC,24);
```

字体定义后,通过 Graphics 图形对象(g)的 setFont(Font f)方法来绘制设置好的字体属性。

【例 7-5】 字体应用实例。

```java
public void paint(Graphics g)
{
    //创建四个字体对象
    Font    f1=new Font("Serif",Font.BOLD,16);
    Font    f2=new Font("Monospaced",Font.ITALIC,24);
    Font    f3=new Font("宋体",Font.PLAIN,18);
    Font    f4=new Font("Serif",Font.BOLD+Font.ITALIC,18 );
    g.setFont(f1);      //用 f1 字体绘制字符串
    g.drawString("This is a bold font",10,25);
    g.setFont(f2);      //用 f2 字体绘制字符串
    g.drawString("This is a italic  font", 10,50);
    g.setFont(f3);      //用 f3 字体绘制字符串
    g.drawString("This is a plain font", 10,75);
    g.setFont(f4);      //用 f4 字体绘制字符串
    g.drawString("This is a bold and italic font", 10,100);
}
```

程序运行结果如图 7-6 所示。

2. Color 类

Java 语言可以跨平台,即与硬件无关的方式支持色彩管理。Java 语言的色彩管理功能来自于 java.awt 包中的 Color 类。Color 类允许在应用程序中指定自己需要的任意色彩,不用担心因计算机的硬件设备所支持的绘制方式不同而引起的颜色差别。Java 语言支持 sRGB 色彩模型,将自动找到最接近的颜色。

图 7-6　程序运行结果

Java 语言对色彩的管理都被封装在 java.awt.Color 类中,Color 类提供了对颜色控制的常量和方法。

```
g.setColor(Color.Red);
g.setColor(Color.Yellow);
g.setColor(Color.black);
g.setColor(Color.lightGray);      //设置颜色为灰色
g.setColor(getBackground());      //设置颜色为背景色
g.setColor(getForeground());      //设置颜色为前景色
```

Color 类也可以通过设置红、绿、蓝(RGB)三原色的值来创建各种颜色,其格式如下。

```
Color(int  red,int green,int  blue);
```

三原色的取值为 0~255。

【例 7-6】 字体颜色综合应用实例。

```
public void paint(Graphics g)
{
  Font f=new Font("Helvetica",Font.BOLD,30);
  g.setColor(Color.green);
  g.drawString("Test!", 20, 50);
  g.setFont(f);
  g.setColor(Color.black);
  g.drawString("我画的笑脸娃娃",200,30);
}
```

7.4.2　在 Applet 中处理图像

在 Applet 中显示图像时,首先使用 Applet 类的 getImage()方法装载一个 Image 对象,然后使用 Graphics 类的 drawImage()方法将该对象画到屏幕上。Applet 的 getImage()方法有两种重载格式。

　　(1)　`public Image getImage(URL url, String name)`

其中,url 是路径,用于描述网络上某一资源的地址,name 是图像文件名。

　　(2)　`public Image getImage(URL url)`

其中,url 直接包含了路径和文件名。例如:

```
Image img=getImage(getDocumentBase(), "art.gif");
```

这条命令用于装载与 HTML 处于同一服务器目录的图像文件 art.gif。

Applet 类中有下列两个方法可以返回 URL 对象。

(1) `getDocumentBase()`

其作用是返回当前 Applet 所在的 HTML 文件的 URL。

(2) `getCodeBase()`

其作用是返回当前 Applet 所在目录的 URL。除非在＜APPLET＞标记中指定了 codebase，否则这个 URL 与 HTML 文件的 URL 是一致的。

使用 Graphics 类的 drawImage()方法可以将 Image 对象画到屏幕上，其格式如下：

`drawImage(Image img, int x, int y, ImageObserver observer)`

其中，img 表示要画的 Image 对象，x 和 y 表示 Image 对象的位置，observer 是绘图过程的监视器。observer 的类型为 ImageObserver，较常用的是 Applet，即使用 this 作为参数。

【例 7-7】 图像绘制实例。

```java
import java.awt.*;
import java.applet.Applet;
public class HwImage extends Applet
{
    Image  img;
    public void init()
    {
        img=getImage(getDocumentBase(),"101.jpg");
    }
    public void paint(Graphics g)
    {
        int w=img.getWidth(this);
        int h=img.getHeight(this);
        g.drawString("Image!",30,30);
        g.drawImage(img,10,10,this);                //原图
        g.drawImage(img,10,280,w/2,h/2,this);       //缩小一半
        g.drawImage(img,10,450,w*2,h/2,this);       //宽扁图
        g.drawImage(img,10,600,w/2,h*2,this);       //瘦高图
    }
}
//< APPLET CODE="HwImage" width=450 height=400></APPLET>
```

最终效果如图 7-7 所示。

图 7-7 最终效果图

7.4.3 在 Applet 中处理声音

Java 语言的魅力之一就是对多媒体的支持。Applet 使得原来沉闷的网页变得丰富起来,在 java.applet 中提供了很多功能强大的方法支持多媒体。下面针对 java 语言中的声音技术来分析其中的功能。在 Applet 中播放声音是 Java 语言对多媒体的支持一个重要部分。

1. Java 语言支持的音频格式

Java 语言支持 *.au(audio)、*.aiff(Audio Interchangeable File Format 音频交换文件格式)、*.wav(waveform 波形文件格式)、*.snd(sound)格式。其中,au 格式是 SUN 公司的 au 压缩声音文件格式,只支持 8 位的声音,是互联网上常用到的声音文件格式,多由 SUN 工作站创建。au 文件的使用 Cool Edit Pro2.1 软件创建,选择"文件"→"批量转换"命令,选择 MP3 文件,再选择输出 *.au 文件。

2. 声音剪辑 AudioClip

AudioClip 类能有效地管理声音的播放操作,它被定义在 Applet 包中,所以使用的时候可以使用 import java.applet.AudioClip。

为了得到 AudioClip 对象,可以使用 Applet 类中的 getAudioClip()方法,它有两个重载的方法,能装载指定 URL 的声音文件,并返回一个 AudioClip 对象,其语法格式如下。

(1) AudioClip getAudioClip(URL url);
(2) AudioClip getAudioClip(URL url,String name);

得到 AudioClip 对象以后,就可以调用 AudioClip 类中所提供的各种方法来操作其中的声音数据。

3. 声音文件的处理方法

AudioClip 类型对象可以使用下列方法来处理声音文件。

(1) play()方法:播放。

```
play(getDocumentBase(),"bj.au")
```

表示播放与 HTML 文件处于同一服务器目录的 bj.au 文件。

```
play(getDocumentBase(),"sound/bj.au")
```

表示播放 HTML 文件下级服务器目录 sound 中的 bj.au 文件。

(2) loop()方法:循环播放。
(3) stop()方法:停止播放。

例如:

```
AudioClip sound;
    sound=getAudioClip(getDocumentBase(),"bark.au" )
    sound.play();
    sound.loop();
    sound.stop();
```

【例 7-8】 播放声音文件 bj.au。

```
import java.awt.Graphics;
import java.applet.*;
public class PlayAu extends Applet
{
    AudioClip sound;
    public void init()
```

```
        {
            sound=getAudioClip(getCodeBase(),"bj.au");
        }
        public void paint(Graphics g)
        {
            g.drawString( "Audio Test",25,25);
        }
        public void start()
        {
            sound.play();              //播放
        }
        public void stop()
        {
            sound.stop();              //停止播放
        }
    }
```

PlayAu.html 代码如下。

```
    <APPLET CODE=PlayAu.class width=300 height=300>
    </APPLET>
```

7.5　HTML 的 Applet 标签和属性

7.5.1　HTML 代码的基本结构

HTML 语言，又称超文本标记语言，是英文 Hyper Text Markup Language 的缩写。HTML语言是由一些特定符号和语法组成的一种分层语言，各种标记均成对出现，用"＜ ＞"括起来，开始和结束标记的区别在于结束标记以"/"开头，标记字母忽略大小写。HTML 语言的结构如下。

```
    <HTML>
    <HEAD> …
    <TITLE> …</TITLE>
    </HEAD>
    <BODY> …</BODY>
    </HTML>
```

其中，＜HTML＞在最外层，表示这对标记间的内容是 HTML 文档。还会有一些Hompage 省略＜HTML＞标记，因为.html 或.htm 文件被 Web 浏览器默认为是 HTML文档。＜HEAD＞之间包括文档的头部信息，如文档总标题等，若不需头部信息则可省略此标记。＜BODY＞标记表示正文内容的开始。

7.5.2　Applet 标签

Applet 程序可以在 AppletViewer 环境下运行或在 Web 浏览器中加载，但必须通过在 HTML中定义的＜APPLET＞标记才能实现。＜APPLET＞标记包含在＜BODY＞…</BODY>之间。

7.5.3 Applet 标签属性

在<APPLET>标记的完整语法中,可以有若干个属性,其中必需的属性是 CODE、WIDTH 和 HEIGHT,其余均为可选项。<APPLET>标记的属性应该出现在<APPLET>和</APPLET>之间。下面介绍<APPLET>标记所具有的属性。

(1) codebase:Java 语言的 Applet 的代码的路径,不指定此路径将默认为与 HTML 文件同目录。

(2) archive:包含多个使用逗号(,)分割的 Java 类或外部资源,用于增强 Applet 的功能和定义 Applet 代码。

(3) code:Java 语言的 Applet 被编译成代码的文件名,不用在此属性中指定文件路径,使用 codebase 指定文件路径。

(4) object:包含 Applet 的一系列版本的名称。

(5) height:Applet 的高度,单位为像素。

(6) width:Applet 的宽度,单位为像素。

(7) name:Applet 的名称,通过此名称脚本程序可以与 Applet 通信。

7.6 Applet 的安全基础

当用户上网浏览一个包含 Applet 的网页时,由于 Applet 代码实际上是从远程服务器上下载到用户本地机上运行的,所以安全问题显得十分重要。Applet 本身设定了以下安全规则来保证用户的系统安全。

(1) Applet 永远无法运行本地机上的可执行程序。

(2) Applet 除了与所在的服务器联系外,无法再同任何其他的服务器取得联系。

(3) Applet 不能对本地文件系统进行读写操作。

(4) 除了本地机上使用的 Java 版本号、操作系统名称和版本、系统使用的特殊字符外,Applet 不能获取其他有关本地计算机的信息,特别是本地系统的用户名等信息。

(5) Applet 的弹出式窗口都会带有一个警告信息。

由于 Applet 是在 Java 虚拟机中解释执行,而不是由用户计算机的 CPU 直接运行,才使得以上这些安全规则成为可能。因为解释器会检查所有的关键指令和程序运行范围,能够防止恶意编写的 Applet 导致计算机崩溃、重写系统内存或改变系统权限。

在某些情况下,通过使用签名的 Applet 还可以针对不同的情况给予其不同级别的安全等级。被签名的 Applet 携带一个可以证明其签名者身份的证书,加密技术能够保证这种证书不能被伪造,如果用户信任签名者,就可以赋给 Applet 额外的权限。

本章小结

本章主要介绍了 Applet 的基本概念,重点学习了 Applet 的生命周期与常用方法,Applet 程序的编写和运行,Graphics 类等知识点,掌握创建 Applet 小程序的步骤及 init()、start()、stop()及 destroy()四个方法,学会在 Applet 中处理文字、图像和音频。

习 题 7

一、选择题

1. 下面几个方法中（   ）方法不是 Applet 的基本方法。
   A. start()　　　　B. stop()　　　　C. init()　　　　D. kill()

2. 关于 Applet 的生命周期，说法正确的是（   ）。
   A. stop()方法在 start()方法之前执行
   B. init()方法在 start()方法之后执行
   C. stop()方法在 Applet 退出时被调用，只能被调用 1 次
   D. stop()方法在 Applet 不可见时会被调用，可以被调用多次

3. 下面操作中，Applet 可以完成（   ）。
   A. 读取客户端文件　　　　　　　　B. 在客户端创建新文件
   C. 读取 Applet 所在服务器的文件　　D. 在客户端调用其他程序

4. 下面程序代码正确的排列顺序是（   ）。
(1) import java.applet.*;
(2) ex12_9_a()
(3) package myclasses;
(4) public class ex12_9 extends java.applet.Applet{}
   A. (1)、(2)、(3)、(4)　　　　　　B. (1)、(3)、(2)、(4)
   C. (3)、(1)、(4)、(2)　　　　　　D. (1)、(3)、(4)、(2)

二、填空题

1. 小应用程序界面的宽度和高度一般在_____文件中指定，其中用来指定宽度和高度的关键字分别是_____和_____。

2. 如果一个 Java 程序既是应用程序又是小应用程序，那么它必定含有_____类的子类，同时含有成员方法_____。

3. JDK 中提供的一个专为查看 Applet 的工具是_____。

4. 在 Applet 坐标系中，(0,0)代表输出窗口_____角的像素点。

三、编程题

1. 简述 Java Applet 的开发和运行步骤。

2. 利用 Applet 绘制一个国际象棋棋盘。

3. 编写一个 Applet，添加两个文本框和一个命令按钮。其中一个文本框接收用户输入的一行字符串，按回车键后在另一个文本框中重复输出三行，单击命令按钮可清空所有文本框内容。

4. 准备一组图片及相关文字说明，编写 Applet 制作音乐相册，要求有背景音乐和向前、向后翻动相册的按钮。

第8章 Swing 程序设计

8.1 GUI 与 Swing 概述

GUI(graphic user interface)即图形用户界面,如 Windows 操作系统中的窗口、IE 浏览器本身、所有能够用鼠标和键盘操作的图形应用甚至于游戏等都是图形界面。图形界面是计算机与人沟通的窗口,在应用程序的开发中占有重要的地位,Java 语言提供了一整套开发图形用户界面(GUI)的程序工具,这些工具在最初的版本中称为抽象窗口工具集(AWT),它的库类非常丰富,包含了创建 Java 图形界面程序的所有工具。用户可以利用 AWT,在容器中创建标签、按钮、复选框、文本框等用户界面元素。这些类被存放在 java.awt 包中。从 JDK1.2 开始,Java API 中便集成了 AWT 的扩展和补充版 Swing 包(javax.swing 包)。在同一界面程序中可以同时使用 AWT 包和 Swing 包中的类。Swing 包中的类名一般是在 AWT 包中类名前加上 J。

在实际开发中,很少使用 AWT 组件,绝大部分都是采用 Swing 组件进行开发。Swing 组件是完全的 Java 实现,不依赖于本地平台的 GUI,可以在任何平台上保持相同的界面外观。但由于 Swing 不依赖本地的 GUI,所以导致 Swing 图形界面控件的显示速度比 AWT 慢一些。尽管如此,使用 Swing 开发图形界面依然有如下几个优势。

(1) Swing 不依赖本地 GUI,因此 Swing 提供了大量的组件,远远超出了 AWT 所提供的组件。

(2) Swing 不依赖本地 GUI,因此不会产生与平台相关的 BUG。

(3) Swing 在各个平台上可以保持相同的外观。

Javax.swing 包中有容器和轻量级的组件,Swing 轻量级的组件都是由 AWT 的 Container 类来直接或者是间接派生而来的。Swing 类的树图树如图 8-1 所示。

```
java.awt.Component
+-java.awt.Container
   +-java.awt.Window
      +-java.awt.Frame-javax.swing.JFrame
      +-javax.Dialog-javax.swing.JDialog
      +-javax.swing.JWindow
   +-java.awt.Applet-javax.swing.JApplet
   +-javax.swing.Box
   +-javax.swing.Jcomponet
```

图 8-1 Swing 类的树图

Swing 包是 JFC(java foundation classes)的一部分,它由许多包组成,具体见表 8-1。

表 8-1 Swing 包

名　称	功　能
Com.sum.java.swing.plaf.windows	实现 Windows 界面样式的代表类
javax.swing Swing	组件和使用工具
javax.swing.border Swing	轻量组件的边框
javax.swing.colorchooser	JcolorChooser 的支持类/接口
javax.swing.event	事件和侦听器类
javax.swing.plaf.metal	实现 Metal 界面样式的代表类
javax.swing.table	Jtable 组件
javax.swing.text	支持文档的显示和编辑
javax.swing.text.html	支持显示和编辑 HTML 文档
javax.swing.text.html.parser	HTML 文档的分析器
Com.sum.swing.plaf.motif	实现 Motif 界面样式代表类
javax.swing.tree	Jtree 组件的支持类
javax.swing.text.rtf	支持显示和编辑 RTF 文件
javax.swing.undo	支持取消操作

在表 8-1 所示的包中,javax.swing 是 Swing 提供的最大的包,其中包含 100 个类和 25 个接口。

● javax.swing.event 包中定义了事件和事件处理类,与 java.awt.event 包类似,主要包括事件类和监听器接口等,这些内容将在后面介绍。

● javax.swing.pending 包主要是一些没有完全实现的组件。

● javax.swing.table 包中含 Jtable 类的支持类。

● javax.swing.tree 包是对树型类 Jtree 的支持类。

● javax.swing.text、javax.swing.text.html、javax.swing.text.html.parser 和 javax.swing.text.rtf 包都是与文档显示和编辑相关的包。

8.2　窗体的创建

如何用 Java 程序来编写图形用户界面呢？根据前面的讲解我们已经熟悉了图形界面的组成,图形界面主要由一些按钮、文本框等部件组成,这些部件被称为组件(Component)。组件是构成 GUI 的基本要素,它通过对不同事件的响应来完成用户的交互或组件之间的交互,组件一般作为一个对象放置在容器(Container)内。容器是能容纳和排列组件的对象,一个容器中可容纳一个或多个组件,还可以容纳其他容器。容器分为顶层容器和非顶层容器两大类。顶层容器是可以独立的窗口,不需要其他组件支撑,顶层容器有 JFrame、JApplt、JDialog。非顶层容器不是独立的窗口,它们必须位于顶层容器窗口之内才能显示,它是一个矩形区域,在其中可摆放其他组件,可以有自己的布局管理器。非顶层容器有 JPanel、JScrollBar 等。

下面通过一个简单的实例来演示 Swing 程序。

【例 8-1】 简单的 Swing 程序示例。

```
import javax.swing.*;
import java.awt.*;
public class Jtest8_1
{
  public static void main(String args[])
  {
    JFrame f=new JFrame("窗口示例");           //创建 JFrame 窗口对象
    Container contentPane=f.getContentPane();   //定义一个容器
    JPanel p1=new JPanel();                     //创建一个面板对象 p1
    p1.setBorder(BorderFactory.createTitledBorder("JAVA学习"));
    JLabel label=new JLabel();
    label.setText("欢迎大家光临");
    contentPane.add(p1);
    p1.add(label);
    f.setSize(200,200);
    f.setVisible(true);
  }
}
```

程序运行结果如图 8-2 所示。

图 8-2　程序运行结果

在例 8-1 中，首先导入 swing 和 awt 包中的所有的类与方法，然后用 Jframe 创建窗口，并用 JPanel 创建一个面板并显示文字，在 awt 中 Panel 可以通过 add()方法直接加入 Frame 中，但在 swing 中不能将组件通过 add()方法直接加入到 JFrame 中。而可以采取将组件加入到 JFrame 的 contentpane 中，或者提供一个新的 contentpane 的方法。对 JFrame 添加组件有以下两种方式。

（1）用 getContentPane()方法获得 JFrame 的内容窗格，再对其加入组件。其语法格式为：

```
frame.getContentPane().add(childComponent);
```

（2）建立一个 JPanel 之类的中间容器，把组件添加到容器中，用 setContentPane()方法把该容器置为 JFrame 的内容窗格。其语法格式为：

```
JPanel contentPane=new JPanel();
frame.setContentPane(contentPane);
```

在例 8-1 中用到的是第一种形式。

8.3 常用组件

Swing 组件与 AWT 组件相比,不仅增添了一些新的方法,而且还提供了更多、功能更全面的高级组件。下面选取几个比较典型的组件进行详细讲解,对于没有讨论到的组件,用户在使用中如果遇到困难,可参阅 API 文档。

8.3.1 按钮(Jbutton)

Swing 中按钮的类是 Jbutton,它是 javax.swing.AbstracButton 类的子类,Jbutton 类的继承关系如图 8-3 所示。

```
java.lang.Object
    +--java.awt.Component
        +--java.awt.Container
            +--javax.swing.JComponent
                +--javax.swing.AbstractButton
                    +--javax.swing.JButton
```

图 8-3 Jbutton 类的继承关系图

在 Jbutton 类中有下面几个较常用的构造方法。

(1) JButton(Icon icon)方法:在按钮上显示图标。

(2) JButton(String text)方法:在按钮上显示字符。

(3) JButton(String text,Icon icon)方法:在按钮上既显示图标又显示字符。

【例 8-2】 简单的按钮示例。

```java
import javax.swing.*;
import java.awt.*;
public class Jtest8_2
{
  public static void main(String[]args)
  {
  JFrame f=new JFrame("按钮示例");
  Container contentPane=f.getContentPane();
  JButton b=new JButton("确定");                    //创建一个按钮
  b.setHorizontalTextPosition(JButton.CENTER);//设置文本相对于图标的水平方向的位置
  b.setVerticalTextPosition(JButton.BOTTOM);  //设置文本相对于图标的垂直方向的位置
  contentPane.add(b);
  f.setSize(200,200);
  f.setVisible(true);
  }
}
```

程序运行结果如图 8-4 所示。

图 8-4 程序运行结果

创建按钮时如果没有设置文字的位置,系统默认值会将文字置于图形的右边中间位置。

8.3.2 复选框与单选框

1. 复选框(JCheckBox)

要完成多项选择可以使用复选框,该类是 javax.swing.JToggleButton 的子类,其继承关系如图 8-5 所示。

```
java.lang.Object
  ＋－－java.awt.Component
      ＋－－java.awt.Container
          ＋－－javax.swing.JComponent
              ＋－－javax.swing.AbstractButton
                  ＋－－javax.swing.JToggleButton
                      ＋－－javax.swing.JcheckBox
```

图 8-5 复选框继承关系图

复选框常用的构造方法如下。

- JCheckBox()方法:创建初始状态无文本、无图标、未被选定的复选框。
- JCheckBox(Action a)方法:创建一个复选框,属性由参数提供。
- JCheckBox(Icon icon)方法:创建一个有图标,但未被选定的复选框。
- JCheckBox(Icon icon,boolean selected)方法:创建一个有图标,并且指定是否被选定的复选框。
- JCheckBox(String text)方法:创建一个有文本,但未被选定的复选框。
- JCheckBox(String text,boolean selected)方法:创建一个有文本,并且指定是否被选定的复选框。
- JCheckBox(String text,Icon icon)方法:创建一个指定文本和图标,但未被选定的复选框。
- JCheckBox(String text,Icon icon,boolean selected)方法:创建一个指定文本和图标,并指定是否被选定的复选框。

【例 8-3】 简单的复选框示例。

```java
import javax.swing.*;
import java.awt.*;
public class Jtest8_3
{
    public static void main(String[]args)
    {
        JFrame f=new JFrame("复选框示例");                //创建 JFrame 窗口对象
        Container contentPane=f.getContentPane();         //定义一个容器
        JPanel p1=new JPanel();                           //创建一个面板对象 p1
        p1.setBorder(BorderFactory.createTitledBorder("选择你喜欢吃的水果?"));
        JCheckBox c1=new JCheckBox("苹果");
        JCheckBox c2=new JCheckBox("西瓜");
        JCheckBox c3=new JCheckBox("哈密瓜");
        JCheckBox c4=new JCheckBox("桃子");
        JCheckBox c5=new JCheckBox("葡萄");
        JCheckBox c6=new JCheckBox("火龙果");
        p1.add(c1);
        p1.add(c2);
        p1.add(c3);
        p1.add(c4);
        p1.add(c5);
        p1.add(c6);
        contentPane.add(p1);
        f.setSize(200,200);
        f.setVisible(true);
    }
}
```

程序运行结果如图 8-6 所示。

图 8-6　程序运行结果

2. 单选框(JRadioButton)

通常 JRadioButton 和 ButtonGroup 配合在一起使用，其作用是一次创建一组选择框，并且在这一组选择框中，每次只能够选中其中一个。需要用 add()方法将 JRadioButton 控件添加到 ButtonGroup 中。创建一组选择框通常需要创建一个 JPanel 或类似的容器，并将按钮添加到容器中。

JRadioButton 的常用构造方法如下。

● JRadioButton()方法：用于创建一个未指定图标和文本且未被选定的单选按钮。

● JRadioButton(Action a)方法：用于创建一个属性来自 Action 的单选按钮。

● JRadioButton(Icon icon)方法：用于创建一个指定图标未选定的单选按钮。

● JRadioButton(Icon icon,boolean selected)方法：用于创建一个指定图标和状态的单

选按钮。

- JRadioButton(String text)方法:用于创建一个指定文本未被选择的单选按钮。
- JRadioButton(String text,boolean selected)方法:用于创建一个执行文本和选择状态的单选按钮。
- JRadioButton(String text,Icon icon)方法:用于创建一个指定文本和图标未被选择的单选按钮。
- JRadioButton(String text,Icon icon,boolean selected)方法:用于创建一个具有指定的文本、图标和选择状态的单选按钮。

8.3.3 文本框与文本区

文本框(JTextField)一般用于输入如姓名、地址这样的信息,它是一个能够接收用户键盘输入的单行文本区域。文本区(JTextArea)与文本框的区别在于它可以输入多行文本。

实现文本框功能的类是 JTextField,其中提供了多个方法,可以用于设置输入的文本字符的长度限制。密码框和文本框的外观一样,并且也继承自 JTextField 类,密码框专门实现密码的输入,输入内容不直接显示,在密码框中以星号或其他形式的符号显示在上面。

【例 8-4】 简单的登录框示例。

```java
import javax.swing.*;
import java.awt.*;
public class Jtest8_4
{
  public static void main(String[]args)
  {
    JFrame f=new JFrame("文本框和密码框示例");
    Container contentPane=f.getContentPane();    //定义一个容器
    JPanel p1=new JPanel();                       //创建一个面板对象 p1
    p1.setBorder(BorderFactory.createTitledBorder("请输入你的登录信息"));
    JLabel lable1=new JLabel("用户名:",JLabel.CENTER);
    JLabel lable2=new JLabel("密码:",JLabel.CENTER);
    JTextField t1=new JTextField(16);             //创建长度为 16 的单行文本框
    JPasswordField t2=new JPasswordField(16);
    p1.add(lable1);                                //将标签及单行文本框依次添加到面板中
    p1.add(t1);
    p1.add(lable2);
    p1.add(t2);
    contentPane.add(p1);
    f.setSize(600,200);
    f.setVisible(true);
  }
}
```

程序运行结果如图 8-7 所示。

文本框中只能够输入单行的文字,但在文本区中可以输入多行文字,该组件是由类

图 8-7 程序运行结果

JTextArea 负责。

【例 8-5】 简单的文本区示例。

```
import javax.swing.*;
import java.awt.*;
public class Jtest8_5
{
  public static void main(String[]args)
  {
    JFrame f=new JFrame("文本区示例");                //JFrame 实例对象
    Container contentPane=f.getContentPane();        //定义一个容器
    JPanel p1=new JPanel();                          //创建一个面板对象 p1
    p1.setBorder(BorderFactory.createTitledBorder("请输入文章"));
    JTextArea jta=new JTextArea(5,50);
    p1.add(jta);
    contentPane.add(p1);
    f.setSize(600,200);
    f.setVisible(true);
  }
}
```

程序运行结果如图 8-8 所示。

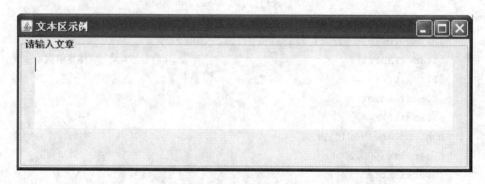

图 8-8 程序运行结果

以上程序创建容器后即创建文本区,并设置行列数,最后设置窗口的大小及窗口可见。

8.4 常用的布局管理器

当将组件添加到容器中时,如果希望控制组件在容器中的位置,则要用到布局管理器。Java 组件在容器中的具体位置是通过布局管理器 LayoutManager 实现的。LayoutManager 只是一个接口,在 AWT 包中提供了 FlowLayout、BorderLayout、GridLayout、GridBagLayout 和 CardLayout 五种布局管理器。在 Swing 中又增加了 BoxLayout 布局管理器,这些类均实现了 LayoutManager 接口,本节主要介绍常用的布局管理器。

8.4.1 FlowLayout 布局管理器

FlowLayout 是最简单的布局管理器,也称为流式布局管理器,其主要功能是让容器内的组件按照行优先的方式排列,一行排列到边界后就折回到下一行继续排列,依此类推。并且在默认的情况下尽可能地选用居中放置,组件总会根据自身的大小来进行自动排列,而不需要用户进行任何明确的操作。例如,当用户缩小容器时,如果长度小于当前摆放的组件长度,则将多余的组件切换到下一行进行排列。如果此时将容器放大,则又会将第二排组件重新放回到第一排多出的空间中。

【例 8-6】 流式布局管理器的示例。

```
import javax.swing.*;
import java.awt.*;
public class Jtest8_6
{
  public static void main(String[]args)
  {
  JFrame f=new JFrame();                              //创建一个 JFrame 实例对象
  Container contentPane=f.getContentPane();           //定义一个容器
  contentPane.setLayout(new FlowLayout());            //设置容器的布局方式为 FlowLayout
  contentPane.add(new JButton("一"));                 //向容器中添加第一个按钮
  contentPane.add(new JButton("二"));                 //向容器中添加第二个按钮
  contentPane.add(new JButton("三"));                 //向容器中添加第三个按钮
  contentPane.add(new JButton("四"));                 //向容器中添加第四个按钮
  contentPane.add(new JButton("五"));                 //向容器中添加第五个按钮
  contentPane.add(new JButton("六"));                 //向容器中添加第六个按钮
  contentPane.add(new JButton("七"));                 //向容器中添加第七个按钮
  contentPane.add(new JButton("八"));                 //向容器中添加第八个按钮
  contentPane.add(new JButton("九"));                 //向容器中添加第九个按钮
  contentPane.add(new JButton("十"));                 //向容器中添加第十个按钮
  f.setTitle("FlowLayout 示例");
  f.setSize(600,200);                                 //设置框架的大小
  f.setVisible(true);                                 //将框架设置为可见状态
  }
}
```

程序运行结果如图 8-9 所示。

图 8-9　程序运行结果

将窗口缩小后,会出现如图 8-10 所示的窗口。

图 8-10　缩小后的窗口

再将窗口拖大时,组件又会重新回到第一行,再出现如图 8-9 所示的窗口。

8.4.2　BorderLayout 布局管理器

BorderLayout 是 Frame/JFrame 的默认布局管理器,又叫边界布局管理器,BorderLayout 把窗口分隔成 NORTH、SOUTH、EAST、WEST 和 CENTER 五个区域,并且根据窗口大小自动调整组件的大小。如果一个面板被设置成边界布局后,所有填入某一区域的组件都会按照该区域的空间进行调整,直到完全充满该区域。如果此时将面板的大小进行调整,则四周区域的大小不会发生改变,只有中间区域被放大或缩小。

【例 8-7】边界布局管理器的示例。

```java
import javax.swing.*;
import java.awt.*;
public class Jtest8_7
{
  public static void main(String[]args)
  {
    JFrame f=new JFrame();                                    //创建一个 JFrame 实例对象
    Container contentPane=f.getContentPane();                 //定义一个容器
    contentPane.setLayout(new BorderLayout());
    contentPane.add(new JButton("东"),BorderLayout.EAST);    //将按钮放到东侧
```

```
        contentPane.add(new JButton("西"),BorderLayout.WEST);    //将按钮放到西侧
        contentPane.add(new JButton("南"),BorderLayout.SOUTH);   //将按钮放到南侧
        contentPane.add(new JButton("北"),BorderLayout.NORTH);   //将按钮放到北侧
        contentPane.add(new JLabel("中",JLabel.CENTER),
        BorderLayout.CENTER);                                    //将标签放到中间
        f.setTitle("BorderLayout 布局管理器示例");                //设置标题
        f.setSize(600,200);                                      //设置框架的大小
        f.setVisible(true);                                      //将框架设置为可见状态
        }
    }
```

程序运行结果如图 8-11 所示。

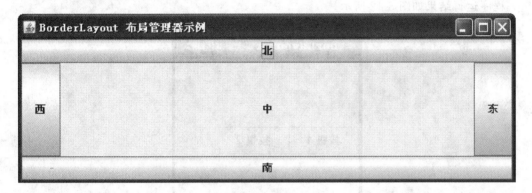

图 8-11　程序运行结果

使用 BorderLayout 布局管理器时需要注意以下两点。

（1）如果没有在 NORTH、SOUTH、EAST、WEST 这四个区域的任一区域放置组件时，CENTER 区域会覆盖未放置组件的区域。

（2）在同一个区域同时放置两个及以上的组件时，只能显示最后放置的组件。如果真的需要放置两个以上的组件，则可以在任何一个区域中再次嵌套其他容器，如 JPannel 等。

8.4.3　BoxLayout 布局管理器

BoxLayout 布局管理器又叫箱式布局管理器，相当于将一组组件放置到一个箱子中然后将箱子排成一列。用户还可以通过传入构造方法参数来决定如何排列，排列方式分为横向和纵向两种。选择横向布局时，组件的排列顺序是从左到右。选择纵向布局时，组件的排列顺序是从上到下。关于组件的大小设置，主要有以下三种方法。

（1）setPreperredSize(Dimension dim)方法：用于设置首选大小。

（2）setMaximumSize(Dimension dim)方法：用于设置最大值。

（3）setMinimumSize(Dimension dim)方法：用于设置最小值。

【例 8-8】　横向布局管理器的示例。

```
        import javax.swing.*;
        import java.awt.*;
        public class Jtest8_8
        {
          public static void main(String[]args)
```

```
        {
        JFrame f=new JFrame("BoxLayout 示例");
        Container contentPane=f.getContentPane();
        Box baseBox=Box.createHorizontalBox();
        contentPane.add(baseBox);
        baseBox.add(new JButton("按钮 1"));    //定义第一个按钮
        baseBox.add(new JButton("按钮 2"));    //定义第二个按钮
        f.setSize(200,200);
        f.setVisible(true);                   //将框架设置为可见状态
        }
    }
```

程序运行结果如图 8-12 所示。

图 8-12　程序运行结果

【例 8-9】　纵向布局管理器的示例。

```
    import javax.swing.*;
    import java.awt.*;
    public class Jtest8_9
    {
      public static void main(String[]args)
      {
      JFrame f=new JFrame("BoxLayout 示例");
      Container contentPane=f.getContentPane();
      Box baseBox=Box.createVerticalBox();            //创建 Box 类对象
      contentPane.add(baseBox);
      baseBox.add(new JButton("按钮 1"));              //定义第一个按钮
      baseBox.add(new JButton("按钮 2"));              //定义第二个按钮
      f.setSize(200,200);
      f.setVisible(true);
      }
    }
```

程序运行结果如图 8-13 所示。

图 8-13　程序运行结果

8.4.4　GridLayout 布局管理器

GridLayout 即网格布局管理器，它将空间划分成规则的矩形网格，每个单元格区域大小相等。组件被添加到每个单元格中，先从左到右添满一行后再换行，按从上到下的顺序。

【例 8-10】　网格布局管理器示例。

```java
import javax.swing.*;
import java.awt.*;
public class Jtest8_10
{
  public static void main(String[]args)
  {
    JFrame f=new JFrame("GridLayout 示例");         //创建一个 JFrame 的对象
    Container contentPane=f.getContentPane();
    contentPane.setLayout(new GridLayout(2,1));      //设置容器的布局方式为
                                                     //  GridLayout

    JPanel p1=new JPanel();
    p1.setLayout(new GridLayout(2,3));
    p1.add(new JButton("示例按钮 1"));                //将第一个按钮添加到对象 p1 中
    p1.add(new JButton("示例按钮 2"));                //将第二个按钮添加到对象 p1 中
    p1.add(new JButton("示例按钮 3"));                //将第三个按钮添加到对象 p1 中
    p1.add(new JButton("示例按钮 4"));                //将第四个按钮添加到对象 p1 中
    p1.add(new JButton("示例按钮 5"));                //将第五个按钮添加到对象 p1 中
    p1.add(new JButton("示例按钮 6"));                //将第六个按钮添加到对象 p1 中
    contentPane.add(p1);
    f.setSize(300,300);
    f.setVisible(true);                              //将框架设置为可见状态
  }
}
```

程序运行结果如图 8-14 所示。

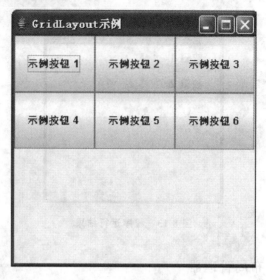

图 8-14　程序运行结果

 ## 8.5　常用的事件处理

所谓事件,是指发生在图形用户界面上的因为用户交互行为而产生的一种效果,如鼠标的各种动作、键盘的各种敲击操作及发生在其余组件上的各种各样的操作。每发生一个事件,程序都需要做出相应的响应,这称为事件处理,事件处理过程中涉及三个对象,即事件源、事件和事件监听器。事件源(event source)是产生事件的组件,即事件发生的地方,一般来说指的是某一个组件或容器等。事件(event)即发生在组件上的特定动作,一般指的是用户对某个组件所进行的操作。如果程序需要获得组件所进行的操作,使用 event 对象可以获得。事件监听器(listener)是负责监听指定组件所发生的特定事件,并对相应事件做出响应处理。

在 Java 语言中,事件的处理机制是一种委托式的事件处理方式,即普通组件将整个事件处理委托给特定的事件监听器,当该事件源发生指定的事件时,就通知所委托的事件监听器,由事件监听器来处理这个事件。

从 JDK1.1 版本开始,Java 语言对事件进行了分类,并且对发生在组件上的事件进行了过滤。所有事件都放在包 java.awt.event 中。所有的组件都从 Component 类中继承了将事件处理委派给监听器的方法,如果要给某个需要处理某种事件的组件注册监听器,可以用方法 addXXXListener(ListenerType listener);而删除组件注册的某个监听器可以用方法 removeXXXListener(ListenerType listener)。具体组件类及其添加监听器的方法如表 8-2 所示。

表 8-2　各组件添加监听器方法

组件名称	添加监听器方法
Cumponent	addComponentListener
	addFocusListener
	addMouseListener
Container	addMouse MotionListener
	addContainerListener

续表

组 件 名 称	添加监听器方法
Frame	addWindowListener
Dialog	addWindowListener
Button	addActionListener
Choice	addItemListener
Checkbox	addItemListener
CheckboxMenuItem	addItemListener
List	addItemListener
MenuItem	addActionListener
	addActionListener
Scrollbar	addAdjustmentListener
TextArea	addTextListener
TextField	addTextListener
	addActionListener
Scrollpane	addAdjustmentListener

具体操作方式如图 8-15 所示。

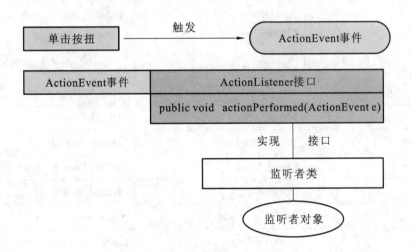

图 8-15　组件添加监听器的具体方法

调用按扭的 addActionListener() 方法,令方法括号中的参数为图 8-15 中的监听者对象,从而为该按扭指定监听者。

Swing 事件源可能触发的事件及事件监听器如表 8-3 所示。

表 8-3 Swing 事件源可能触发的事件及监听器

事件源	事件对象	事件监听器
JFrame	MouseEvent WindowEvent	MouseEventListener WindowEventListener
AbstractButton (JButton,JToggleButton, JCheckBox,JRadioButton)	ActionEvent ItemEvent	ActionListener ItemListener
JTextField JPasswordField	ActionEvent UndoableEvent	ActionListener UndoableListener
JTextArea	CareEvent InputMethodEvent	CareListener InputMethodEventListener
JTextPane JEditorPane	CareEvent DocumentEvent UndoableEvent HyperlinkEvent	CareListener DocumentListener UndoableListener HyperlinkListener
JComboBox	ActionEvent ItemEvent	ActionListener ItemListener
JList	ListSelectionEvent ListDataEvent	ListSelectionListener ListDataListener
JFileChooser	ActionEvent	ActionListener
JMenuItem	ActionEvent ChangeEvent ItemEvent MenuKeyEvent MenuDragMouseEvent	ActionListener ChangeListener ItemListener MenuKeyListener MenuDragMouseListener
JMenu	MenuEvent	MenuListener
JPopupMenu	PopupMenuEvent	PopupMenuListener
JProgressBar	ChangeEvent	ChangeListener
JSlider	ChangeEvent	ChangeListener
JScrollBar	AdjustmentEvent	AdjustmentListener
JTable	ListSelectionEvent TableModelEvent	ListSelectionListener TableModelListener
JTabbedPane	ChangeEvent	ChangeListener
JTree	TreeSelectionEvent TreeExpansionEvent	TreeSelectionListener TreeExpansionListener
JTimer	ActionEvent	ActionListener

【例 8-11】 在一个窗口中摆放两个组件、一个按钮和一个文本区。当按下按钮后,将文本区内中的字体颜色设置为蓝色。

```java
import javax.swing.*;
import java.awt.*;
import java.awt.event.*;
public class Jtest8_11
{
  static JFrame f=new JFrame("事件示例");
  static JButton bt=new JButton("设置字体颜色");
  static JTextArea ta =new JTextArea("字体颜色",5,20);
  public static void main(String args[])
  {
  Container contentPane=f.getContentPane();
    f.setLayout(new FlowLayout());
    bt.addActionListener(new ActionListener()
          {
              public void actionPerformed(ActionEvent event)
                {
                  ta.setForeground(Color.blue);
                }
          } );
  contentPane.add(ta);
  contentPane.add(bt);
  f.setSize(260,170);
  f.setVisible(true);
   }
}
```

程序运行结果如图 8-16 所示。

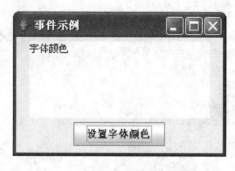

图 8-16 程序运行结果

程序先创建了容器、按钮和文本区,将布局管理设置为流式布局管理,按钮通过 addActionListener()方法注册监听器,由表 8-3 第二行知道按钮的监听器为 ActionListener,所以在 addActionListener()方法的参数表中用匿名对象 new ActionListener()作为参数;当鼠标按下系统会产生 ActionEvent 对象并自动执行 actionPerformed 方法,将文本区中文字的颜色改为蓝色。具体执行过程如图 8-17 所示。

```
                    ┌─Frame─────────────┐      1注册监听器ActionListener
                    │  ┌─Panel────────┐ │
                    │  │              │ │      2鼠标按下，系统产生
                    │  │   [Button]   │◄┼──    ActionEvent对象并自动执行
                    │  │              │ │
                    │  └──────────────┘ │   3
                    └───────────────────┘  ╲
                                            ┌──────────────────────────┐
                                            │ actionPerformed(ActionEvent e)│
                                            │     {                    │
                                            │         //......         │
                                            │     }                    │
                                            └──────────────────────────┘
```

图 8-17　程序具体执行过程

在 Swing 中有很多的事件，如鼠标事件、焦点事件等，每一个事件类都会与一个事件类接口相对应，并且由事件所引起的动作都会存放在接口需要实现的方法中。下面介绍一下鼠标事件，对于没有讨论到的事件，在使用中如果遇到困难，用户可参阅 API 文档。

鼠标事件是由 MouseEvent 负责，而鼠标监听器则有两种，分别是 MouseListener 和 MouseMotionListener。其中，MouseListener 负责鼠标的按下、抬起和经过某一区域。组件注册了鼠标监听器后，如果操作者在组件上发生以上的动作，就会激活相应的事件处理方法。

【例 8-12】 获取鼠标光标的事件示例。

```java
import javax.swing.*;
import java.awt.*;
import java.awt.event.* ;
public class Jtest8_12 extends WindowAdapter implements MouseListener
{
  JLabel label=null;
  public Jtest8_12()
    {
    JFrame jfarme=new JFrame("鼠标事件示例");              //创建框架
    Container contentPane=jfarme.getContentPane();        //窗口容器
    contentPane.setLayout(new GridLayout(2,1));
    JButton button1=new JButton("按钮");
    label=new JLabel("起始状态,还没有鼠标事件",JLabel.CENTER);//创建一个文本标签
    button1.addMouseListener(this);                       //为按钮添加事件监听
    contentPane.add(button1);
    contentPane.add(label);
    jfarme.setSize(200,200);
    jfarme.setVisible(true);
    jfarme.addWindowListener(this);                       //添加窗口事件监听
    }
    public void mousePressed(MouseEvent e)
    {
      label.setText("你已经按下鼠标按钮");
    }
    public void mouseReleased(MouseEvent e)
    {
      label.setText("你已经抬起鼠标按钮");
    }
```

```java
        public void mouseEntered(MouseEvent e)
        {
            label.setText("光标已经进入按钮");
        }
        public void mouseExited(MouseEvent e)
        {
            label.setText("光标已经离开按钮");
        }
        public void mouseClicked(MouseEvent e)
        {
            label.setText("你单击按钮");
        }
        public void windowClosing(WindowEvent e)
        {
            System.exit(0);
        }
        public static void main(String[]args)
        {
            new Jtest8_12();
        }
}
```

程序运行结果如图 8-18 所示。

图 8-18　程序运行结果

在例 8-12 的程序中,首先创建窗口,并在窗口中创建标签和按钮。为按钮添加事件监听并设置触发按钮事件所产生的方法。

MouseMotionListener 主要负责鼠标的拖动事件处理。当用户在注册了 MouseMotionListener 的组件上拖动鼠标时,就激活了 mouseDragged(MouseEvent e)方法,如果用户此时没有按下鼠标而是移动鼠标时,就会激活 mouseMoved(MouseEvent e)方法。

8.6　开发 GUI 的实例

实例 1:Java Application 与 Java Applet 之间 GUI 编程的转换方法

在 Applet 中应用 Swing,就是要将 Swing 组件加载到 Applet 容器上(通常是 JApplet),这通常在 init()方法中完成,在 Application 中应用 Swing,也是要将 Swing 组件加载到这个

Application 的顶层容器（通常是 JFrame）中。

【例 8-13】 在 Applet 中应用 Swing 组件。

```java
import java.awt.*;
import java.awt.event.*;
import javax.swing.*;
public class Jtest8_13 extends JApplet
{
  public void init()
  {
    Container contentPane= getContentPane();
    contentPane.setLayout(new GridLayout(2,1));
    JButton button=new JButton("Click me");
    final JLabel label=new JLabel();
    contentPane.add(button);
    contentPane.add(label);
    button.addActionListener(new ActionListener()
    {
      public void actionPerformed(ActionEvent event)
      {
        String information=JOptionPane.showInputDialog("请输入一串字符");
        label.setText(information);
      }
    }                //创建监听器语句结束
    }                //init 方法结束
}
```

程序运行结果如图 8-19 所示。

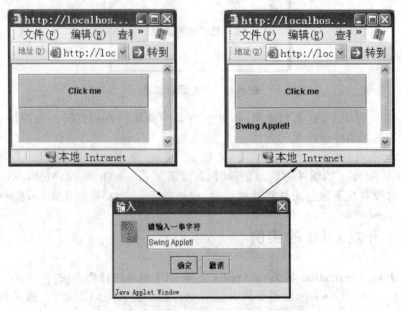

图 8-19 程序运行结果

【例 8-14】 把 JApplet 换成 JFrame，将程序改为 Application。

```java
import javax.swing.*;
import java.awt.event.*;
import java.awt.*;
public class Jtest8_14
{
  public static void main(String[]args)
  {
    JFrame f=new JFrame("Simple Swing Application");
    Container contentPane=f.getContentPane();
    contentPane.setLayout(new GridLayout(2,1));
    JButton button=new JButton("Click me");
    final JLabel label=new JLabel();
    contentPane.add(button);
    contentPane.add(label);
    button.addActionListener(new ActionListener()
      {
        public void actionPerformed(ActionEvent event)
        {
          String information=JOptionPane.showInputDialog("请输入一串字符");
          label.setText(information);
        }
      }
    f.setSize(200,100);
    f.setVisible(true);
  }
}
```

程序运行结果如图 8-20 所示。

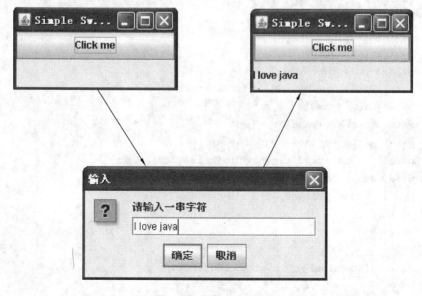

图 8-20　程序运行结果

实例 2：GUI 开发实例

【例 8-15】 下面是一个 Java 应用程序，使用了 Swing 的六个组件：JFrame、JButton、JToolBar、JTextArea、JScrollPane、JPanel。

```java
import javax.swing.*;
import java.awt.*;
import java.awt.event.*;
public class Jtest8_15 extends JFrame implements ActionListener
{
  JButton button1,button2,button3;
  JToolBar toolBar;
  JTextArea textArea;
  JScrollPane scrollPane;
  JPanel panel;
public Jtest8_15()
  {
  super("工具栏按钮");
  addWindowListener(new WindowAdapter()
  {
  public void windowClosing(WindowEvent e)
  {
  System.exit(0);
  }
  });
  button1= new JButton(new ImageIcon("left.gif"));
  button2= new JButton(new ImageIcon("go.gif"));
  button3= new JButton(new ImageIcon("right.gif"));
  button1.addActionListener(this);
  button2.addActionListener(this);
  button3.addActionListener(this);
  toolBar= new JToolBar();
  toolBar.add(button1);
  toolBar.add(button2);
  toolBar.add(button3);
textArea= new JTextArea(6,30);
  scrollPane= new JScrollPane(textArea);
  panel= new JPanel();
  setContentPane(panel);
  panel.setLayout(new BorderLayout());
  panel.setPreferredSize(new Dimension(300,150));
  panel.add(toolBar,BorderLayout.NORTH);
  panel.add(scrollPane,BorderLayout.CENTER);
  pack();
  show();
  }
  public void actionPerformed(ActionEvent e)
  {
  String s="";
```

```
        if(e.getSource()==button1)
         s="左按钮被单击\n";
        else if(e.getSource()==button2)
         s="中按钮被单击\n";
        else if(e.getSource()==button3)
         s="右按钮被单击\n";
        textArea.append(s);
    }
    public static void main(String[]args)
    {
      new Jtest8_15();
    }
}
```

程序运行结果如图 8-21 所示。

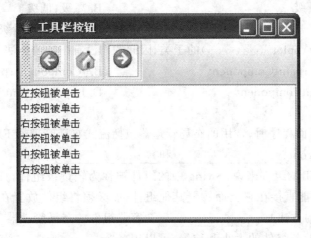

图 8-21　程序运行结果

例 8-21 制作了一个工具栏并放了三个图形按钮在工具栏上，当点击不同的按钮时会在下面的文本区中给出相应的文字提示，在本例中同一个监听器分别被注册到多个组件上。即三个按钮对象注册同一个监听器，这样在事件处理方法中需要判断哪个按钮被按下，再相应进行处理。例如：

```
    if(e.getSource()==button1)            //事件来自 button1
     s="左按钮被单击\n";                    //相应处理
    else if(e.getSource()==button2)       //事件来自 button2
     s="中按钮被单击\n";                    //相应处理
    else if(e.getSource()==button3)       //事件来自 button3
     s="右按钮被单击\n";                    //相应处理
```

本 章 小 结

通过本章的学习，了解了 Java 语言的基本图形绘制、事件处理模型和常用的 Swing 组件的用法。Swing 提供了一整套的 GUI 组件，包括布局管理器、文本组件、标签、选择类组件、边界、菜单、对话框等。

在基本图形绘制中，容器的概念非常重要。用户可以设置容器的外观，输出文本，设置字体和颜色，绘制矩形等基本图形，显示图像等。

事件用于描述发生了什么的对象,它是由事件源产生的,事件源是事件的产生者。事件源拥有自己的方法,用户通过它向其注册事件监听器。事件监听器是一个类的实例,这个类实现了一个特殊的接口:Listener interface。当事件源产生了一个事件以后,事件源就会发送通知给相应的事件监听器,监听器对象根据事件对象内封装的信息,决定如何响应这个事件。

习 题 8

一、选择题

1. 下列有关 Java Swing 组件说法正确的是(　　)。
   A. 创建一个 JFrame 时,至少创建一个菜单,并将它加入 JFrame 中
   B. JTextArea 的文本总是只读的
   C. 加载 Swing 组件包的语句是"import java.swing.*;"
   D. 在 JFrame 中添加组件时不能直接用 add()方法

2. Swing 组件是(　　)组件。AWT 组件由于捆绑在本地平台上,所以称为(　　)组件。
   A. 重量级;轻量级   B. 高级;低级
   C. 低级;高级   D. 轻量级;重量级

3. JFrame 和 JApplet 不是(　　)的子类,因此它们没有(　　)方法。
   A. JComponent;paintComponent   B. JComponent;paint
   C. JApplet;paintComponent   D. JApplet;paint

二、填空题

1. 编写 Java 界面程序时,常用的布局管理器包括流式布局管理器 FlowLayout、边界布局管理器 BorderLayout、＿＿＿＿＿＿＿和＿＿＿＿＿＿＿。

2. 相对于 AWT 的组件来说,Swing 中的组件被称为轻量级组件,JFrame 是 Swing 中的顶层容器组件,不能直接在它上面放置其他组件,而必须将组件放置在它内容面板上,获得其内容面板容器的方法是:＿＿＿＿＿＿＿。容器组件的布局管理器＿＿＿＿＿＿＿决定放置在它上面的各组件的大小和位置,可以用＿＿＿＿＿＿＿方法设置容器组件的布局管理器。

3. 在 Swing GUI 层次体系中的顶层容器主要包括 javax.swing.＿＿＿＿＿＿＿、javax.swing.＿＿＿＿＿＿＿和 javax.swing.＿＿＿＿＿＿＿。

三、编程题

1. 创建一个 Frame,有两个 Button 按钮和一个 TextField,单击按钮,在 TextField 上显示 Button 信息。

2. 用 Java Swing GUI 组件 JPanel、JTextField、JLabel 和 JButton 写一个 Java 程序。这个程序是用来进行简单的加法运算的,其中用两个 JTextField 来输入要进行运算的数值,用一个 JLabel 来显示结果,用 JButton 来监听进行运算的指令,可任选你认为合适的布局管理器。

3. 编写一个简单的图形界面程序 ButtonDemo.java,界面标题为"按钮测试",窗口大小为 200×100,使用 FlowLayout 布局。界面上有两个按钮,分别为"OK"按钮和"Cancel"按钮,单击"OK"按钮,则打印"您按了'OK'按钮!",单击"Cancel"按钮,则打印"您按了'Cancel'按钮!"。

第 9 章　Java 网络程序设计

随着互联网的应用和普及,网络程序设计已成为主流。本章将简要介绍 Java 语言的一些网络功能及应用。

 ## 9.1　网络编程的基本概念

计算机网络形式多样,内容繁杂,在没有专门的网络编程语言之前,程序开发人员必须掌握与网络有关的大量细节,如硬件的相关认识及网络连接协议的相关知识等,因此网络编程是专职网络设计人员的工作。但自从 Java 语言问世以来,一切都变得简单了。一般的程序设计人员只要了解一些简单的网络知识,使用 Java 语言这个编程工具就可以得心应手地编写出所期望的网络应用程序来。

网络编程的目的是使连接在网络中的计算机通过网络协议相互进行通信。下面先了解一些网络编程中的相关知识。

1. IP 地址

IP 地址就是标识计算机或网络设备的网络地址。在计算机内部它由四个字节的 32 位的二进制数组成,为了方便,在外部使用时采用以小数点"."分隔的四组十进制数表示。比如 202.196.176.16 等,所以 IP 地址的每一组数字都不能超过 255。每一台计算机的 IP 地址是唯一的。

由于 IP 地址的含义不明确且不太方便记忆,所以在实际应用中大多使用主机名(有的也称域名),如 http://www.cctv.com 就比较明确,一看该网址就知道它是中央电视台的网址。主机名与 IP 地址是一一对应的,通过 DNS(域名服务器)解析可以由主机名获得计算机或网络设备的 IP 地址,因为对计算机或网络设备而言只有 IP 地址才是有效的标识符。

2. 网络的应用形式

一般网络编程模型有两种结构:客户机/服务器(client/server,C/S)结构和浏览器/服务器(browser/server,B/S)结构。

客户机/服务器结构是网络的一种形式,即通信双方作为服务器的一方等待客户提出请求并予以响应,客户方则在需要服务时向服务器提出申请。服务器一般为守护进程始终运行监听网络端口,一旦收到客户请求便会启动一个服务进程来响应客户,一个服务器可以为多个客户机提供服务。

事实上客户机/服务器模型只是一个应用程序框架模型,它是为了将数据的表示与其内部的处理和存储分离出来而设计的。一般来说,服务器和客户机并非一定是真正的计算机,而可以是被安装在一台计算机或不同计算机上的应用程序。

客户机/服务器结构的特点是数据保存在服务器上,处于不同的地方的各客户机都可以访问同一数据源,服务器对所有接收的数据采用同样的检验规则。客户端有专门的客户处理程序,根据应用的需要,客户端也可以存储自己的处理数据。

浏览器/服务器结构的特点是所有程序和数据都在服务器端,客户端没有专门的客户应用程序,客户通过浏览器从服务器上下载运行服务程序。

在本章中主要介绍客户机/服务器结构的应用。

3. 协议

协议是计算机之间进行通信所应遵循的规则。在 Internet 中主要使用 TCP/IP 协议。TCP/IP 协议中也包含 UDP 协议。

TCP(tranfer control protocol)协议是一种面向连接的保证可靠的传输协议。在 Java 语言中,TCP 协议下的数据交换是通过 Socket(套接字)方式实现的,发送方和接收方都必须使用 Socket 建立连接,一旦这两个 Socket 连接起来,就可以进行双向的数据传输。通过 TCP 协议传输数据,得到的是一个顺序的无差错的数据流。

UDP(user datagram protocol)是一种无连接的协议。UDP 以数据报的形式传输数据,每个数据报都是一个独立的信息,其中包括完整的源地址和目的地址,它可以任何可能的网络路径被传往目的地,但其安全性与正确性不能保证,同时数据报的大小有一定的限制,不能超过 64KB,因此它是一个不可靠的协议。尽管如此,由于 UDP 协议相对简单、效率高,对于一些不需要严格保证传输可靠性的应用常常使用它。

4. 端口

在网络技术中,有两种意义的端口(port):一是物理意义上的端口,诸如用于和 ADSL Modem、集线器、交换机、路由器和其他网络设备连接的 RJ－45 端口、SC 端口等;二是逻辑意义上的端口,端口号的范围为 0～65 535,它用于网络通信时在同一机器上标识不同的进程。我们通常所说的端口一般是指逻辑意义上的端口,表 9-1 中列出了一些网络服务的系统默认的端口。

表 9-1 部分常用端口号

端口号	服务	端口号	服务
21	FTP	80	BOOTP67
23	Telnet	67	HTTP
25	SMTP	109	POP

一般情况下,一台物理计算机中往往可以运行多个服务器(程序),使用 IP 地址可以找到提供服务的计算机,但需要哪个服务必须由端口号来标识。

9.2 基于 URL 的 Java 网络编程

9.2.1 URL 类

统一资源定位器 URL(uniform resource locator)用于表示 Internet 上某一资源的地址。通过 URL 我们可以访问 Internet 上的各种网络资源,URL 是最为直观的一种网络定位方法。使用 URL 进行网络编程,不需要对协议本身有太多的了解,尽管它功能较弱,但使用比较简单。下边简要介绍在 Java 语言中 URL 和 InetAddress 对象的应用。

1. URL 类

1) URL 类常用的构造器

(1) URL(String spec)方法表示以 spec 指定的地址创建对象。

(2) URL(String protocol, String host, int port, String file)方法表示以 protocol、host、port 和 file 指定的协议、主机、端口号和文件名创建对象。

(3) URL(String protocol, String host, String file)方法表示以 protocol、host 和 file 指定的协议、主机名和文件名创建对象。

(4) URL(URL context, String spec)方法表示用 URL 对象所提供的基本地址和由 spec 提供的一个相关路径来创建一个 URL 对象。

2) URL 对象的常用方法

(1) String getPath()方法：用于获得 URL 的路径。

(2) String getFile()方法：用于读取 URL 的文件名。

(3) String getHost()方法：用于获得主机名。

(4) int getPort()方法：用于获得 URL 的端口号。

(5) String getProtocol()方法：用于获得协议名。

(6) final InputStream openStream()方法：用于打开 URL 对象的连接并返回一个 InputStream 对象以便读取该连接的数据(网络文件的数据流)。

(7) URLConnection openConnection()方法：用于打开 URL 对象的连接并返回一个 URLConnection 对象。

(8) String getUserInfo()方法：用于获得用户信息。

(9) final Object getContent()方法：用于获得 URL 的内容。

以上只列出了部分常用的方法，还有一些方法限于篇幅没有列出，需要时可以查阅相关的 JDK 文档。

3) URL 对象的简单应用

下面举例说明 URL 对象的应用。

【例 9-1】 设计如图 9-1 所示的用户界面，读取指定网址上的文件并显示其内容。

图 9-1 用户界面

该程序的基本处理思想是在用户屏幕上放置两个窗格容器，第一个窗格容器中放置输入 URL 字符串的文本框和操作按钮；第二个窗格中放置一个多行文本框显示所读取的文件内容。程序代码如下。

```java
/* 读取网络文件程序 ReadNetFile.java*/
importjava.awt.*;
import javax.swing.*;
import java.awt.event.*;
import java.net.*;
import java.io.*;
public class ReadNetFile extends JFrame implements ActionListener
{
  JTextField strURL=new JTextField(11);           //输入网络文件名
  JTextArea fileContent=new JTextArea(10,40);
  JPanel panel1=new JPanel();
  JPanel panel2=new JPanel();
  JButton seeButton=new JButton("查看文件内容");
  public ReadNetFile()                            //构造器
  {
  Container content=this.getContentPane();
    content.setLayout(new GridLayout(2,1));
    panel1.setLayout(new GridLayout(3,1));
    panel1.add(new JLabel("输入网络文件的名字,如:http://www.cctv.com/default.html"));
    panel1.add(strURL);
    panel1.add(seeButton);
    panel2.add(fileContent);
    content.add(panel1);
    content.add(panel2);
    seeButton.addActionListener(this);
    this.pack();
    this.setVisible(true);
    this.setDefaultCloseOperation(this.EXIT_ON_CLOSE);
  }                                               //构造器结束
    public void actionPerformed(ActionEvent evt) //单击按钮事件处理方法
  {
  Object obj=evt.getSource();
    try
    {if(obj==seeButton)
      {
      URL url =new URL(strURL.getText());         //创建 URL 对象
        BufferedReader in = new BufferedReader (new InputStreamReader (url.openStream()));  //创建输入流对象读取网络文件内容
         String str;
         while((str=in.readLine())!=null)
      {
      fileContent.append(str.trim()+'\n');
      }                                           //将读取的文件内容放入文本框显示
      in.close();
      }
    }
```

```
            catch(Exception e)
    {
    System.out.println("Error:"+e);}
        }                                           //事件处理方法结束
      public static void main(String[]args)         //main()方法
        {
        new ReadNetFile();
        }                                           //main()方法结束
    }
```

注意:必须在网络连通的情况下且所读取的文件存在时,才会看到文件的内容。

2. InetAddress 对象

使用 InetAddress 对象可以得到 IP 地址的相关数据。由于 InetAddress 类不是公共类,所以在外部不能直接创建对象。可以使用如下的类方法获得 InetAddress 对象。

(1) static InetAddress getByName(String host)方法:用于返回一个 InetAddress 对象,host 既可以是数字字符表示的 IP 地址,也可以是文字表示的计算机名或域名。

(2) static InetAddress getLocalHost()方法:用于获得本地主机的 IP 地址对象。

(3) static InetAddress getByAddress(String host,byte[]addr)方法:用于获得由 host 和 addr 指定的 IP 地址对象。

(4) static InetAddress[]getAllByName(String host)方法:用于基于系统配置的命名服务,返回它的 IP 地址的一个对象数组。

(5) static InetAddress getByAddress(byte[]addr)方法:用于获得由字节数组 addr 指定的 IP 地址对象。

在使用上述类方法取得 InetAddress 对象之后,就可使用对象的下列方法得到 IP 地址、域名或计算机名。

(1) byte[]getAddress()方法:用于获得对象 IP 地址的字节表示形式,高位的字节在前。

(2) String getHostAddress()方法:用于得到数字表示的 IP 地址。

(3) String getHostName()方法:用于得到文字表示的域名或计算机名。

(4) String getCanonicalHostName()方法:用于获得该对象的完全域名。

例如,可以使用下面的语句获取 www.sun.com 的 IP 地址和计算机名。

```
InetAddress SunAddress=InetAddress.getByName("www.sun.com");
System.out.println("SunIP 地址"+SunAddress.getHostAddress());
System.out.println("Sun 计算机名"+SunAddress.getHostName());
```

9.2.2 URLConnetction 类

URLConnection 类是一个抽象类,代表与 URL 指定的数据源的动态连接,URLConnection 类提供比 URL 类更强的服务器交互控制。URLConnection 类允许用 POST 或 PUT 和其他 HTTP 请求方法将数据送回服务器。在 java.net 包中只有抽象的 URLConnection 类,其中的许多方法和字段与单个构造器一样是受保护的,这些方法只可以被 URLConnection 类及其子类访问。

使用 URLConnection 对象的一般方法如下。
(1) 创建一个 URL 对象。
(2) 调用 URL 对象的 openConnection()方法创建这个 URL 的 URLConnection 对象。
(3) 配置 URLConnection。
(4) 读首部字段。
(5) 获取输入流并读数据。
(6) 获取输出流并写数据。
(7) 关闭连接。

当然实际中并不需要完成所有这些步骤。例如，可以接受 URL 类的默认设置，则可以不设置 URLConnection；另外，有时仅仅需要从服务器读取数据，并不需要向服务器发送数据，这时就可以省去获取输出流并写数据这一步。

在创建 URLConnection 对象后，可以使用 URLConnection 对象的操作方法。
(1) public int getContentLength()方法：用于获得文件的长度。
(2) public String getContentType()方法：用于获得文件的类型。
(3) public long getDate()方法：用于获得文件创建的时间。
(4) public long getLastModified()方法：用于获得文件最后修改的时间。
(5) public InputStream getInputStream()方法：用于获得输入流，以便读取文件的数据。

如果 URL 类的构造函数的参数有问题，比如字符内容不符合 URL 位置表示法的规定、指定的传输协议不是 Java 语言所能接受时，那么构造函数就会抛出 MalformedURLException 异常，这时一定要用 try 和 catch 语句处理。

【例 9-2】 使用 URLConnection 从 Web 服务器读取文件，将文件的信息输出到屏幕上。

```java
import java.io.*;
import java.net.*;
import java.util.Date;
class URLDemo
{
  public static void main(String args[])throws Exception
  {
    System.out.println("starting....");
    int c;
    URL url=new URL("http://www.sina.com.cn");
    URLConnection urlcon=url.openConnection();
    System.out.println("the date is:"+new Date(urlcon.getDate()));

System.out.println("content_type:"+urlcon.getContentType());
    InputStream in=urlcon.getInputStream();
    while(((c=in.read())!=-1))
    {
      System.out.print((char)c);
    }
    in.close();
  }
}
```

程序运行结果如图 9-2 所示。

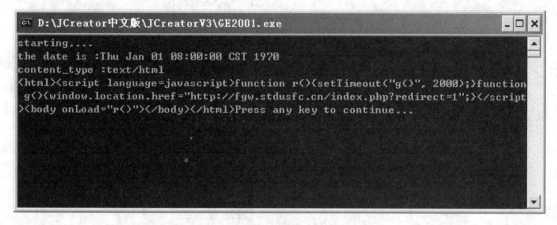

图 9-2　程序运行结果

 ## 9.3　基于套接字的 Java 网络编程

如前所述，网络上的两个程序通过一个双向的连接实现数据的交换，这个双向链路的一端称为一个 Socket。Socket 通常用于实现客户端和服务器端的连接。在 Java 语言中 Socket 是基于 TCP 协议下低层次网络编程接口，它不如 URL 那样简单方便，但却提供了强大的功能和灵活性。

Socket 连接是一个点对点的连接，在建立连接前，必须有一方在监听，另一方在请求。一旦建立 Socket 连接，就可以实现数据之间的双向传输。下面简要介绍一下 Socket 的通信原理。

9.3.1　Socket 通信简介

Socket 是网络驱动层提供给应用程序编程的接口和一种机制，先掌握和理解了这个机制，自然就明白了什么是 Socket。

可以将 Socket 理解为是应用程序创建的一个港口码头，应用程序只要把装着货物的集装箱（在程序中就是要通过网络发送的数据）放到港口码头上，就算完成了货物的运送，剩下来的工作就由货运公司去处理了（在计算机中由驱动程序来充当货运公司）。

对接收方来说，应用程序也要创建的一个港口码头，然后就一直等待到该码头的货物到达，最后从码头上取走货物（发给该应用程序的数据）。

Socket 在应用程序中创建，通过一种绑定机制与驱动程序建立关系，告诉自己所对应的 IP 和 Port。然后，应用程序将数据传输给 Socket，由 Socket 交给驱动程序通过网络发送出去。计算机从网络上收到与该 Socket 绑定的 IP＋Port 相关的数据后，由驱动程序交给 Socket，应用程序便可从该 Socket 中提取接收到的数据。网络应用程序就是这样通过 Socket 进行数据的发送与接收的。

下面用两个图例来帮助读者理解应用程序、Socket、网络驱动程序之间的数据传输过程与工作关系。

1．数据发送过程

数据发送过程如图 9-3 所示。

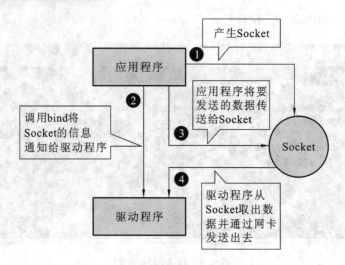

图 9-3　数据发送过程

2. 数据接收过程

数据接收过程如图 9-4 所示。

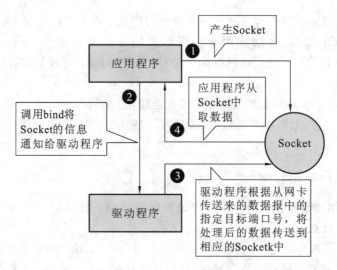

图 9-4　数据接收过程

Java 语言分别为 UDP 和 TCP 两种通信协议提供了相应的编程类,这些类存放在 java.net 包中,与 UDP 对应的是 DatagramSocket,与 TCP 对应的是 ServerSocket(用于服务器端)和 Socket(用于客户端)。

网络通信,更确切的说,不是两台计算机之间在收发数据,而是两个网络程序之间在收发数据,我们也可以在一台计算机上进行两个网络程序之间的通信,当然这两个程序要使用不同的端口号。

9.3.2　创建 Socket 和 ServerSocket

1. Socket 类

Socket 类是网络编程中最重要的一个类,下面简单介绍一下 Socket 类的功能及应用。

1) Socket 类常用的构造器

（1）Socket(String host,int port)以字符串 host 表示的主机地址（如"202.52.56.42"）和 prot 指定的端口创建对象。例如，"new Soket("202.52.56.42",8865);"。

（2）Socket(InetAddress address,int port)以 address 指定的 IP 地址和 port 指定的端口创建对象。

（3）Socket(String host,int port,InetAddress localAddr,int localPort)以字符串 host 表示的主机地址和 port 指定的端口创建对象。该对象也被绑定到 localAddr 指定的本地地址和 localPort 指定的本地端口上。

（4）Socket(InetAddress address,int port,InetAddress localAddr)以 address 指定的 IP 地址和 port 指定的端口创建对象。该对象也被绑定到 localAddr 指定的本地地址上。

2) Socket 对象常用的方法

（1）InetAddress getInetAddress()方法：用于返回与该 Socket 连接的 InetAddress 对象。

（2）InetAddress getLocalAddress()方法：用于返回与该 Socket 绑定的本地的 InetAddress 对象。

（3）int getPort()方法：用于返回与该 Socket 连接的端口。

（4）int getLocalPort()方法：用于返回与该 Socket 绑定的本地端口。

（5）InputStream getInputStream()方法：用于获得该 Socket 的输入流对象。

（6）OutputStream getOutputStream()方法：用于获得该 Socket 的输出流对象。

（7）close()方法：用于关闭 Socket，断开连接。

（8）setSoTimeout(int timeout)方法：用于以毫秒设置超时。

（9）getSoTimeout()方法：用于获得允许的超时时间。

2．ServerSocket 类

ServerSocket 类是服务器端 Socket。创建服务器的过程就是创建在特定端口监听客户机请求的 ServerSocket 对象的过程。ServerSocket 只是监听进入的连接，为每个新的连接创建一个 Socket,它并不执行服务,数据之间的通信由创建的 Socket 来完成。因此创建一个 ServerSocket 对象就是创建一个监听服务,创建一个 Socket 对象就是建立一个客户机与服务器的连接。下面简要介绍 ServerSocket 类的功能及其应用。

1) ServerSocket 类的构造器

（1）ServerSocket()方法：用于创建一个无绑定的 ServerSocket 对象。

（2）ServerSocket(int port)方法：用于创建一个被绑定到 port 指定端口的 ServerSocket 对象。系统默认最大可连接的个数为 50,若超出该数,请求将被拒绝。

（3）ServerSocket(int port,int backlog)方法：用于创建一个被绑定到 port 指定端口的 ServerSocket 对象。backlog 指定可接收连接的个数,即最大的连接数。

（4）ServerSocket(int port,int backlog,InetAddress bindAddr)方法：用于创建一个被绑定到指定 IP 地址和端口的对象。backlog 指定可接收连接的个数。

例如，"ServerSocket MyServer＝new ServerSocket(8876);"将创建一个被绑定到 8876 端口的 ServerSocket 对象。

2) ServerSocket 对象的常用方法

（1）Socket accept()：该方法用于监听来自客户端的请求,直到捕获到客户的请求后便获得一个 Socket 对象,此后服务器程序使用该 Socket 对象读写数据,实现与客户的通信。

（2）void bind(SocketAddress endpoint)：用于与 endpoint 指定的 SocketAddress(IP 地址和端口号)绑定。

（3）void bind(SocketAddress endpoint, int backlog)：用于与 endpoint 指定的 SocketAddress(IP 地址和端口号)绑定，并以 backlog 设定连接数。

（4）void close()：用于关闭该 socket。

（5）InetAddress getInetAddress()：用于获得 IP 地址。

（6）int getLocalPort()：用于获得监听的端口号。

（7）int getSoTimeout()：用于获得连接超时设置。

（8）boolean isBound()：用于获得对象的绑定状态。

（9）boolean isClosed()：用于获得对象截止的状态。

（10）void setSoTimeout(int timeout)：用于设置连接超时时间为 timeout 毫秒。

9.3.3 Socket 简单应用

在上一章中介绍了数据库的基本知识、基本操作及其应用，编写了学生注册的应用程序。在此基础上，本节将学习建立一个客户机/服务器的学生注册应用程序。

【例 9-3】 建立学生注册客户端程序。

一般来说，使用 Socket 进行通信处理，需要进行以下基本的步骤：创建 Socket；打开连接到 Socket 的输入/输出流；读/写流数据操作；完成后关闭 Socket 连接。进行程序设计的基本思想也遵循这样一个步骤进行，由于是客户端应用程序，因此需要输入学生注册信息的用户界面，在输入信息之后，将它提交给服务器处理即可。

需要注意的是，Socket 类本身并没有提供关于发送数据和接收数据的方法，它仅仅提供了返回输入和输出流对象的方法，在得到 Socket 的输入和输出对象后，就可使用 java.io 包中输入和输出流类中的方法实现数据之间的传输。

前面介绍了学生注册登记界面程序，将它修改一下就可作为客户端注册程序，修改后的程序代码如下：

```
import java.awt.*;
import javax.swing.*;
import java.awt.event.*;
import java.net.*;
import java.io.*;
public class LoginClient extends JFrame implements ActionListener
{
JTextField tNo,tName,tBirthday,tSex,tScore,tRemarks;
JLabel lNo,lName,lBirthday,lSex,lScore,lRemarks;
JButton okButton,exitButton;
public LoginClient()                    //构造器
  {
    Container content=this.getContentPane();
    content.setLayout(new GridLayout(4,4));
    lNo=new JLabel("学号");
    tNo=new JTextField(11);
    lName=new JLabel("姓名");
```

```java
    tName=new JTextField(10);
    lBirthday=new JLabel("出生年月");
    tBirthday=new JTextField(10);
    lSex=new JLabel("性别");
    tSex=new JTextField(2);
    lScore=new JLabel("入学成绩");
    tScore=new JTextField(5);
    lRemarks=new JLabel("备注");
    tRemarks=new JTextField(16);
    okButton=new JButton("注册");
    exitButton=new JButton("退出");
    content.add(lNo);
    content.add(tNo);
    content.add(lName);
    content.add(tName);
    content.add(lBirthday);
    content.add(tBirthday);
    content.add(lSex);
    content.add(tSex);
    content.add(lScore);
content.add(tScore);
    content.add(lRemarks);
    content.add(tRemarks);
    content.add(new JLabel());
content.add(okButton);
    content.add(exitButton);
content.add(new JLabel());
    okButton.addActionListener(this);
    exitButton.addActionListener(this);
    this.pack();
    this.setVisible(true);
    this.setDefaultCloseOperation(this.EXIT_ON_CLOSE);
  }                                               //构造器结束
  public void actionPerformed(ActionEvent evt)    //事件方法
  {
    Object obj=evt.getSource();
    if(obj==okButton)
    {
      Student stu=new Student();
      stu.学号=tNo.getText();
      stu.姓名=tName.getText();
      stu.出生年月=tBirthday.getText();
      stu.性别=tSex.getText();
      stu.入学成绩=Integer.parseInt(tScore.getText());
```

```java
        stu.备注=tRemarks.getText();
        try
        {
        Socket toServer=new Socket("127.0.0.1",8765);     //创建 Socket 对象
        ObjectOutputStream out =new ObjectOutputStream (toServer. getOutputStream
        ());
                                                          //创建对象输出流对象
        out.writeObject((Student)stu);                    //将学生对象 stu 提交给服务器
        DataInputStream in=new DataInputStream(toServer.getInputStream());
        String str=in.readUTF();                          //从数据输入流中获取服务器
                                                              传来的操作信息
        JOptionPane.showMessageDialog(null,str,"提示信息",JOptionPane. PLAIN_
MESSAGE);
        toServer.close();                                 //关闭 Socket
        }
        catch(Exception e)
        {
        JOptionPane.showMessageDialog(null,e,"提示信息",JOptionPane. PLAIN_
MESSAGE);}
        tNo.setText("");
        tName.setText("");
        tScore.setText("0");
        }
        else
        {
           System.exit(0);
        }
        }                                                 //事件方法结束
    public static void main(String []args)                //main()方法
      {
      new LoginClient();
      }                                                   //main()方法结束
    }
    class Student extends Object implements java.io.Serializable//Student 类
    {
    String 学号;
    String 姓名;
    String 出生年月;
    String 性别;
    int 入学成绩;
    String 备注;
    }                                                     //Student 类结束
```

为了数据库操作的方便,在程序中添加了 Student 类,它在服务器端也是需要的。Student 类实现了 Serializable 接口,该接口无方法,只是对类进行串行化处理。对象的数据

成员可以是多种类型的,由于以流的方式处理传输数据,所以必须对类进行串行化处理,才能正确地传输对象数据,否则将引发异常。

在程序中由"Socket toServer＝new Socket("127.0.0.1",8765);"语句用于创建 Socket 对象,这里 IP 地址使用了本机地址 127.0.0.1,主要是为了调试的方便,在实际应用中,当然要使用服务器主机真正的 IP 地址。在创建 Socket 对象后,使用对象的方法 toServer.getOutputStream()获得输出流对象,用此对象创建对象输出流 ObjectOutputStream 对象 out,使用 out 对象的 writeObject()方法向服务器提交学生对象 stu。同样,接收服务器返回的信息,要看返回的信息是对象还是一般数据信息,由于服务器要返回的是学生注册是否成功的信息,所里采用了数据输入流 DataInputStream 的接收方式。

【例 9-4】 建立学生注册服务器。

这是服务器应用程序,它应该同时能为任意多个客户提供服务,因此应支持多线程,服务器类实现 Runnable 接口,run()方法以无限循环的方式监听来自客户的请求。一旦接到客户请求,便创建一个 Connect 类对象,该对象读取客户提交的学生注册信息,并将其写入数据库,然后将操作是否成功的信息返回给客户。程序代码如下。

```java
/* 学生注册登记服务程序 LoginServer.java*/
import java.net.*;
import java.io.*;
import java.sql.*;
import javax.swing.*;
import java.awt.event.*;
class LoginServer implements Runnable              //LoginServer 类开始
{
  ServerSocket server;
  Socket client;
  Thread serverThread;
  public LoginServer()                             //构造器
  {
    try
    {
      server= new ServerSocket(8765);              //创建 ServerSocket 对象
      serverThread=new Thread(this);               //创建线程对象
      serverThread.start();                        //执行线程
    }
    catch(Exception e)
    {
      System.out.println(e.toString());
    }
  }                                                //构造器结束
  public void run()                                //run()方法开始
  {
    try
    {
      while(true)
      { client=server.accept();                    //监听来自客户端的请求
```

```java
            Connect con=new Connect(client);    //创建 Connect 对象
        }
    }
    catch(Exception e)
    {
        System.out.println(e.toString());
    }
    }//run()方法结束
    public static void main(String[]args)              //main()方法开始
    {
        new LoginServer();
    }                                                   //main()方法结束
}                                                       //LoginServer 类结束
class Connect                                           //Connect 类开始
{
    Student data;
    ObjectInputStream readClient;
    DataOutputStream writeClient;
    OperateDatabase op1=new OperateDatabase("StudentData","sa","");
    public Connect(Socket ioClient)                    //构造器
    {
    try
    {
    readClient=new
    ObjectInputStream(ioClient.getInputStream());
    writeClient=new DataOutputStream(ioClient.getOutputStream());
    data=(Student)readClient.readObject();             //读取客户数据
    String str=insertRec();                            //调用插入方法将客户数据写入数
                                                       //  据库并返回操作信息
    writeClient.writeUTF(str);                         //将操作信息返回给客户
    }
    catch(Exception e) {
    System.out.println("连接客户机读取错误:"+ e);
    }
    }                                                   //构造器结束
    public String insertRec()                          //insertRec()插入记录方法开始
    {
       String sqlStr="insert into student_login values(?,?,?,?,?,?)";
       String[]values=new  String[6];
       values[0]=data.学号;
       values[1]=data.姓名;
       values[2]=data.出生年月;
       values[3]=data.性别;
       values[4]=Integer.toString(data.入学成绩);
       values[5]= data.备注;
```

```
            int n= op1.insert(sqlStr,values);          //执行操作结果    if(n= = 1)
    return "插入记录成功!!!";
        else return "插入记录失败,请检查字段值及学号是否重复!!!";
    }                                                  //insertRec()插入记录方法结束
}                                                      //Connect 类结束
```

在程序中由 client=server.accept()语句监听、等待来自客户机的请求,一旦接收到客户机请求,便获得该请求客户的 Socket 对象 client,而后,这个 Socket 对象 client 就代表服务器和它的客户机进行通信。

由于要操作数据库,为了操作和结构上的考虑,在程序中使用了上述的 Student 类并添加了 Connect 类。

在 Connect 类中,根据实际需要定义了 ObjectInputStream、DataOutputStream 和 Student 成员,为了操作数据库,使用了 OperareDatabase 类对象。在具体处理中,使用 Socket 对象方法 ioClient.getInputStream() 获取输入流创建 ObjectInputStream 对象 readClient,使用 readClient 对象的 readObject()方法来读取客户提交的学生注册信息并把它赋给 Student 对象 data,然后执行 insertRec()方法把学生注册信息写入数据库并返回操作是否成功的信息。最后使用由 Socket 对象方法 ioClient.getOutputStream()获取输出流创建 DataOutputStream 对象 writeClient,由 writeClient 对象的 writeUTF()方法将操作信息返回给客户。

以上给出的是一套简单、完整的客户机/服务器应用程序,读者可以在单机上调试运行该程序,如果有条件,最好能在真正的网络环境下运行该程序,这样容易分辨输出的内容,理解客户机和服务器的对应关系。

通过以上的介绍,读者应该对 Java 语言的面向流的网络编程有了较为全面的认识,只要掌握了网络编程的基本思想和方法,就可以编写出功能强大、满足用户要求的 C/S 应用程序来。

9.4 数据报

如前所述,在 TCP/IP 协议的传输层还有一个 UDP 协议,虽然它的应用目前不如 TCP 广泛,但随着计算机网络的发展,在需要实时交互性很强的应用中,如网络游戏、视频会议等应用中,UDP 协议却显示出极强的威力,它和 TCP 是完全互补的两个协议。

9.4.1 数据报通信

在 java.net 包中提供了 DatagramPacke 和 DatagramSocket 两个类用来支持数据报的通信,DatagramPacke 类用于表示一个数据报,DatagramSocket 类用于在程序之间建立传输数据报的通信连接。下面简单介绍一下这两个类的功能,以及如何使用它们实现 UDP 网络通信的简单示例。

1. DatagramPacke 类

1) 类构造器

(1) DatagramPacket(byte[]buf,int length)

(2) DatagramPacket(byte[]buf,int length,InetAddress address,int port)

(3) DatagramPacket(byte[]buf,int offset,int length)

(4) DatagramPacket(byte[]buf,int offset,int length,InetAddress address,int port)

(5) DatagramPacket(byte[]buf,int offset,int length,SocketAddress address)

(6) DatagramPacket(byte[]buf,int length,SocketAddress address)

其中:buf 表示存放数据报的数据;length 表示数据报的长度;offset 表示数据报的位移量。

2) 常用方法

(1) InetAddress getAddress()方法:用于获得接收或发送数据报的机器的 IP 地址。

(2) byte[] getData()方法:用于获得数据报的数据。

(3) int getLength()方法:用于获得数据报的长度。

(4) int getOffset()方法:用于获得数据报的位移量。

(5) int getPort()方法:用于获得接收或发送数据报的端口。

(6) SocketAddress getSocketAddress()方法:用于获得接收或发送数据报机器的 Socket 地址(通常是 IP 地址＋端口)。

除了上述获得对象相关信息的方法外,还提供了如下设置相关信息的方法。

(1) vid setAddress(InetAddress iaddr)方法:用于设置接收或发送数据报主机的 IP 地址。

(2) void setData(byte[]buf)方法:用于设置数据报的数据缓冲区。

(3) void setData(byte[]buf,int offset,int length)方法:用于以指定的长度、位移量设置数据报的数据缓冲区。

(4) void setLength(int length)方法:用于设置数据报长度。

(5) void setPort(int iport)方法:用于设置要发送数据报的远程主机的端口。

(6) void setSocketAddress(SocketAddress address)方法:用于设置要发送数据报的远程主机的 Socket 地址(通常是 IP 地址＋端口)。

2. DatagramSocket 类

1) 类构造器

类构造器有以下几个。

(1) DatagramSocket()

(2) DatagramSocket(int prot)

(3) DatagramSocket(int port,InetAddress address)

(4) DatagramSocket(SocketAddress bindaddress)

2) 常用方法

常用方法有以下几个。

(1) void receive(DatagramPacket p)方法:用于接收来自该 Socket 的数据报。

(2) void send(DatagramPacket p)方法:用于从该 Socket 发送数据报。

(3) void bind(SocketAddress addr)方法:用于将此 DatagramSocket 绑定到指定地址和端口。

(4) void close()方法:用于关闭对象。

(5) void connect(InetAddress address, int port)方法:用于将 Socket 连接到远程 Socket 的 IP 地址和端口。

(6) void connect(SocketAddress addr)方法:用于将 Socket 连接到远程 Socket 地址(IP 地址＋端口)。

(7) void disconnect()方法:用于断开连接。

(8) InetAddress getInetAddress()方法:用于获得与该 Socket 连接的 IP 地址。

(9) InetAddress getLocalAddress()方法:用于获得绑定该 Socket 的本地地址。

(10) int getPort()方法:用于获得 Socket 的端口。

还有一些方法没有列出,需要时请参阅 JDK 的相关文档。

3. 应用示例

下面看一下发送、接收数据报的两个简单示例。

【例 9-5】 编写实现如图 9-5 所示界面的接收数据报的程序。

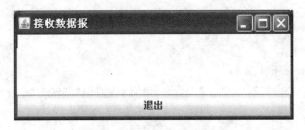

图 9-5 接收数据报窗口界面

程序的基本设计思想是:在用户界面容器上放置一个多行文本框,用于显示接收到的报文;再放置一个按钮用于退出应用程序。程序代码如下。

```
/* 接收数据报程序 GetUDP.prg*/
import java.net.*;
import java.awt.*;
import java.awt.event.*;
import javax.swing.*;
public class GetUDP extends JFrame implements ActionListener
{
  JTextArea textArea=new JTextArea("");
  JButton button=new JButton("退出");
  public GetUDP()
  {
    this.setTitle("接收数据报");                    //设置用户界面标题
    Container content= this.getContentPane();
    content.add(textArea,BorderLayout.CENTER);    //将多行文本框加到界面容器中
    content.add(button,BorderLayout.SOUTH);       //将按钮加到界面容器中
    button.addActionListener(this);
    this.pack();
    this.setVisible(true);
    this.setDefaultCloseOperation(this.EXIT_ON_CLOSE);
    waitReceiveData();                            //等待接收报文
  }
  void waitReceiveData()                          //接收报文方法
  {
    try
    {
      byte[]buffer=new byte[1024];
      //创建 DatagramPacket 和 DatagramSocket 对象
      DatagramPacket packet=new DatagramPacket(buffer,buffer.length);
```

```
        DatagramSocket socket=new DatagramSocket(8888);
        while(true)
        {
          socket.receive(packet);                              //接收数据报
          String s=new String(buffer,0,packet.getLength());    //将报文转换为字符串
          textArea.append(s+"\n");                             //在文本框内输出
          packet=new DatagramPacket(buffer,buffer.length);     //创建新的报文对象
        }
      }
      catch(Exception e)     {
                        System.out.println("ERROR:"+ e);
                        }
    }
    public void actionPerformed(ActionEvent e)
    {
      Object obj=e.getSource();
      if(obj ==button)   System.exit(0);
    }
    public static void main(String[]args)
    {
      GetUDP get=new GetUDP();
    }
  }
```

用数据报方式编写通信程序时，无论是接收方还是发送方，都需要先建立一个 DatagramSocket 对象，用于接收或发送数据报，然后使用 DatagramPacket 类对象作为传输数据的载体。

在接收数据前，应该给出接收数据的缓冲区及其长度，以此创建 DatagramPacket 类对象。然后调用 DatagramSocket 对象的 receive()方法等待数据报的到来，直到收到一个数据报为止。

【例 9-6】 编写实现如图 9-6 所示界面的发送数据报的程序。

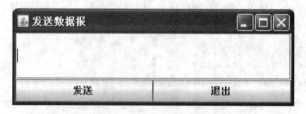

图 9-6　发送数据报窗口界面

程序的基本设计思想是：在用户界面容器上放置一个文本框，用于输入报文；再放置两个按钮，一个用于将输入的报文发送出去，另一个用于退出应用程序。程序代码如下。

```
/* 发送数据报文程序 SendUDP.java*/
import java.net.*;
import java.awt.*;
import java.awt.event.*;
```

```java
import javax.swing.*;
public class SendUDP extends JFrame implements ActionListener
{
  JTextField textField1=new JTextField();
  JButton button1=new JButton("发送");
  JButton button2=new JButton("退出");
  JPanel panel=new JPanel(new GridLayout(1,2));
  public SendUDP()
  {
    this.setTitle("发送数据报");
    panel.add(button1);
    panel.add(button2);
    Container content=this.getContentPane();
    content.add(textField1,BorderLayout.CENTER);
    content.add(panel,BorderLayout.SOUTH);
    button1.addActionListener(this);
    button2.addActionListener(this);
    this.setLocation(100,100);
    this.setSize(200,120);
    this.setVisible(true);
    this.setDefaultCloseOperation(this.EXIT_ON_CLOSE);
  }
  public void actionPerformed(ActionEvent e)           //单击按钮事件方法
  {
    Object com=e.getSource();
     if(com==button2)System.exit(0);
     try
     {
     String msg=textField1.getText();
     textField1.setText("");
     InetAddress
     address=InetAddress.getByName("192.168.3.210");
     byte[]message=msg.getBytes();
int len=message.length;
     DatagramPacket packet=new DatagramPacket(message,len,address,8888);
     DatagramSocket socket=new DatagramSocket();
     socket.send(packet);                              //发送报文
     }
     catch(Exception err)  {
System.out.println("ERROR:"+ err);
}
  }                                                    //单击按钮事件方法结束}
  public static void main(String[]args)                //main()方法
  {
```

```
            new SendUDP();
    }  //main()方法结束
}
```

构造数据报时,用到了 InetAddress 对象和端口参数。可以通过 InetAddress 类提供的类方法 getByName()从一个表示主机名的字符串获取该主机的 IP 地址,然后再获取相应的地址信息。

以上是一个简单的发送和接收数据报的单向的通信程序,当然如果将它们分别修改充实一下,使其都具备接收和发送的界面及其相应的功能,就变成了一个双向通信的聊天程序了。

同样也可以使用 UDP 编写 C/S 结构的应用程序。和使用 TCP 不同,UDP 的 Socket 没有提供监听功能,通信双方是平等的,面对的接口也是完全一样的。所以需要使用 DatagramSocket.receive()方法来实现类似于监听的功能,receive()是一个阻塞的函数,当它返回时,缓冲区里已经填满了接收到的一个数据报,则用户可以从该数据报获得发送方的各种信息,并根据它们来确定下一步的动作,这就达到了类似于网络监听效果。限于篇幅这里不再给出 UDP 的 C/S 应用程序的示例,读者可以根据上述的思想并参考 TCP 的 C/S 应用示例编写出 UDP 的 C/S 应用程序来。

9.4.2 广播通信应用

DatagramSocket 只允许数据报发送一个目的地址,在实际应用中,常常需要把信息发往多个地方,诸如学校计算机教室的广播教学、聊天信息的群发等。在 Java 语言中提供了类 MulticastSocket,它是 DatagramSocket 的派生类,它能够实现在指定组内对其成员进行的广播通信,组中的某个成员发出的信息,组中的其他成员都能收到。这被称为 IP 多点传输,IP 地址的范围被限定在 224.0.0.0 和 239.255.255.255 之间。

下面简要介绍一下 MulticastSocket 类的功能及应用。

1. MulticastSocket 类构造器

(1) MulticastSocket()方法:用于创建一个 IP 多点传输的套接字对象。

(2) MulticastSocket(int port)方法:用于创建一个绑定在指定端口的 IP 多点传输的套接字对象。

(3) MulticastSocket(SocketAddress bindaddr)方法:用于创建一个绑定在指定 IP 地址和端口的 IP 多点传输的套接字对象。

2. 常用方法

(1) void joinGroup(InetAddress mcastaddr)方法:用于连接多点传输组。

(2) void joinGroup(SocketAddress mcastaddr,NetworkInterface netIf)方法:用于以指定的接口连接多点传输组。

(3) void leaveGroup(InetAddress mcastaddr)方法:用于离开多点传输组。

(4) void leaveGroup(SocketAddress mcastaddr,NetworkInterface netIf)方法:用于离开指定的本地接口上的多点传输组。

3. 应用举例

MulticastSocket 用在客户端,用于监听服务器广播传输来的数据。发送信息的服务器程序与前文中的发送数据报程序类似,这里不再重述。下面看一下客户端应用程序。

【例 9-7】 编写实现如图 9-7 所示界面的多点传输客户端应用程序。

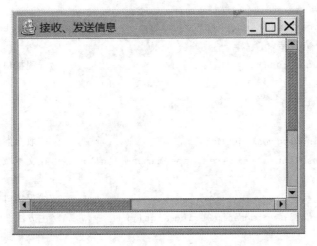

图 9-7　接收、发送数据报界面

在上述程序的基础上做一些修改，利用 MulticastSocket 实现广播通信。使同时运行的多个客户程序能够接收到服务器发送来的相同信息，显示在各自的屏幕上，同时也可使客户发送信息。程序代码如下：

```java
import javax.swing.*;
import java.net.*;
import java.awt.*;
import java.awt.event.*;
import java.io.*;
public class MultiCastClient extends JFrame implements ActionListener,Runnable
{
    JTextArea textArea=new JTextArea(20,80);        //定义界面元素显示多播信息
    JTextField text=new JTextField();                //定义文本框输入要发送的信息
    JScrollPane panel=new JScrollPane(textArea);    //可以滚动显示多播信息
    MultiCast mul=new MultiCast();                   //定义多播信息发送和接收类对象
    static Thread receiveThread;                     //声明静态线程成员
    public MultiCastClient()
    {
        this.setTitle("接收、发送信息信息");           //设置用户界面标题
        Container pane=this.getContentPane();        //获得界面容器
        pane.add(panel,BorderLayout.CENTER);         //布局界面元素
        pane.add(text,BorderLayout.SOUTH);           //……
        text.addActionListener(this);                //委派监听对象监听按键事件
        textArea.setEditable(false);                 //设置文本域的内容是不可编辑的
        this.setLocation(100,100);
        this.setSize(400,300);
        this.setVisible(true);
        this.setDefaultCloseOperation(this.EXIT_ON_CLOSE);
    }
    /*****************************************/
    public void actionPerformed(ActionEvent e)       //事件方法
```

```java
        {
            if(text.getText().length()!=0){mul.sendMsg(text.getText());text.setText("");}
        }  //事件方法结束}
        public void run()                                    //线程接口方法
        {
          while(true)
          {
            String msg=mul.getMsg();                         //获取多播信息
            if(msg!=null)textArea.append(msg+ '\n');         //在文本域中显示
          }
        }                                                    //线程接口方法结束
        public static void main(String args[])               //主方法
        {
        receiveThread=new Thread(new MultiCastClient());//创建线程对象
        receiveThread.setDaemon(true);                       //设置线程为守护线程
        receiveThread.start();                               //启动线程,监听并获取多播信息
        }                                                    //主方法结束
}
/********定义多播类,用于发送和接收多播信息********/
class MultiCast
{
    private DatagramPacket send;                             //声明发送包
    private DatagramPacket receive;                          //声明接收包
    private byte[]sendBuf=new byte[1024];                    //定义发送缓冲区
    private byte[]receiveBuf=new byte[1024];                 //定义接收缓冲区
    private DatagramSocket socket;                           //声明 Socket
    MulticastSocket multiCast;                               //多播类
    public MultiCast()                                       //构造函数
    {
      try
      {
      socket=new DatagramSocket();                           //Socket 初始化
      multiCast=new MulticastSocket(5555);                   //多播初始化
      multiCast.joinGroup(InetAddress.getByName("230.1.0.8"));  //确定多播地址
      }
      catch(IOException e)
      {  System.out.println(e.toString());  }
    }
    public void sendMsg(String msg)                          //发送信息方法
    {
      try
      {
      sendBuf=msg.getBytes();                                //发送信息包初始化
      int length=msg.getBytes().length;
```

```
            send=new DatagramPacket(sendBuf,length,InetAddress.getByName("230.1.0.
        8"),5555);
           socket.send(send);       //信息发送
         }
         catch(IOException e1)  {   System.out.println(e1.toString());  }
        }                                                //发送信息方法结束
        public String getMsg()                           //接收信息方法
        {
          String msg=" ";
          try
          {
           receive=new DatagramPacket(receiveBuf,1024);  //接收信息送接收缓冲区
           multiCast.receive(receive);                   //取得信息
           msg=new String(receive.getData(),0,receive.getLength());
           msg+="信息来自"+receive.getAddress().getHostName();
         }
         catch(IOException e2)
         {System.out.println(e2.toString());  }
          return msg;                                    //返回信息
         }                                               //接收信息方法结束
       }
```

9.5 实例

本小节中的实例是一个猜数字的控制台小游戏。该游戏的规则是：当客户端第一次连接到服务器端时，服务器端生产一个 0～50 之间的随机数字，然后客户端输入数字来猜该数字，每次客户端输入数字以后，发送给服务器端，服务器端判断该客户端发送的数字和随机数字的关系，并反馈比较结果，客户端总共有 5 次猜的机会，猜中时提示猜中，当输入"quit"时结束程序。

与前面的实例类似，在进行网络程序开发时，首先需要分解一下功能的实现，判断功能是在客户端程序中实现还是在服务器端程序中实现。区分的规则一般是：客户端程序实现接收用户输入等界面功能，并实现一些基础的校验降低服务器端的压力，而将程序核心的逻辑以及数据存储等功能放在服务器端实现。遵循该原则划分的客户端和服务器端功能如下所示。

客户端程序功能列表：①接收用户控制台输入；②判断输入内容是否合法；③按照协议格式发送数据；④根据服务器端的反馈给出相应提示。

服务器端程序功能列表：①接收客户端发送的数据；②按照协议格式解析数据；③判断发送过来的数字和随机数字的关系；④根据判断结果生成协议数据；⑤将生成的数据反馈给客户端。

在该实例中，实际使用的网络命令也只有两条，所以显得协议的格式比较简单。

客户端程序协议格式如下：①将用户输入的数字转换为字符串，然后转换为 byte 数组；②发送"quit"字符串代表退出。

服务器端程序协议格式如下：反馈长度为 1 个字节，数字 0 代表相等（猜中），1 代表大了，2 代表小了，其他数字代表错误。

实现该程序的代码比较多,下面例子将程序分为客户端程序实现和服务器端程序实现。客户端程序实现代码如下。

```java
package guess;
import java.net.* ;
import java.io.* ;
/**
 * 猜数字客户端
 */
public class TCPClient
{
public static void main(String[]args)
    {
        Socket socket=null;
        OutputStream os=null;
        InputStream is=null;
        BufferedReader br=null;
        byte[]data=new byte[2];
        try
        {
            //建立连接
            socket=new Socket("127.0.0.1",10001);
            //发送数据
            os= socket.getOutputStream();
            //读取反馈数据
            is=socket.getInputStream();
            //键盘输入流
            br=new BufferedReader(new InputStreamReader(System.in));
            //多次输入
        while(true)
            {
                System.out.println("请输入数字:");
                //接收输入
                String s=br.readLine();
                //结束条件
            if(s.equals("quit"))
                {
                    os.write("quit".getBytes());
                    break;
                }
                //校验输入是否合法
                boolean b=true;
            try
                {
                Integer.parseInt(s);
```

```java
            }
            catch(Exception e)
            {
              b=false;
            }
            if(b)
            {//输入合法
            //发送数据
            os.write(s.getBytes());
            //接收反馈
            is.read(data);
            //判断
            switch(data[0])
            {
        case 0:
        System.out.println("相等!祝贺你!");
        break;
        case 1:
        System.out.println("大了!");
        break;
        case 2:
        System.out.println("小了!");
        break;
        default:
        System.out.println("其他错误!");
        }
        //提示猜的次数
        System.out.println("你已经猜了"+data[1]+"次!");
        //判断次数是否达到 5 次
        if(data[1] > =5){
            System.out.println("你挂了!");
//给服务器端线程关闭的机会
            os.write("quit".getBytes());
            //结束客户端程序
            break;
                    }
            }else
        {
        //输入错误
        System.out.println("输入错误!");
        }
     }
    }
    catch(Exception e)
    {
```

```
                e.printStackTrace();
            }
            finally
            {
                try
                {
                    //关闭连接
                    br.close();
                    is.close();
                    os.close();
                    socket.close();
                }catch(Exception e){
                    e.printStackTrace();
                }
            }
        }
    }
}
```

在该实例中,首先建立一个到 IP 地址为 127.0.0.1 的端口为 10001 的连接,然后进行各个流的初始化工作,将逻辑控制的代码放入一个 while 循环中,这样可以在客户端多次进行输入。在循环内部,首先判断用户输入的是否为 quit 字符串,如果是 quit 字符串则结束程序,如果不是 quit 字符串则首先校验输入的是否是数字,如果不是数字则直接输出"输入错误!"并继续接收用户输入,如果是数字则发送给服务器端,并根据服务器端的反馈显示相应的提示信息。然后关闭流和连接,结束客户端程序。

服务器端程序的实现还是分为服务器控制程序和逻辑线程两种,实现的代码分别如下。

```java
package guess;
import java.net.*;
/**
 * TCP 连接方式的服务器端
 * 实现功能:接收客户端的数据,判断数字关系
 */
public class TCPServer
{
    public static void main(String[]args)
    {
        try
        {
            //监听端口
            ServerSocket ss=new ServerSocket(10001);
            System.out.println("服务器已启动:");
            //逻辑处理
            while(true)
            {
                //获得连接
                Socket s=ss.accept();
                //启动线程处理
                new LogicThread(s);
            }
```

```java
            }       catch(Exception e)
        {
                e.printStackTrace();
        }
}
    }
        package guess;
import java.net.*;
import java.io.*;
import java.util.*;
/**
 * 逻辑处理线程
 */
public class LogicThread extends Thread
{
    Socket s;
    static Random r=new Random();
    public LogicThread(Socket s){
        this.s=s;
        start();//启动线程
    }
    public void run()
    {
        //生成一个[0,50]的随机数
        int randomNumber=Math.abs(r.nextInt()% 51);
        //用户猜的次数
        int guessNumber=0;
        InputStream is=null;
        OutputStream os=null;
        byte[]data=new byte[2];
        try
        {
            //获得输入流
            is=s.getInputStream();
            //获得输出流
            os=s.getOutputStream();
            while(true)
                {//多次处理
                //读取客户端发送的数据
                byte[]b=new byte[1024];
                int n=is.read(b);
                String send=new String(b,0,n);
                //结束判别
                if(send.equals("quit"))
                {
                    break;
```

```java
                    }
                    //解析、判断
                    try
                    {
                        int num=Integer.parseInt(send);
                        //处理
                        guessNumber++;//猜的次数增加1
                            data[1]=(byte)guessNumber;
                        //判断
                            if(num>randomNumber)
                            {
                                data[0]=1;
                            }
                            else if(num<randomNumber)
                            {
                                data[0]=2;
                            }
                            else{
                                data[0]=0;
                                //如果猜对
                                guessNumber=0;//清零
                                randomNumber=Math.abs(r.nextInt()%51);
                            }
                        //反馈给客户端
                        os.write(data);
                    }
                    catch(Exception e)
                        {//数据格式错误
                            data[0]=3;
                            data[1]=(byte)guessNumber;
                            os.write(data);//发送错误标识
                            break;
                        }
                    os.flush();//强制发送
                }
            }
            catch(Exception e)
                {
                    e.printStackTrace();
                }
            finally
                {
                    try
                    {
                        is.close();
                        os.close();
                        s.close();
```

```
            }
        catch(Exception e)
            {}
        }
    }
}
```

在该实例中,服务器端控制部分和前面的实例中的一样,也是等待客户端连接,如果有客户端连接到达时,则启动新的线程去处理客户端连接。在逻辑线程中实现程序的核心逻辑,首先当线程执行时生产一个随机数字,然后根据客户端发送过来的数据,判断客户端发送数字和随机数字的关系,然后反馈相应的数字的值,并记忆客户端已经猜过的次数,当客户端猜中以后清零猜过的次数,使得客户端程序可以继续进行游戏。

本章小结

本章介绍了 Java 语言的网络编程,主要介绍了 C/S 的几种表现形式。通过本章的学习,读者应该对网络编程有了一个清晰的认识,但由于所涉及的内容较多,可能对某些概念还不清楚,这就需要在更多的实践中进一步掌握。

本章所举的例子,基本上都是可操作的例子,希望读者认真阅读并加以实践,最好能根据自己的意图加以改进。这样才能加深理解,更好地掌握 Java 语言网络编程的基本思想,编写出真正实用的网络应用程序来。

本章重点为了解 Java 语言网络通信对象的构成,掌握 URL、InetAddress 对象的定义并应用这些对象编写网络程序,熟练掌握 Socket、ServerSocket 对象的定义及编程。

习 题 9

一、选择题

1. HTTP 协议规定,默认情况下,HTTP 服务器占用的 TCP 端口号是(   )。
   A. 21   B. 23
   C. 80   D. 任意一个未被占用的端口号

2. 下面说法正确的是(   )。
   A. Applet 可以访问本地文件   B. 对 static()方法的调用需要类实例
   C. socket 类在 java.lang 中   D. 127.0.0.1 地址代表本机

3. 以下(   )方法使服务器套接字监听客户连接并接收它。
   A. accept()   B. getLocalAddress()
   C. getInputStream()   D. ServerSocket()

4. 使用以下 InetAddres 对象的(   )方法可以获取你所工作的网络的 IP 地址。
   A. getAddress()   B. get()
   C. getInputStream()   D. connection()

5. 语句"ServerSocket socket=new ServerSocket(1001);"中的参数 1001 是(   )。
   A. 服务器密码   B. 服务器编号   C. 端口号   D. IP 号

6. 以下(   )选项设定 Socket 的接收数据时的等待超时时间。
   A. SO_LINGER   B. SO_RCVBUF

C. SO_KEEPALIVE　　　　　　　　　　　D. SO_TIMEOUT

7. 判断一个 Socket 对象当前是否处于连接状态的方法是（　　）。

A. boolean isConnected＝socket.isConnected()&&socket.isBound();

B. boolean isConnected＝socket.isConnected()&&!socket.isClosed();

C. boolean isConnected＝socket.isConnected()&&!socket.isBound();

D. boolean isConnected＝socket.isConnected();

8. 使用 UDP 套接字通信时，常用（　　）类把要发送的信息打包。

A. String　　　　　　　　　　　　　　B. DatagramSocket

C. MulticastSocket　　　　　　　　　　D. DatagramPacket

二、问答题

1. 什么是 URL？URL 由哪些部分组成？

2. 对于建立功能齐全的 Socket，简述其工作过程的步骤。

3. 简述基于 TCP 及 UDP 套接字通信的主要区别。

4. 写出 DatagramSocket 的常用构造方法。

三、编程题

1. 设服务器端程序监听端口为 8629，当收到客户端信息后，首先判断是否是"BYE"，若是，则立即向对方发送"BYE"，然后关闭监听，结束程序。若不是，则在屏幕上输出收到的信息，并由键盘上输入发送到对方的应答信息。请编写程序完成此功能。

2. TCP 客户端需要向服务器端 8629 发出连接请求，与服务器进行信息交流，当收到服务器发来的是"BYE"时，立即向对方发送"BYE"，然后关闭连接，否则，继续向服务器发送信息。

第10章 JDBC 数据库编程

JDBC 是一种用于执行 SQL 语句的 Java API。它由一组用 Java 语言编写成的类和接口组成。JDBC 为编程人员提供了一个标准的 API,使得他们能够用纯 Java API 来编写数据库应用程序。本章介绍 JDBC 的基本操作,一般来说这些操作对于 JDBC 应用来说是必须的。

10.1 JDBC 的概述

JDBC(java database connectivity 的缩写),表示 Java 程序连接数据库的应用程序接口(API),通过 JDBC,就能够以 SQL 语言对数据库进行操作。

JDBC 由一群类和接口组成,通过调用这些类和接口所提供的成员方法,可以连接各种不同的数据库,进而使用标准的 SQL 命令对数据库进行查询、插入、删除、更新等操作。

有了 JDBC,向各种关系数据库发送 SQL 语句就是一件很容易的事。换言之,有了 JDBC API,就不必为访问 db2 数据库专门写一个程序,为访问 Oracle 数据库又专门写一个程序,而只需用 JDBC API 写一个程序就够了,它可向相应数据库发送 SQL 语句。而且,使用 Java 语言编写应用程序,就无须去为不同的平台编写不同的应用程序。将 Java 语言和 JDBC 结合起来将使程序员只须写一遍程序就可让它在任何平台上运行。

10.2 SQL 语言简介

SQL 是结构化查询语言(structured query language)的简称。SQL 语言除了具有查询数据库的功能以外,还有定义数据结构、修改数据和说明安全性约束条件等特性。

1. 表的删除和修改

一旦已经建立了一个表,就不能删除表中的字段或者改变字段的数据类型。在这种情况下只能删除这个表,然后重新开始。要删除一个表,可以使用 SQL 语句 DROP TABLE。

例如:从数据库中彻底删除表 mytable,可以使用如下的语句。

```
DROP TABLE mytable;
```

注意:使用 DROP TABLE 命令时一定要小心。一个表一旦被删除,将无法恢复。

在建设站点时需要向数据库中输入测试数据。而当站点建设完毕准备投入使用时,又需要清空表中的这些测试信息。如果想清除表中的所有数据但不删除这个表,则可以使用 TRUNCATE TABLE 语句。

例如,下面的这个 SQL 语句可以从表 mytable 中删除所有数据。

```
TRUNCATE TABLE mytable;
```

2. SQL 查询语句

SQL 的 SELECT 语句用于从表中读取数据,SELECT 语句一般由 SELECT 子句、

FROM 子句和 WHERE 子句构成,其中 WHERE 子句可以省略。

(1) 紧跟在 SELECT 子句后面的是数据库表的域。例如:

```
SELECT * FROM user_table;
```

上面的语句将返回表 user_table 中的所有内容,如果只想得到所用用户的 E-mail 地址,那么可以写成如下形式。

```
SELECT Email FROM user_table;
```

下面的语句将返回所有用户的 ID 和名字。

```
SELECT ID,Name FROM user_table;
```

这里的 Email、ID 和 Name 都是表 user_table 的域。

(2) FROM 子句后面的内容是表格的名字,由于用 SELECT 语句查询出来的结果也是一个关系,即可以看做一个新的表格。所以 FROM 后面可以是 SELECT 语句执行的结果。例如:

```
SELECT ID FROM(SELECT ID,Name FROM user_table);
```

这个语句首先从 user_table 中读取出用户的 ID 和用户的名字,然后再从这个结果中读取出用户的 ID。

(3) WHERE 子句用于指定查询的条件。例如:

```
SELECT Email FROM user_table WHERE ID="John";
```

这个语句读取的是用户 ID 为"John"的用户的 E-mail 地址。

WHERE 子句中的逻辑运算符可以使用 AND、OR 和 NOT。例如:

```
SELECT Email FROM user_table WHERE ID="John" OR ID="Jack";
```

这个语句的查询条件比前一个复杂了一点。它的功能是从表 user_table 中选出所有 ID 域为"John"或"Jack"的记录。如果表中含有"John"或"Jack"的多个 E-mail 地址,则所有的 E-mail 地址都会被读取。

3. 插入、删除和修改记录

1) 插入记录

INSERT 语句用于向表中添加一个新记录。例如:

```
INSERT mytable(mycolumn)VALUES('some data');
```

这个语句把字符串'some data'插入表 mytable 的 mycolumn 字段中。将要被插入数据的字段的名字在第一个括号中,实际的数据在第二个括号中给出。

INSERT 语句的完整句法如下。

```
INSERT [INTO] {table_name|view_name}[(column_list)] {DEFAULT VALUES|Values_list | select_statement};
```

如果一个表有多个字段,通过把字段名和字段值用逗号隔开,用户可以向所有的字段中插入数据。例如,假设表 mytable 有 first_column、second_column 和 third_column 三个字段,添加一条三个字段都有值的完整记录,具体程序如下。

```
INSERT mytable(first_column,second_column,third_column)
VALUES('some data','some more data','yet more data');
```

2) 删除记录

DELETE 语句用于从表中删除一个或多个记录。可以在 DELETE 语句中加入 WHERE 子句,WHERE 子句用于选择要删除的记录。例如,只删除字段 first_column 的值等于"Delete Me"的记录,具体程序如下。

```
DELETE mytable WHERE first_column='Deltet Me';
```
DELETE 语句的完整句法如下。
```
DELETE [FROM] {table_name|view_name}[WHERE clause]
```
在 SQL SELECT 语句中可以使用的任何条件都可以在 DELECT 语句的 WHERE 子句中使用。例如，只删除那些 first_column 字段的值为 'goodbye' 或 second_column 字段的值为 'so long' 的记录具体程序如下。
```
DELETE mytable WHERE first_column='goodby' OR second_column='so long';
```
如果不在 DELETE 语句中加入 WHERE 子句,则表中的所有记录都将被删除。

3）更新记录

UPDATE 语句用于修改表中已经存在的一条或多条记录。同 DELETE 语句一样，UPDATE 语句中可以通过加入 WHERE 子句来选择更新特定的记录。例如：
```
UPDATE  mytable  SET  first_column='Updated!'WHERE second_column='Update
Me!';
```
这个 UPDATE 语句用于更新所有 second_column 字段的值为 'Update Me！' 的记录。对所有被选中的记录,字段 first_column 的值被置为 'Updated！'。

UPDATE 语句的完整句法如下。
```
UPDATE {table_name|view_name}SET [{table_name|view_name}]
{column_list|variable_list|variable_and_column_list}
[,{column_list2|variable_list2|variable_and_column_list2}…
[,{column_listN|variable_listN|variable_and_column_listN}]]
[WHERE clause]
```

10.3　JDBC 基本操作

Java 应用程序根据 JDBC 方法实现对数据库的访问和操作,简单来说,JDBC 可做以下三件事情。

- 与数据库建立连接。
- 发送 SQL 语句。
- 处理结果。

JDBC 完成的主要任务有：请求与数据库建立连接；向数据库发送 SQL 请求；查询结果；处理错误；控制传输、提交及关闭连接等操作。

1. JDBC 的加载

为了与特定的数据源建立连接,JDBC 必须加载相应的驱动程序,具体步骤如下。

（1）引用 java.sql 包,语句为"import java.sql.*；"。

（2）用 Class.forName 方法加载一个驱动程序。

根据驱动程序的不同,加载方法主要有以下两种。

① JDBC－ODBC 桥驱动程序的加载。具体语句如下。
```
Class.forName("sun.jdbc.odbc.JdbcOdbcDriver");
```

说明：这个语句直接加载了 sun 公司提供的 JDBC-ODBC 桥驱动程序。

② JDBC 驱动程序的加载。具体语句如下:

```
Class.forName("driver-class-name");
```

说明:

driver-class-name 根据不同的数据源,不同的驱动程序有不同的值。

例如:

```
Class.forName("org.gjt.mm.mysql.Driver");    //装载 MySQL 驱动程序 mm
Class.forName("com.jnetdirect.jsql.JSQLDriverr");//装载 MSSQL 驱动程序 JSQLConnect
```

2. 连接数据库语句

应用 DriverManager 类的 getConnection()方法建立与某个数据源的连接。具体语法格式如下:

```
Connection Conn= DriverManager.getConnection(url,user,password);
```

说明:

(1) url 用于指定所要连接数据源。根据驱动程序的不同,url 的写法也有不同,但一般都遵守以下格式中的一种。

```
jdbc:driver-id:database-id
jdbc:driver-id//host/database-id
```

用户使用时可以参考驱动程序的说明文档以获取正确的写法。

(2) user, password 用于输入用户名和密码。例如,用 JSQLConnect 建立和 MSSQL 的连接。

```
String sConnStr="jdbc:JSQLConnect://127.0.0.1/PUBS";
Connection Conn=DriverManager.getConnection(sConnStr,"sa","");
```

3. Statement 接口应用

在连接上数据库后,即可对数据库进行具体的操作,如查询、修改等。这一过程要用到 Statement 接口。总的来说,Statement 接口分为 Statement、PreparedStatement 和 CallableStatement 三类。

1) Statement 对象

Statement 对象用于一般查询语句的执行。在执行一个 SQL 查询语句前,必须首先创建一个 Statement 对象。利用 Connection 类的 createStatement 方法可以创建一个 Statement 对象。具体语句格式如下。

```
Statement stmt=Conn.createStatement();
```

Statement 对象的 executeQuery()方法用于执行一个查询语句。executeQuery()方法的参数是一个 String 对象,即一个 SQL 查询语句。它的返回值是一个 ResultSet 类的对象,例如:

```
ResultSet rs=stmt.executeQuery("SELECT * FROM user_table");
```

在 Statement 对象使用完毕以后,应该将其关闭。

```
stmt.close();
```

Statement 对象在每次执行 SQL 语句时都将该语句传给数据库,在多次执行同一语句的时候,其效率会很低。这时可以使用 PreparedStatement 对象。它可以将 SQL 语句传给数据库编译,以后每次执行这个 SQL 的时候,速度就可以提高很多了。

2) PreparedStatement 对象

PreparedStatement 对象是 Statement 的一个子接口,因此它可以使用 Statement 接口中的方法。使用 PreparedStatement 时,首先要创建对象。创建对象的时候应当给出要预编译的 SQL 语句,例如:

```
PreparedStatement pstmt=Conn.prepareStatement("SELECT * FROM user_table");
```

然后执行以下语句。

```
ResultSet rs=pstmt.executeQuery();
```

最后关闭 PreparedStatement,执行以下语句。

```
pstmt.close();
```

3) CallableStatement 对象

CallableStatement 对象用于执行数据库的存储过程。存储过程即数据库中已经存在的 SQL 查询语句。执行该存储过程的结果同执行相应的 SQL 语句时一样。

CallableSatement 类是由 PreparedStatement 派生的子接口。

同样,使用 CallabelStatement 对象时,首先要创建一个实例对象。它的参数是一个 String 对象,其一般格式为"{call procedurename()}",其中 procedurename 是存储过程的名称。

例如,执行数据库中的 Query1,具体语句如下。

```
CallableStatement cstmt=Conn.prepareCall("{call Query1()}");
```

然后执行存储过程,具体语句如下。

```
ResultSet rs=cstmt.execuiteQuery();
```

最后关闭 CallableStatement,具体语句如下。

```
cstmt.close();
```

4. ResultSet 结果集(ResultSet 的方法能否用表格描述)

执行 SQL 查询语句以后,这些语句执行的结果都返回一个 ResultSet 类的对象。要把查询的结果显示出来,就必须对 ResultSet 对象进行一定的处理,SQL 语句发送后,返回的结果通常存放在一个 ResultSet 类的对象中。ResultSet 对象可以看做是一个表,这个表包含由 SQL 返回的列名和相应的值,ResultSet 对象中维持了一个指向当前行的指针。最初,这个指针指向表的第一行之前。Result 类的 next()方法时可以使指针向下移动一行,因此第一次使用 next()方法时将指针移到第一行,这时候可以对这一行进行处理。处理完毕之后再用 next()方法使得指针移向第二行,继续处理第二行数据。Result 类的 next()方法返回一个 boolean 类型的值,如果这个值是 true,那么说明已经成功地移动到了下一行,如果是 false 那么说明表已经没有下一行了,也就是说,整个表已经处理完毕。

> **注意:**
> 在使用 next 对 ResultSet 对象操作之前,应当判断一下 ResultSet 的对象值是否为 NULL,即空集。

方法 getXXX()提供了获取当前行中某列值的途径。这里的 XXX 指的是 JDBC 中 Java 的数据类型,如 getInt()、getString()等。在每一行内,可按任何次序获取列值。但为了保证可移植性,应该从左至右获取列值,并且一次性地读取列值。

列名或列号可用于标识要从中获取数据的列。例如,如果 ResultSet 对象 rs 的第二列名为"title",并将值存储为字符串,则下列任一代码将获取存储在该列中的值。

```
String s=rs.getString("title");
String s=rs.getString(2);
```

注意：列是从左至右编号的,并且从列 1 开始。同时,用做 getXXX()方法的输入的列名不区分大小写。

【**例 10-1**】 通过 JDBC-ODBC 创建学生表 student,此表有学号(id)、姓名(name)及成绩(score)三个字段。

```java
import java.sql.*;                              //引入 java.sql 包
public class c1
{
public static void main(String[]args)
{
String JDriver="sun.jdbc.odbc.JdbcOdbcDriver";
//声明 JDBC 驱动程序对象
String conURL="jdbc:odbc:TestDB";              //定义 JDBC 的 URL 对象
try
{
  Class.forName(JDriver);                      //加载 JDBC- ODBC 桥驱动程序
  }
catch(java.lang.ClassNotFoundException e)
  {
  System.out.println("ForName:"+e.getMessage());
  }
try
{
    Connection con= DriverManager.getConnection(conURL);
    //连接数据库 URL
    Statement s= con.createStatement();        //建立 Statement 类对象
    String query="create table student("
            +"id char(10),"
            +"name char(15),"
            +"score integer"
            +")";                              //创建一个含有三个字段的学生表 student
    s.executeUpdate(query);                    //执行 SQL 命令
    s.close();                                 //释放 Statement 所连接的数据库及 JDBC
                                               //资源
    con.close();                               //关闭与数据库的连线
    }
    catch(SQLException e)
    {System.out.println("SQLException: "+e.getMessage());}
  }
}
```

数据源设置结果如图 10-1 所示。

【**例 10-2**】 在例 10-1 创建的数据表 student 中插入三个学生的记录。

(a)

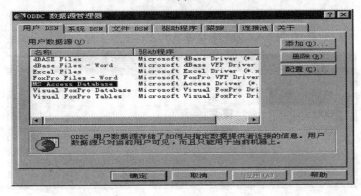

(b)

图 10-1 数据源设置结果图

```
import java.sql.*;
public class c2
{
  public static void main(String[]args)
    {
    String JDriver="sun.jdbc.odbc.JdbcOdbcDriver";
    String conURL="jdbc:odbc:TestDB";
    try
    {
      Class.forName(JDriver);
    }
catch(java.lang.ClassNotFoundException e)
    {
      System.out.println("ForName:"+e.getMessage());
    }
    try
      {
    Connection con=DriverManager.getConnection(conURL);
    Statement s=con.createStatement();
    String r1="insert into student values("+"'0001','王明',80)";
    String r2="insert into student values("+"'0002','高强',94)";
    String r3="insert into student values("+"'0003','李莉',82)";
    //使用 SQL 命令 insert 插入三个学生的记录到表中
```

```
            s.executeUpdate(r1);
            s.executeUpdate(r2);
            s.executeUpdate(r3);
            s.close();
            con.close();
        }
        catch(SQLException e)
        {
            System.out.println("SQLException: "+e.getMessage());
        }
    }
}
```

表 student 运行结果如图 10-2 所示。

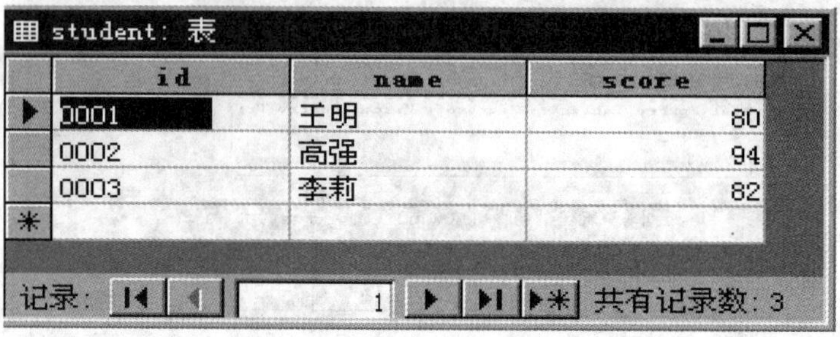

id	name	score
0001	王明	80
0002	高强	94
0003	李莉	82

图 10-2　表 student 运行结果

本章小结

本章介绍了 JDBC 的概念和操作步骤。

在 Java 语言中 JDBC 是一种用于执行 SQL 语句的 Java API。它由一组用 Java 语言编写成的类和接口组成。JDBC 为编程人员提供了一个标准的 API，使得他们能够用纯 Java API 来编写数据库应用程序，JDBC 执行数据库操作的步骤如下。

(1) 注册驱动。

(2) 和某个数据库建立连接。

(3) 创建执行 SQL 对象。

(4) 执行语句(发送 SQL 语句)。

(5) 处理数据库返回的结果。

(6) 释放资源(关闭连接)。

使用 JDBC，首先必须加载 JDBC 驱动，然后使用 getConnection( ) 方法连接数据库，最后调用 Statement 接口的方法用执行 SQL 操作或返回结果集，并对结果集进行处理。

习　题　10

1. 什么是 JDBC 技术？什么是 SQL 语言？

2. 比较 Statement、PreparedStatement 和 CallableStatement 的异同，并说明如何决定应该使用哪一种 Statement 接口。

3. 编写一个简单图书查询程序。

4. 编写一个具有英汉、汉英查询功能的电子词典。

第11章 Java 程序的应用与开发

11.1 Java 游戏开发

11.1.1 围棋对弈程序

本节介绍一个具有一定难度的程序,实现双方通过单击鼠标进行围棋对弈。

在这个例子中,我们需要一个创建棋盘的类,可通过一个面板的子类来创建这个棋盘,通过单击鼠标左键实现在棋盘上布棋子。另外,还需要创建棋子的类,分别用实现鼠标接口的画布子类来创建黑、白棋子,用鼠标双击棋子从当前棋盘上去掉棋子,用鼠标右键单击棋子实现悔棋。仔细阅读下面的程序,特别注意棋子类的技巧。

【例 11-1】 围棋对弈程序示例。

```java
import java.awt.*;import java.awt.event.*;
    //创建棋盘的类
class ChessPad extends Panel implements MouseListener,ActionListener
{int x=-1,y=-1,棋子颜色=1;                //控制棋子颜色的成员变量
Button button=new Button("重新开局");      //控制重新开局的按钮
TextField text_1=new TextField("请黑棋下子"),
text_2=new TextField();                    //提示下棋的两个文本框
ChessPad()
{
setSize(440,440);
setLayout(null);setBackground(Color.pink);
addMouseListener(this);add(button);button.setBounds(10,5,60,26);
button.addActionListener(this);
add(text_1);text_1.setBounds(90,5,90,24);
add(text_2);text_2.setBounds(290,5,90,24);
text_1.setEditable(false);text_2.setEditable(false);
}
public void paint(Graphics g)              //绘制围棋棋盘的外观
{
for(int i=40;i<=380;i=i+20)
  {
  g.drawLine(40,i,400,i);
  }
g.drawLine(40,400,400,400);
for(int j=40;j<=380;j=j+20)
  {
  g.drawLine(j,40,j,400);
  }
```

```java
g.drawLine(400,40,400,400);g.fillOval(97,97,6,6);
g.fillOval(337,97,6,6);
g.fillOval(97,337,6,6);g.fillOval(337,337,6,6);
g.fillOval(217,217,6,6);
}
public void mousePressed(MouseEvent e)              //当按下鼠标左键时下棋子
{
if(e.getModifiers()==InputEvent.BUTTON1_MASK)
{
x=(int)e.getX();y=(int)e.getY();                    //获取按下鼠标时的坐标位置
ChessPoint_black chesspoint_black=new ChessPoint_black(this);
ChessPoint_white chesspoint_white=new ChessPoint_white(this);
int a=(x+10)/20,b=(y+10)/20;if(x/20<2‖y/20<2‖x/20>19‖y/20>19)
//棋盘以外不下棋子
{}
else
{
if(棋子颜色==1)                                      //当棋子颜色是1时下黑棋子
{
this.add(chesspoint_black);
chesspoint_black.setBounds(a*20-7,b* 20-7,16,16);
棋子颜色=棋子颜色*(-1);text_2.setText("请白棋下子");
text_1.setText("");
}
else if(棋子颜色==- 1)                               //当棋子颜色是-1时下白棋子
{
this.add(chesspoint_white);
chesspoint_white.setBounds(a*20-7,b*20-7,16,16);
棋子颜色=棋子颜色*(-1);text_1.setText("请黑棋下子");
text_2.setText("");
}
}
}
}
public void mouseReleased(MouseEvent e){}
public void mouseEntered(MouseEvent e){}
public void mouseExited(MouseEvent e){}
public void mouseClicked(MouseEvent e){}
public void actionPerformed(ActionEvent e)
{
this.removeAll();棋子颜色=1;
add(button);button.setBounds(10,5,60,26);
add(text_1);text_1.setBounds(90,5,90,24);
text_2.setText("");text_1.setText("请黑棋下子");
```

```java
    add(text_2);text_2.setBounds(290,5,90,24);
  }
}
//负责创建黑色棋子的类
class ChessPoint_black extends Canvas implements MouseListener
{
  ChessPad chesspad=null;              //棋子所在的棋盘
  ChessPoint_black(ChessPad p)
  {
    setSize(20,20);chesspad=p;addMouseListener(this);
  }
  public void paint(Graphics g)        //绘制棋子的大小
  {
    g.setColor(Color.black);g.fillOval(0,0,14,14);
  }
  public void mousePressed(MouseEvent e)
  {
    if(e.getModifiers()==InputEvent.BUTTON3_MASK)
    {
      chesspad.remove(this);
      //当用鼠标右键单击棋子时,从棋盘中去掉该棋子,即悔棋
      chesspad.棋子颜色=1;chesspad.text_2.setText("");chesspad.text_1.setText("请黑棋下子");
    }
  }
  public void mouseReleased(MouseEvent e){}
  public void mouseEntered(MouseEvent e){}
  public void mouseExited(MouseEvent e){}
  public void mouseClicked(MouseEvent e)
  {
    if(e.getClickCount()>=2)
    chesspad.remove(this);               //当用左键双击该棋子时,吃掉该棋子
  }
}
//负责创建白色棋子的类
class ChessPoint_white extends Canvas implements MouseListener
{
  ChessPad chesspad=null;
  ChessPoint_white(ChessPad p)
  {
    setSize(20,20);addMouseListener(this);
    chesspad=p;
  }
  public void paint(Graphics g)
```

```java
{
g.setColor(Color.white);g.fillOval(0,0,14,14);
}
public void mousePressed(MouseEvent e)
{
if(e.getModifiers()==InputEvent.BUTTON3_MASK)
{
chesspad.remove(this);chesspad.棋子颜色=-1;
chesspad.text_2.setText("请白棋下子");chesspad.text_1.setText("");
}
}
public void mouseReleased(MouseEvente){}
public void mouseEntered(MouseEvente){}
public void mouseExited(MouseEvente){}
public void mouseClicked(MouseEvente)
{
if(e.getClickCount()>=2)
chesspad.remove(this);
}
}
public class Chess extends Frame //添加棋盘的窗口
{
ChessPad chesspad=new
ChessPad();Chess()
{
setVisible(true);
setLayout(null);
Label label=new Label("单击左键下棋子,双击吃棋子,用右键单击棋子悔棋",Label.CENTER);
add(label);label.setBounds(70,55,440,26);
label.setBackground(Color.orange);
add(chesspad);chesspad.setBounds(70,90,440,440);
addWindowListener(new WindowAdapter()
{
public void windowClosing(WindowEvent e)
{
System.exit(0);
}
});
pack();setSize(600,550);
}
public static void main(String args[])
{
Chess chess=new Chess();
}
}
```

程序运行结果如图 11-1 所示。

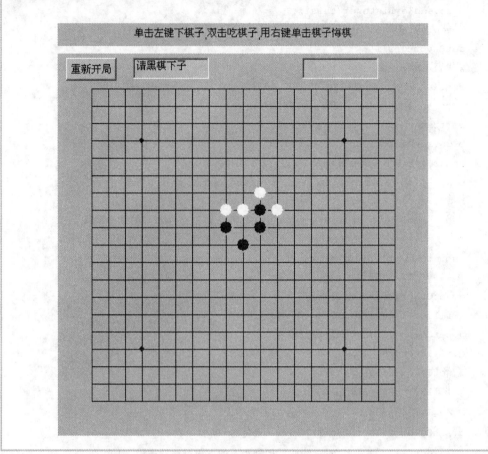

图 11-1　程序的运行结果

11.1.2　走迷宫程序

下面是用键盘实现的走迷宫程序。走迷宫需要将一个物体用一个按钮表示并将其限制在一定的区域内移动,可以使用若干个矩形对象进行互相交叉形成迷宫。为了简化代码,例子中的迷宫是很简单的。可以通过 Grap9hics 对象的 fillRect 方法画出这个迷宫。用一个按钮代表走迷宫者,由于按钮是矩形组件,因此可以根据按钮的形状创建一个和按钮相关的矩形对象,当这个矩形对象和代表迷宫的矩形对象满足相交条件时,按钮根据键盘事件在迷宫里走来走去。

【例 11-2】　走迷宫程序。

```
import java.awt.event.*;import java.applet.*;
import java.awt.*;
public class Move extends Applet implements KeyListener,ActionListener
{
Button b_go=new Button("go"),b_replay=new Button("replay");
Rectangle rect1,rect2,rect3;int
```

```java
b_x=0,b_y=0;
public void init()
{
b_go.addKeyListener(this);
b_replay.addActionListener(this);
setLayout(null);
//代表迷宫的矩形
rect1=new Rectangle(20,40,200,40);
rect2=new Rectangle(200,40,24,240);
rect3=new Rectangle(200,220,100,40);              //走迷宫
b_go.setBackground(Color.red);                    //代表走迷宫者的按钮
add(b_go);b_go.setBounds(22,45,20,20);
b_x=b_go.getBounds().x;b_y=b_go.getBounds().y;
b_go.requestFocus();
add(b_replay);b_replay.setBounds(2,2,45,16);//单击重新开始按钮
}
public void paint(Graphics g)
{                                                  //画出迷宫
g.setColor(Color.green);
g.fillRect(20,40,200,40);
g.setColor(Color.yellow);
g.fillRect(200,40,40,240);
g.setColor(Color.cyan);
g.fillRect(200,220,100,40);
g.drawString("出口",310,220);
g.setColor(Color.black);
g.drawString("单击红色按钮,然后用键盘上的方向键移动按钮",100,20);
}
public void keyPressed(KeyEvent e)
{                                                  //按键盘上的上、下、左、右键在迷宫中行走
if((e.getKeyCode()==KeyEvent.VK_UP))
{                                                  //创建一个和按钮b_go同样大小的矩形
Rectangle rect=new Rectangle(b_x,b_y,20,20);
//要求必须在迷宫内行走
if(rect.intersects(rect1)||rect.intersects(rect2)||rect.intersects(rect3))
{
b_y=b_y-2;b_go.setLocation(b_x,b_y);
}
}
else if(e.getKeyCode()==KeyEvent.VK_DOWN)
{
Rectangle rect=new Rectangle(b_x,b_y,20,20);
if(rect.intersects(rect1)||rect.intersects(rect2)||rect.intersects(rect3))
```

```
{
b_y=b_y+2;b_go.setLocation(b_x,b_y);
}
}
else if(e.getKeyCode()==KeyEvent.VK_LEFT)
{
Rectangle rect=new Rectangle(b_x,b_y,20,20);
if(rect.intersects(rect1)||rect.intersects(rect2)||rect.intersects(rect3))
{
b_x=b_x- 2;b_go.setLocation(b_x,b_y);
}
}
else if(e.getKeyCode()==KeyEvent.VK_RIGHT)
{
Rectangle rect=new Rectangle(b_x,b_y,20,20);
if(rect.intersects(rect1)||rect.intersects(rect2)||rect.intersects(rect3))
{
b_x=b_x+2;b_go.setLocation(b_x,b_y);
}
}
}
public void keyReleased(KeyEvent e){}
public void keyTyped(KeyEvent e){}
public void actionPerformed(ActionEvent e)
{
b_go.setBounds(22,45,20,20);
b_x=b_go.getBounds().x;b_y=b_go.getBounds().y;
b_go.requestFocus();}
}
```

程序运行结果如图 11-2 所示。

图 11-2　程序运行结果

11.1.3 华容道程序

华容道是我们很熟悉的一个传统智力游戏,可以通过键盘事件来实现其中的曹操、关羽等人物的移动。

【例 11-3】 华容道程序。

```java
import java.awt.*;import java.applet.*;import java.awt.event.*;
class People extends Button implements FocusListener
//代表华容道人物的类
{
Rectangle rect=null;
int left_x,left_y;                    //按钮的左上角坐标.int
width,height;                         //按钮的宽和高.String
name;int number;
People(int number,String s,int x,int y,int w,int h,Hua_Rong_Road road)
{
super(s);
name=s;this.number=numb
er;left_x=x;left_y=y;
width=w;height=h;setBackground(Color.orange);
road.add(this);addKeyListener(road);
setBounds(x,y,w,h);addFocusListener(this);
rect=new Rectangle(x,y,w,h);
}
public void focusGained(FocusEvent e)
{
setBackground(Color.red);
}
public void focusLost(FocusEvent e)
{
setBackground(Color.orange);
}
}                                      //华容道
public class Hua_Rong_Road extends Applet implements KeyListener,ActionListener
{
People people[]=new People[10];
243
Rectangle left,right,above ,below;    //华容道的边界
Button restart=new Button("重新开始");
public void init()
{
setLayout(null);add(restart);
restart.setBounds(5,5,80,25);
restart.addActionListener(this);
people[0]=new People(0,"曹操",104,54,100,100,this);
people[1]=new People(1,"关羽",104,154,100,50,this);
people[2]=new People(2,"张飞",54,154,50,100,this);
```

```java
people[3]=new People(3,"刘备",204,154,50,100,this);
people[4]=new People(4,"张辽",54,54,50,100,this);
people[5]=new People(5,"曹仁",204,54,50,100,this);
people[6]=new People(6,"兵",54,254,50,50,this);
people[7]=new People(7,"兵",204,254,50,50,this);
people[8]=new People(8,"兵",104,204,50,50,this);
people[9]=new People(9,"兵",154,204,50,50,this);
people[9].requestFocus();
left=new Rectangle(49,49,5,260);
people[0].setForeground(Color.white);
right=new Rectangle(254,49,5,260);
above=new Rectangle(49,49,210,5);
below=new Rectangle(49,304,210,5);
}
public void paint(Graphics g)
{//画出华容道的边界：
g.setColor(Color.cyan);
g.fillRect(49,49,5,260);//left.
g.fillRect(254,49,5,260);//right.
g.fillRect(49,49,210,5);//above.
g.fillRect(49,304,210,5);//below.
//提示曹操逃出位置和按键规则：g.drawString("点击相应的人物,然后按键盘上的上、下、左、右箭头移动",100,20);g.setColor(Color.red);
g.drawString("曹操到达该位置",110,300);
}
public void keyPressed(KeyEvent e)
{
People man=(People)e.getSource();//获取事件源
man.rect.setLocation(man.getBounds().x,man.getBounds().y);
if(e.getKeyCode()==KeyEvent.VK_DOWN)
{
man.left_y=man.left_y+50;//向下前进50个单位
man.setLocation(man.left_x,man.left_y);
man.rect.setLocation(man.left_x,man.left_y);
//判断是否和其他人物或下边界出现重叠,如果出现重叠就退回50个单位距离
for(inti=0;i<10;i++)
{
if((man.rect.intersects(people[i].rect))&&(man.number!=i))
{
man.left_y=man.left_y- 50;
man.setLocation(man.left_x,man.left_y);
man.rect.setLocation(man.left_x,man.left_y);
}
}
if(man.rect.intersects(below))
{
```

```java
man.left_y=man.left_y- 50;
man.setLocation(man.left_x,man.left_y);
man.rect.setLocation(man.left_x,man.left_y);
}
}
if(e.getKeyCode()==KeyEvent.VK_UP)
{
man.left_y=man.left_y- 50;//向上前进50个单位
man.setLocation(man.left_x,man.left_y);
man.rect.setLocation(man.left_x,man.left_y);
//判断是否和其他人物或上边界出现重叠,如果出现重叠就退回50个单位距离
for(int i=0;i<10;i++)
{
if((man.rect.intersects(people[i].rect))&&(man.number!=i))
{
man.left_y=man.left_y+50;
man.setLocation(man.left_x,man.left_y);
man.rect.setLocation(man.left_x,man.left_y);
}
}
if(man.rect.intersects(above))
{
man.left_y=man.left_y+50;
man.setLocation(man.left_x,man.left_y);
man.rect.setLocation(man.left_x,man.left_y);}
}
if(e.getKeyCode()==KeyEvent.VK_LEFT)
{
man.left_x=man.left_x-50;//向左前进50个单位
man.setLocation(man.left_x,man.left_y);
man.rect.setLocation(man.left_x,man.left_y);
//判断是否和其他人物或左边界出现重叠,如果出现重叠就退回50个单位距离
for(int i=0;i<10;i++)
{
if((man.rect.intersects(people[i].rect))&&(man.number!=i))
{
man.left_x=man.left_x+50;
man.setLocation(man.left_x,man.left_y);
man.rect.setLocation(man.left_x,man.left_y);
}
}
if(man.rect.intersects(left))
{
man.left_x=man.left_x+50;
man.setLocation(man.left_x,man.left_y);
man.rect.setLocation(man.left_x,man.left_y);
}
}
```

```
if(e.getKeyCode()==KeyEvent.VK_RIGHT)
{
man.left_x=man.left_x+50;//向右前进 50 个单位
man.setLocation(man.left_x,man.left_y);
man.rect.setLocation(man.left_x,man.left_y);
//判断是否和其他人物或右边界出现重叠,如果出现重叠就退回 50 个单位距离
for(int i=0;i<10;i++)
{
if((man.rect.intersects(people[i].rect))&&(man.number!=i))
{
man.left_x=man.left_x-50;
man.setLocation(man.left_x,man.left_y);
man.rect.setLocation(man.left_x,man.left_y);
}
}
if(man.rect.intersects(right))
{
man.left_x=man.left_x-50;
man.setLocation(man.left_x,man.left_y);
man.rect.setLocation(man.left_x,man.left_y);
}
}
}
public void keyTyped(KeyEvent e){}
public void keyReleased(KeyEvent e){}
public void actionPerformed(ActionEvente)
{
this.removeAll();
this.init();}
}
```

程序运行结果如图 11-3 所示。

图 11-3　程序的运行结果

11.2 Java Web 游戏程序

随着互联网技术的不断发展和普及,各种各样的网络应用程序已经成为人们生活和工作中不可或缺的一部分,尤其是 Web 应用程序以其独有的灵活性、扩展性有着广泛的应用。在多种 Web 应用开发语言中,JSP 是继承了 Java 语言的跨平台、面向对象等优点的一种动态技术标准。

在众多的 Web 程序开发中,页面游戏网站的开发发展迅猛,如五子棋、象棋、跳棋等都已经进入了非常成熟的应用阶段,本节中将介绍如何开发一个基于 Web 平台的网络扫雷系统,它可以让使用者注册为新用户,然后登录系统,选择扫雷游戏的难度并在线进行游戏,胜利完成以后将成绩记入数据库中,并且能查看自己和别人的排名,从而一较高下。

11.2.1 网页和 JSP 技术简介

基于 Browser/Server(浏览器/服务器)架构下的 Web 应用使每一个浏览器都可以连接到同一服务器中进行交互,实现了真正的跨平台操作,因而 Web 被广泛应用到程序开发中。

JSP(Java server pages)是基于 Java 语言的一种 Web 应用开发技术,利用这一技术可以建立安全、跨平台的先进动态网站。

JSP 的优点之一是它能将 HTML 编码从 Web 页面的业务逻辑中有效地分离出来。用 JSP 访问可重用的组件,如 Servlet、JavaBean 和基于 Java 语言的 Web 应用程序。JSP 还支持在 Web 页面中直接嵌入 Java 代码。JSP 最大的优点在于其与平台无关性,具有"一次编写,处处运行"的特点。

11.2.2 JSP 开发环境与配置

为了能够编写 JSP 程序,至少需要具备以下两个基本条件:一是在计算机上安装 Java 2,并进行相关的环境变量的设置;二是在计算机上安装 JSP 引擎,比如 J2EE 服务器、Resin 和 Tomcat 服务器等。

本系统的开发环境包括 JDK1.5、Tomcat5.5 和 MySQL 5 数据库。

11.2.3 网页游戏功能设计

从功能上说,用户要参与网页游戏,必须首先拥有一个系统账号,然后利用这个账号登录系统才能进行游戏并参加游戏排行榜。用户如果没有账号,应当先注册一个账号,然后再登录,所以系统的第一个模块是用户信息注册和登录模块。

用户登录系统后,首先仿照 Windows 操作系统自带扫雷游戏的工作方式,选择游戏的难度,然后进入游戏,游戏界面主要采用 JSP 编写,这是本系统最重要的一个模块,即扫雷游戏功能实现模块。

用户完成游戏后,需要将用户完成游戏所用的时间和游戏难度提交服务器,然后根据当前游戏级别获取游戏排名,并显示在界面中。所以系统应当还包括一个用户成绩更新和显示模块。

在 UML 中可以反映系统功能模块划分的,是一种叫做 UseCase 图的表示方法,可以将系统的功能设计反映到 UseCase 图中, 如图 11-4 所示。

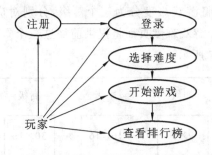

图 11-4 扫雷英雄榜 Use Case 图

11.2.4 用户界面设计

完成初步的功能设计后, 接下来就是具体实现的内容, 即用户界面。根据上一节中介绍的功能模块, 按照用户操作的流程, 逐步设计每个页面的雏形。

首先是用户登录页面。这个页面包括两个输入域, 分别供用户输入用户名和密码, 输入域下面有表单提交按钮。针对第一次使用这个系统的新用户来说, 还应该设置一个"注册新玩家"的按钮, 供新用户注册。根据以上分析, 可以画出用户登录界面的草图, 如图 11-5 所示。

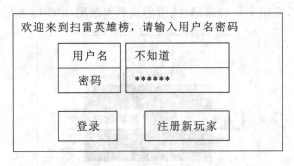

图 11-5 登录界面草图

如果是新用户注册系统的页面, 应该提供给用户在本系统中输入用户名、密码和昵称的输入域。其中, 输入密码的输入域类型应该是 password, 这样键入密码时在屏幕上会显示为星号, 能够在某种程度上保护用户的隐私。在这些输入域的下面, 应该还包含一个"注册"按钮用来提交表单。新用户注册界面草图如图 11-6 所示。

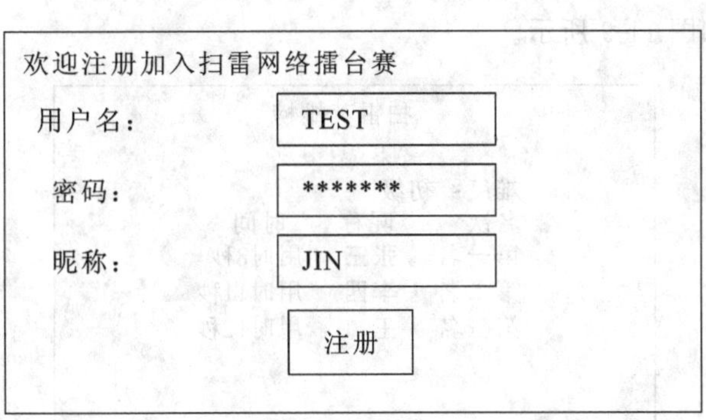

图 11-6 新用户界面草图

在用户登录成功并正式进入系统前,还要选择进入游戏的难度。本系统参考了 Windows 系统的扫雷游戏,将游戏难度分为三个等级,分别对应屏幕方块的个数为 9×9、16×16 和 30×16。所以选择游戏难度页面将提供前往这三个等级的游戏页面的链接,选择游戏难度界面草图如图 11-7 所示。

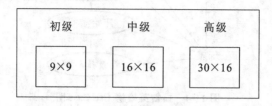

图 11-7　选择游戏难度界面草图

选择游戏难度以后,将进入本系统最复杂的页面,即扫雷页面。扫雷页面可以参考 Windows 系统自带的扫雷游戏。在 Windows 扫雷游戏中,主要包括四个部分。
- 扫雷区域,为用户和程序交互的主要区域,通过鼠标单击事件进行游戏。
- 当前剩下雷的个数的显示区域,用于显示还有多少个雷未被用户发现。
- 时间显示区域,用于显示用户游戏已经使用的时间。
- 重新启动游戏按钮,单击此按钮以后可以重新开始游戏。

在本扫雷游戏中,采用类似的布局,扫雷游戏界面草图如图 11-8 所示。

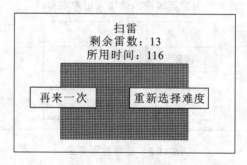

图 11-8　扫雷游戏界面草图

最后一个页面是扫雷英雄排行榜的页面。在本页面中,按照用户完成游戏的时间从少到多排列,最多显示 10 名。同时要显示对应的游戏级别,因为不同级别的游戏在时间上没有可比性。在显示排名区域的下面,有对应的按钮可供返回继续游戏或者退出游戏。扫雷英雄榜的界面草图如图 11-9 所示。

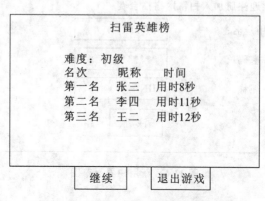

图 11-9　扫雷英雄榜界面草图

至此,整个系统的显示样式已具雏形了,下面就是要通过页面迁移把这些画面串联起来成为一个整体。

11.2.5 页面迁移图设计

根据 UseCase 图和用户界面草图,按照一个新用户使用本系统时的操作流程,可以大概绘制出系统的页面迁移图。

当用户打开欢迎页面的时候,需要在页面上输入用户名和密码,然后单击"登录"按钮。如果用户名和密码校验通过,则页面迁移到游戏难度选择页面上;如果密码校验不通过,则重新显示首页。

如果用户是第一次使用系统,则可以在首页单击"注册新用户"按钮,从而迁移到新用户注册页面。如果新用户注册失败,例如已经有了该用户,则依然显示新用户注册页面;如果注册成功,则页面迁移到游戏难度选择页面。

在游戏难度选择页面中可以选择对应的游戏难度,选择难度后,页面迁移到对应的游戏界面开始游戏。

在游戏界面中可以单击"重新选择难度"按钮,则退回到选择游戏难度页面,用户可以重新选择难度并开始游戏。

在游戏界面中如果要终止当前游戏,可以单击"再来一次"按钮,重新开始游戏,即页面自身迁移到自身。

如果完成游戏,则页面自动迁移到扫雷英雄榜页面,显示处于当前级别的扫雷英雄排名一览表。

在扫雷英雄榜页面中单击"继续"按钮,页面迁移到游戏难度选择页面,用户可以重新选择难度并开始游戏。如果在扫雷英雄榜页面中单击"退出游戏"按钮,则页面迁移到首页,用户需要重新输入用户名和密码才可以重新开始游戏。

11.2.6 页面功能设计

有了每个具体页面的草图,又有了各页面之间来回迁移的线索,整个系统越来越明晰。但是这些还不够,接下来应该做的是为每个页面的动作和功能进行较为详细的分析和设计,即用文字的方式来描述用户的交换过程。

功能基本设计主要面向两个主要对象:一个是页面显示元素,如名称、名次等;一个是页面交换元素,如按钮、链接等。

(1) 欢迎页面。该页面显示元素只有用户名、密码的标签和欢迎信息,同时包括两个输入域和一个"登录"按钮。注意在密码输入域中输入的文本内容将以星号显示。

用户单击"登录"按钮的时候,即将用户输入的用户名和密码提交到服务器,到数据库的相关表中进行检验。如果用户输入的用户名或者密码为空,则不提交表单,并给出相关错误提示。如果用户名密码校验通过,则页面转移到游戏难度选择页面;如果校验不通过,则重新显示欢迎页面。

用户单击"注册新玩家"按钮,页面将迁移到新用户注册页面。

(2) 新用户注册页面。在此页面中主要包括三个输入域和一个按钮。三个输入域分别是用户名、密码和昵称。用户名和密码是用来登录系统的,而昵称则是显示在用户界面和扫雷英雄榜页面的。

用户单击"登录"按钮的时候,首先检查输入的用户名在数据库中是否已经有别人注册了。如果用户名没有被别人注册,则将用户名的信息登录数据库,然后页面跳转到游戏难度选择页面;如果已经有别人注册了,则重新显示新用户注册页面。

(3)游戏难度选择页面。按照设计,本系统游戏难度分为三个等级,分别对应三个不同的游戏页面,即初级是 9×9 的游戏页面,中级是 16×16 的页面,高级是 30×16 的页面。所以在本系统中就用三个按钮分别代表了这三个等级,每个按钮以对应的游戏界面图片作为表现形式。当单击代表不同游戏难度级别的按钮时,页面将迁移到对应级别的游戏界面。

(4)扫雷游戏页面。这是本系统中最复杂的一个页面。页面的主要布局参考前面的页面草图。在游戏的扫雷区上面显示当前还剩下的雷数及用户已经使用的时间。扫雷区的样式和 Windows 自带扫雷游戏风格基本相同。在扫雷区下面有两个按钮:单击"再来一次"按钮可以重新开始当前游戏;单击"重新选择难度"按钮,可以终止当前进行中的游戏,并返回到难度选择页面。

与 Windows 自带的扫雷游戏一样,用户还没有开始扫雷时不计时,但是当用户在扫雷区域有任何一个鼠标动作时,则开始计时。

如果碰到地雷,游戏失败,用户可以通过单击下面的按钮选择再来一次还是重新选择游戏难度;如果游戏顺利完成,则给用户以提示,并将当前的游戏级别和游戏所用时间提交到服务器,通过计算以后显示游戏排行榜页面。

(5)扫雷英雄排行榜页面。按照当前用户选择的用户级别,从数据库中选择前 10 名显示在页面上。页面显示内容包括用户名、昵称和游戏完成时间。

显示区域下面有"继续"和"退出游戏"两个按钮。单击"继续"按钮可以返回到游戏难度选择页面重新选择难度;单击"退出游戏"按钮可以退出游戏,页面将迁移到欢迎界面,需再次输入用户名和密码才能进入系统。

通过上面对于每一个页面的基本设计,到目前为止系统概貌已经形成了,下一步要做的是设计数据库。

11.2.7 数据库的分析和设计

在开始编码之前,应当对数据库应用的核心实体——数据库表进行创建并设计。

本系统涉及数据库交互的地方有两个:一个是在首页输入用户名、密码,以及在新用户注册时输入用户名、密码和昵称;另一个是在游戏成功以后的扫雷排行榜。针对这两个页面可以大概设计数据库的样式。用户注册和登录页面的数据库表,应当包括三个字段,分别是用户名、密码和用户昵称。

针对游戏排行榜页面,考虑到排名应该按照游戏的不同级别进行,所以也应当包含三个字段,分别是用户名、级别和成绩。但考虑到同一个用户在同一个级别最多只有一个最好成绩,所以需要将用户名加上级别设定为唯一主键。

本系统的数据库命名为 ch02,根据上述分析,可以确定本系统的数据库表的结构。用户信息表的表名为 PLAYER_INFO,表结构如表 11-1 所示。

表 11-1 用户信息表

字段名	类型	长度	是否为主键	可否为空	说明
USERNAME	VARCHAR	20	是	否	登录用户名
PASSWORD	VARCHAR	20	否	否	登录密码
REALNAME	VARCHAR	20	否	否	昵称

游戏记录表的表名为 PLAYER_RECORD，表结构如表 11-2 所示。

表 11-2 游戏记录表

字段名	类型	长度	是否为主键	可否为空	说明
USERNAME	VARCHAR	20	是	否	登录用户名
GRADE	CHAR	1	是	否	游戏级别
USE_TIME	INT		否	是	完成时间

建立数据库并创建上述表结构的 SQL，代码如下。

```
CREATE DATABASE ch02;
USE ch02;
DROP TABLE IF EXISTS player_info;
CREATE TABLE player_info(
username   VARCHAR(20)   NOT NULL,
password   VARCHAR(20)   NOT NULL,
realname   VARCHAR(20)   NOT NULL,
PRIMARY KEY(username));
DROP TABLE IF EXISTS player_record;
CREATE TABLE player_record(
username VARCHAR(20)   NOT NULL,
grade     CHAR(1)       NOT NULL,
use_time int,
PRIMARY KEY(username,grade));
```

11.2.8 页面游戏代码设计

如果是已经注册过的用户，可通过首页输入用户名和密码进入系统。首先将数据提交到一个用户登录界面，然后在该界面对表单输入内容进行处理并决定是否要跳转到游戏难度选择界面。

【例 11-4】 register_new_user.jsp 注册新用户代码。

```
<%@ page contentType="text/html;charset=gbk"%>
<%@ page language="java" import="java.sql.*"%>
<%
//获得用户提交表单
String  sUsername,sPassword,
sUsername=request.getparameter("username");
```

```
sUsername=sUsername.replaceAll(" ' "," ' ' ");
sPassword=request.getparameter("password");
sPassword=sPassword.replaceAll(" ' "," ' ' ");
//检查该用户输入的信息是否正确
String query ="select *  from player_info where username=' "+ sUsername+" ' 
and password=' "+ sPassword+ " " ' ";
Connection conn=null;
Statement stmt=null;
ResultSet rs=null;
try
{
//获得数据链接
Class.forName("com.mysql.jdbc.Driver").newInstance();
com = DriverManager. getConnectio ( " jdbc: mysql://localhost/ch02? user = 
jspdb&password=jspdb");
//创建 statement
Stmt=conn.createStatement();
    //执行查询
rs=stmt.executeQuery(query);
if(rs.next())
{
//为 session 设置相关属性
session.setAttribute("username",rs.getString("username"));
session.setAttribute("raelname",rs.getString("realname"));
//重定向到入口页面
response.sendRedirect("entry.jsp");
}
else
{
//如果用户名和密码错误
response.sendRedirect("welcome.htm");
}
}catch(SQLException ex)
{
ex.printStackTrace();
response.sendRedirectory("welcome.htm");
return;
}
finally
{
//关闭数据库连接
stmt.close();
coon.close();
}
%>
```

【例 11-5】 register.htm 注册页面代码。

```html
<html>
<head>
<<title>注册新用户</title>
  <meta http-equiv="content- type" content="text/html" charset="gbk">
  <script language="JavaScript" type="text/javascript">
  <!--
    function checkform(form)
    {
if(form.username.value=="")
    {
    alert("请输入用户名");
    form.username.focus();
    return false;
    }
if(form.password.value=="")
    {
    alert("请输入密码");
      form.password.focus();
      return false;
    }
    if(realname=="")
    {
    alert("请输入你的昵称");
      form.realname.focus();
      return false;
    }
    return true;
    }
  -->
  </script>
</head>
<body>
<center>
  <b>欢迎注册加入扫雷网络擂台赛</b>
  <form action="register_new_user.jsp" method="post" onsubmit="return checkform(this);">
    <table border="0" cellpadding="0" cellspacing="0" >
<tr>
<td>用户名:</td><td><input type="text" name="username"></input></td>
    </tr>
<tr>
    <td>密码:</td><td><input type="password" name="password"></input></td>
    </tr>
```

```html
        <tr>
         <td> 昵称:</td><td><input type="text" name="realname"></input></td>
         </tr>
         <tr>
           <td>
<input type="submit" value="注册"
          style="FONT- WEIGHT: bold;FONT- SIZE: 12px;WIDTH: 82px;COLOR: # 000000; HEIGHT:27px;BACKGROUND- COLOR: # E0E0DE">
           </td>
         </tr>
        </table>
    </form>
  </center>
</body>
</html>
```

【例 11-6】 entry.jsp 游戏选择页面代码设计。

```jsp
<% @ page contentType="text/html;charset=gbk"% >
<%
    //如果 session 过期或者非法进入
    String sRealname=(String)session.getAttribute("realname");
    if(sRealname==null || sRealname.equals(""))
    {
        response.sendRedirect("welcom.htm");
        return;
    }
%>
<html>
<head>
  <title><% =sRealname% > ,请选择游戏难度</title>
  <style type="css/text">
  img {align:"middle";border:0;WIDTH: 200px;height: 200px}
  td {align:"center";width:230px;height:230px}
  </style>
</head>
<body>
    <table align="center" border="0" cellpadding="0" cellspacing="0" >
     <tr><td align="center"> 初级</td><td align="center"> 中级</td><td align="center"> 高级</td>
     <tr>
       <td width=260px height=170px>
          <input type="image" src='img/level1.gif' onClick="self.location='play.jsp? difficulityLevel=1'"/></td>
```

```
            <td width=260px height=170px>
                <input type="image" src='img/level2.gif' onClick="self.location='play.jsp? difficulityLevel=2'"/></td>
            <td width=260px height=170px>
                <input type="image" src='img/level3.gif' onClick="self.location='play.jsp? difficulityLevel=3'"/></td>
        </tr>
    </table>
</body>
</html>
```

按照前面的设计,游戏难度选择页面有三个链接,分别代表三个难度级别,除此外还有一个简单的表格。游戏难度选择的显示效果如图 11-10 所示。

初级

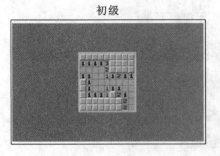

中级

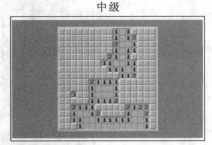

高级

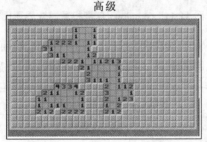

图 11-10 游戏难度选择显示效果

接下来是相对复杂的游戏页面。首先考虑一下 Windows 扫雷游戏的规则。在游戏初始化的时候,首先根据当前雷区的个数和预定的雷的个数,随机在雷区中放置指定个数的雷。例如,9×9 的初级水平中,默认是十个雷,可能分布在 81 个格子中的任意位置。在用户单击雷区之前,用户使用时间始终为 0,当用户在任何一个方格中单击鼠标的时候,游戏开始计时。用户用鼠标单击雷区方格的时候,一共有三种鼠标动作,分别是鼠标左键按下、鼠标右键按下、鼠标左右键一起按下。

如果游戏一直运行到扫雷区中有对应个数的雷被标记出来,而且都正确,则游戏顺利完成;如果当鼠标左键按下或者左右键一起按下的时候打开的方块是雷区,则游戏结束。打开的方块是 1 则上下左右及斜角合计有一颗雷,依此类推,打开的方块是 2 则有两颗雷,打开的方块是 3 则有三颗雷。在确实是炸弹的方格上点了旗子,就安全了,在不是炸弹的方格上点了旗子,后面会被炸死。问号就不确定这里是否有炸弹,不会存在点错了被炸死的状况。设置一个小窍门,即在数字旁同时点左键和右键可以排雷。左键点开,右键用旗子标记雷,左右键同时点数字可以判断周围的雷是否已经全部标出,每个数字代表这个数字周围九个格里有几颗雷。通过单击即可挖开方块,如果挖开的是雷,则输掉游戏;如果方块上出现数字,则表示在其周围的八个方块中共有多少颗雷。要标记认为可能有雷的方块,可用右键单击它。游戏区包括雷区、雷计数器和计时器。下面考虑如何通过结合 JSP 来实现它。首先要考虑游戏的素材。为了使本系统扫雷游戏的界面风格与 Windows 自带的扫雷游戏界面风格尽量一致,可以从 Windows 自带的扫雷游戏界面中提取美工元素并应用到本系统游戏中。

在这个游戏中,若每个方格都用一张图片来代替,那么应该包括雷、爆炸的雷、雷的标记、思考标记、空白方格、代表周围雷个数的数字等,这些都可以抓取 Windows 自带的扫雷游戏中的图片来完成。Windows 自带的扫雷游戏界面如图 11-11 所示。

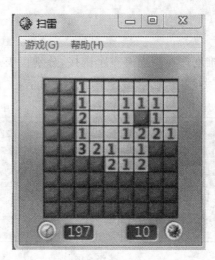

图 11-11　Windows 自带扫雷游戏界面图

在 Photoshop 等图片编辑工具中打开图 11-11 所示的界面图片,并将需要的方格图片截取下来作为本系统游戏使用的素材。截取的素材如图 11-12 所示。

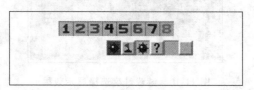

图 11-12　截取的素材

当鼠标执行相应的动作时只需要调用不同的素材图片显示就可以了。

接下来需要考虑的是代码的编制问题。在不同的级别需要显示不同数量的操作方格,具体代码见例 11-7。

【例 11-7】　play.jsp 判断游戏难度代码。

```
<%@page contentType="text/html;charset=gbk"%>
<%
    //如果 session 过期或者非法进入
    String sRealname=(String)session.getAttribute("realname");
    if(sRealname==null||sRealname.equals(""))
    {
        response.sendRedirect("welcom.htm");
        return;
    }
```

```
        int iLevel=Integer.parseInt(request.getParameter("difficulityLevel"));
    int iGameHeight=0;
        int iGameWidth=0;
        if(iLevel==1)
        {
            iGameHeight=9;
            iGameWidth=9;
        }
        else if(iLevel==2)
        {
            iGameHeight=16;
            iGameWidth=16;
        }
        else if(iLevel==3)
        {
            iGameHeight=16;
            iGameWidth=30;
        }
%>
```

接下来该生成游戏区域,根据游戏难度生成界面的代码如下。

```
<%
    //创建游戏区域
    StringBuffer strDisplay=new StringBuffer("<table border=0 cellpadding=0 cellspacing=0>");
    strDisplay=strDisplay.append("<tr><td height=").append(iGameHeight* 16).append("width=").append(iGameWidth* 16).append(">");
    for(int i=0;i<iGameHeight;i++)
    {
        for(int j=0;j<iGameWidth;j++)
        {
            strDisplay=strDisplay.append("<img border=0 src='img/mask.gif' id='cell").append(i).append("_").append(j).append("'");
            strDisplay=strDisplay.append("ondblclick='dblClickCell(").append(i).append(",").append(j).append(")'");
            strDisplay=strDisplay.append("onmousedown='clickCell(").append(i).append(",").append(j).append(")'></img> ");
        }
    }
    strDisplay=strDisplay.append("</td></tr></table> ");
    String strDis=strDisplay.toString();
%>
```

生成了游戏界面以后,紧接着是设置雷的分布位置,对应的初始化布雷的相关代码如下。

```javascript
gameHeight=0;              //行
gameWidth=0;               //列
//gameHeight=<% =iGameHeight% >
//gameWidth=<% =iGameWidth% >
mineNum=0;                 //雷的个数
mineLeft=0;                //剩下未发现雷的个数
isGameStart=0;             //游戏是否开始,由用户单击第一个方格开始设置为1
timeUsed=0;                //已经使用的时间
isGameEnd=0;               //游戏是否结束,由用户点中雷开始设置为1
startT="";
endT="";
//雷:9//空白:0//数字:1~8
valueArray=new Array();
//初始状态:0
//已经点开:1
//标记为雷:2
//思考中:3
statusArray=new Array();
debugStr="";
//设置游戏难度,然后重新开始
level=<% =iLevel% > ;
function setGameDifficult(level)
{
    if(level==1)
    {
        gameHeight=9;
        gameWidth=9;
        mineNum=10;
        mineLeft=10;
    }
    else if(level==2)
    {
        gameHeight=16;
        gameWidth=16;
        mineNum=40;
        mineLeft=40;
    }
    else if(level==3)
    {
        gameHeight=16;
        gameWidth=30;
        mineNum=99;
        mineLeft=99;
    }
}
//后期扩展
```

```javascript
function setGameCustom(height,width)
{
    gameHeight=height;
    gameWidth=width;
}
//初始化游戏
function initGame()
{
    now=new Date();
minutes=now.getMinutes();
seconds=now.getSeconds();
mss=(now.getTime())%1000;
startT="start: "+minutes+":"+seconds+":"+mss;
    //初始化
    valueArray=new Array();
    statusArray=new Array();
    blankArray=new Array();
    isGameEnd=0;
  //document.getElementById("dispArea").innerHTML="<%=strDis%>";
    //设置雷显示总数
    setDisplayMine(mineNum);
    //设置时间显示(秒)
    setDisplayTime(0);
    //设置游戏为未开始状态
    isGameStart=0;
    //设置游戏使用时间为未开始计时
    timeUsed=- 1;
    //随机获得雷个数,并设置到数组中
    tmpArray=new Array();
    for(i=0;i<gameHeight* gameWidth;i++)
    {
        tmpArray[i]=i;
        statusArray[i]=0;   //初始化用户单击状态
    }
    //洗牌
    for(i=0;i<gameHeight* gameWidth;i++)
    {
        tmpRandom=Math.floor((Math.random())* (gameHeight* gameWidth));
        tmpInt=tmpArray[tmpRandom];
        tmpArray[tmpRandom]=tmpArray[i];
        tmpArray[i]=tmpInt;
    }   //设置雷
    for(i=0;i<mineNum;i++)
    {
        valueArray[tmpArray[i]]=9;
    }
```

在双击鼠标左键的时候,需要判断鼠标周围的标记是否已经满足双击的要求,如果满足,则在周围没有点开的位置依次进行鼠标单击的动作。按照这种思路,鼠标单击事件参考代码如下:

```javascript
//单击方格触发事件
function clickCell(x,y)
{
    //非法的位置
    if(x<0||x>=gameHeight||y<0||y>=gameWidth)
    {
        return false;
    }
    //如果游戏已经结束,则什么也不做
    if(isGameEnd==1)
    {
        event.cancelBubble=true;
        event.returnValue=false;
        return false;
    }
    //如果游戏还未开始,则设为开始状态,并开始计时
    if(isGameStart==0)
    {
        isGameStart=1;
        startClock();
    }
    //右键
    if(event.button==2)
    {
        //初始状态->标记为雷
        if(statusArray[x*gameWidth+y]==0 && mineLeft>0)
        {
document.getElementById("cell"+x+"_"+y).src="img/bomb_flg.gif";
            mineLeft=mineLeft-1;
            statusArray[x*gameWidth+y]=2;
        }
        //标记为雷->思考中
        else if(statusArray[x*gameWidth+y]==2)
        {
document.getElementById("cell"+x+"_"+y).src="img/bomb_thinking.gif";
            mineLeft=mineLeft+1;
            statusArray[x*gameWidth+y]=3;
        }
        //思考中->初始状态
        else if(statusArray[x*gameWidth+y]==3)
        {
```

```javascript
            document.getElementById("cell"+x+"_"+y).src="img/mask.gif";
            statusArray[x*gameWidth+y]=0;
        }
        setDisplayMine(mineLeft);
        isWin();
    }
    //左键
    else if(event.button==1)
    {
        singleClickCell(x,y);
    }
    event.cancelBubble=true;
    event.returnValue=false;
}
function singleClickCell(x,y)
{
    //非法的位置
    if(x <0||x>=gameHeight||y <0||y > =gameWidth)
    {
        return;
    }
    //如果是初始状态,则有单击动作
    if(statusArray[x*gameWidth+y]==0)
    {
        //如果是雷
        if(valueArray[x*gameWidth+y]==9)
        {
            //设置雷爆标志
document.getElementById("cell"+x+"_"+y).src="img/bomb_err_found.gif";
            //显示出各雷的样子
            statusArray[x*gameWidth+y]=1;
            showAllLose();
            //设置游戏结束
            isGameEnd=1;
            //游戏结束
            gameFaild();
        }
        //如果是数字
        else if(valueArray[x*gameWidth+y]>0)
        {
            //设置数字标志
            document.getElementById("cell"+x+"_"+y).src="img/"+valueArray[x*gameWidth+y]+".gif";
            statusArray[x*gameWidth+y]=1;
```

```
            }
        //空白
        else
        {
            //设置空白方格
document.getElementById("cell"+x+"_"+y).src="img/mask_down.gif";
            statusArray[x*gameWidth+y]=1;
            goUp(x,y);
            goLeft(x,y);
            goDown(x,y);
            goRight(x,y);
            goCross(x,y);
        }
    }
    isWin();
}
//双击方格触发时间
function dblClickCell(x,y)
{
    //首先判断周围八个方块的状态以确定是否可以单击
    //如果非数字,不能双击
    if(valueArray[x*gameWidth+y]<1|| valueArray[x*gameWidth+y]>8)
    {
        return;
    }
    //如果周围没有到该数字对应的雷数,也不能双击
    var iMineNum=0;
    if(x>0 && y> 0 && statusArray[(x-1)*gameWidth+(y-1)]==2)
        iMineNum++;
    if(x>0 && statusArray[(x-1)*gameWidth+y]==2)
        iMineNum++;
    if(x>0 && y<(gameWidth-1) && statusArray[(x-1)*gameWidth+y(y+1)]==2)
        iMineNum++;
    if(y>y0 && statusArray[x*gameWidth+(y- 1)]==2)
        iMineNum++;
    if(y<(gameWidth- 1)&& statusArray[x*gameWidth+(y+1)]==2)
        iMineNum++;
    if(x<(gameHeight-1)&& y>0 && statusArray[(x+1)*gameWidth+(y-1)]==2)
        iMineNum++;
    if(x<(gameHeight-1)&& statusArray[(x+1)*gameWidth+y]==2)
        iMineNum++;
    if(x<(gameHeight-1)&& y<(gameWidth-1)&& statusArray[(x+1)*gameWidth+(y+1)]==2)
```

```
                iMineNum++;
        if(iMineNum !=valueArray[x*gameWidth+y])
        {
            return;
        }   //点击其周围的8个方块
        singleClickCell(x-1,y-1);
        singleClickCell(x-1,y);
        singleClickCell(x-1,y+1);
        singleClickCell(x,y-1);
        singleClickCell(x,y+1);
        singleClickCell(x+1,y-1);
        singleClickCell(x+1,y);
        singleClickCell(x+1,y+1);
    }
```

在鼠标单击事件中，如果点中了雷则会调用 gameFailed()，反之则不停地调用 isWin() 方法判断当前剩下的雷数，游戏胜利代码如下。

```
function gameWin()
{
    alert("恭喜,你赢了!\r\n用时:"+timeUsed+ "秒");
    //重定向到游戏排名页面
    //window.location='show_record.jsp? useTime='+timeUsed+'&grade='+level;
    //提交表单
    document.form_main.useTime.value=""+timeUsed;
    document.form_main.grade.value=""+level;
    document.form_main.submit();
}
```

【例 11-8】 show_record.jsp 登录用户成绩代码设计。

```
    //这里的逻辑是,首先检查对应的用户和对应级别有没有先前的记录,
    //如果有,则调用更新SQL;如果没有,则调用插入SQL
    String selectQuery =" select * from player_record where username = '" +
sUsername+"'and grade='"+sGrade+"'";
    String insertQuery="insert into player_record set username='"+sUsername+
"',grade='"+sGrade+"',use_time="+sUseTime;
    String updateQuery="update player_record set use_time="+sUseTime+" where
username='"+sUsername+"' and grade='"+sGrade+"'";
    Connection conn=null;
    Statement stmt=null;
    ResultSet rs=null;
    try
    {
        //创建数据库链接
        Class.forName("com.mysql.jdbc.Driver").newInstance();
        conn=DriverManager.getConnection("jdbc:mysql://localhost/ch02? user
=jspdb&password=jspdb");
        //创建 statement
        stmt=conn.createStatement();
```

```
//首先查询原先是否有记录
rs=stmt.executeQuery(selectQuery);
if(rs.next())
{
    //得到当前用户的成绩,和现有成绩进行比较
    String sLastTime=rs.getString("use_time");
    int iLastTime=(new Integer(sLastTime)).intValue();
    int iCurTime=(new Integer(sUseTime)).intValue();
    if(iCurTime<iLastTime)
    {//更新 SQL
        stmt.executeUpdate(updateQuery);
    }
}
else
{       //插入 SQL
    stmt.executeUpdate(insertQuery);
}
```

在更新数据库以后,显示页面之前,需要根据当前游戏难度重新查询数据库,这里需要用一个最大为 10 的 for 循环来完成成绩的显示,相关代码如下。

```
<%
    //选择当前级别的所有记录
    String rankQuery="select pi.realname,pr.use_time from player_info pi,player_record pr"
                    +"where pi.username=pr.username and pr.grade='"+ sGrade+ "' 
    order by pr.use_time ASC";
    rs=stmt.executeQuery(rankQuery);
%>
……
<%
int iOrder=1;
while(rs.next()&&iOrder <11)
{
%>
  <tr>
  <td class='td_data'>
第<%=iOrder%>名:
</td>
<td class='td_data'>
<%=rs.getString("realname")%>
</td>
<td class='td_data'>
用时<% =getInt("use_time")%>秒
</td>
</tr>
<%
iOrder++;
}
%>
```

11.2.9 系统测试与优化

经过系统的分析及设计后,可以大概对系统进行初步测试。首先打开 welcome.htm 网页图标,会出现如图 11-13 所示注册界面。

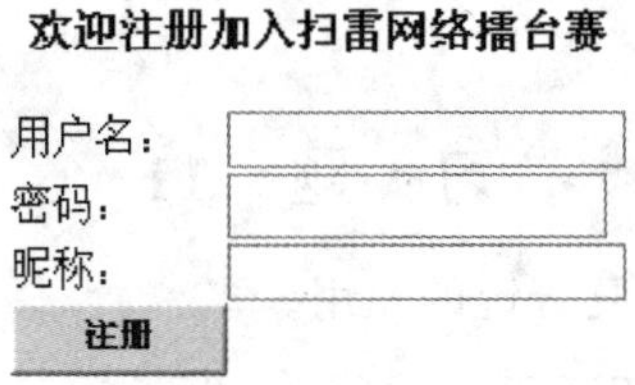

图 11-13 注册界面图

填写个人信息后,单击"注册"按钮后会出现如图 11-14 所示登录界面。

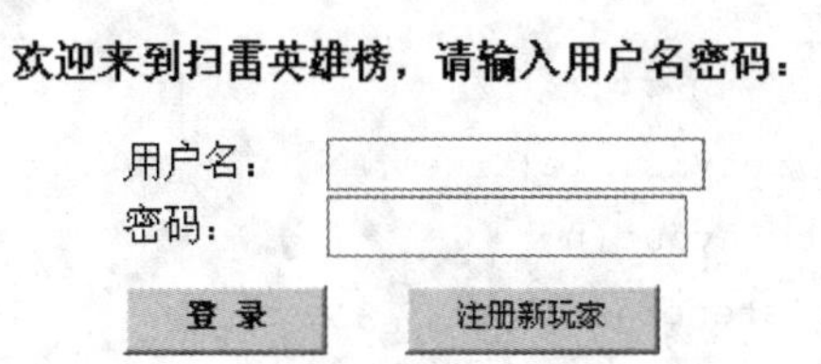

图 11-14 登录界面图

填写用户名和密码以后,单击"登录"按钮即可进入游戏难度选择页面。以初级扫雷为例,进行游戏的时候,可以感受到系统的风格与 Windows 自带的扫雷游戏的风格一致。未触碰游戏界面的时候,计时器一直显示零,剩余雷数为 10 个。单击任意一个方格后,计时器开始计时,每单击一个方格,会出现一个数字显示周围有多少个雷,与 Windows 自带的扫雷游戏风格几乎一样。最后胜利完成后可以查看排行榜,查看自己的成绩。至此,本系统的全部设计过程到此结束。

从本系统的开发与设计过程中,可以获得 JSP 开发数据库 Web 应用系统的很多经验。

首先,利用 Include 抽出共通部分,对于程序开发有以下这些好处:①可以将共通的不变的变量共通化,便于将来进行维护;②可以通过 Include 进行一些底层的操作,不用每个 JSP 页面都考虑。③使得页面显得更模块化,代码可读性更强,也增强了代码的维护性。

其次,JavaScript 和 CSS 独立出来的好处。通过阅读代码,实际上还应该发现一个地方可以进一步改善,就是 JavaScript 和 CSS 代码与普通的 HTML 内容混在一起,使得主要 HTML 内容很难一眼就分辨出来,因而对于页面主体逻辑的把握造成了一定困难。出于项目维护的需要,就应该考虑将脚本和 CSS 样式表提出来制作为单独的文件进行维护。这样,一类文件执行一类文件的功能,可以使代码的管理和维护更加明晰。

最后,动态生成页面时的效率。本系统的游戏界面生成代码是通过游戏区的宽和高进行循环来生成的。对这种动态生成页面的效率,有时候必须非常小心,因为 JavaScript 是一种效率较低的代码,如果利用 JavaScript 进行高强度的运算或者 JavaScript 脚本中设置了过多的对象,都将使得浏览器不堪重负,这时候,需要考虑将压力往服务器端转移。必须通过合理分配才能使得系统获得最佳的性能体验,这需要在项目开发中不断改善和总结经验。

本章小结

本章主要介绍了Java应用程序设计的基本知识,着眼于J2ME技术的应用,采用JDK1.6、Eclipse5.5作为开发工具,开发了几个游戏程序。满足一般用户的娱乐需求,同时使读者掌握Java Web平台的使用方法和技巧。

习 题 11

1. 上机实习下列程序,掌握复合键的使用。

```java
import java.awt.*;import java.awt.event.*;
public class ComKey extends Frame implements KeyListener
{
Button b=new Button("学习复合键的使用");
ComKey()
{
setSize(300,300);setVisible(true);
setLayout(new FlowLayout());
add(b);b.addKeyListener(this);
pack();setSize(300,300);
}
public void keyPressed(KeyEvent e)
{
if((e.getKeyCode()==KeyEvent.VK_X))
{
if((e.getModifiers()&InputEvent.CTRL_MASK)!=0)//判断是否按下Ctrl+X
b.setLocation(150,40);
}
if((e.getKeyCode()==KeyEvent.VK_Y))
{ if((e.getModifiers()&InputEvent.CTRL_MASK)!=0)//判断是否按下Ctrl+Y
b.setLocation(40,150);
}
}
public void keyTyped(KeyEvent e){}
public void keyReleased(KeyEvent e){}
public static void main(String args[])
{ ComKey win=new ComKey();
}
}
```

2. 设计一个Java手机游戏,并能实现以下的功能:游戏声音的控制、游戏等级的控制、最高分的记录、游戏暂停、游戏重新开始、游戏的结束。

参 考 文 献

[1] 耿祥义,张跃平.JAVA程序设计实用教程[M].北京:人民邮电出版社,2010.
[2] 张艳霞,邵晓光.Java语言程序设计实用教程[M].北京:清华大学出版社,2011.
[3] 周斌,石亮军.Java大学教程[M].天津:天津大学出版社,2012.